读懂投资　先知未来

U0175455

大咖智慧
THE GREAT WISDOM IN TRADING

成长陪跑
THE PERMANENT SUPPORTS FROM US

复合增长
COMPOUND GROWTH IN WEALTH

一站式视频学习训练平台
WWW.DUOSHOU108.COM

快速升级之路

家庭财富

Family Wealth
Management

马永谙 姜海涌 袁雨来 著

山西出版传媒集团  山西人民出版社

图书在版编目（CIP）数据

家庭财富快速升级之路 / 马永谙，姜海涌，袁雨来
著 . — 太原 : 山西人民出版社，2023.5
ISBN 978-7-203-12571-6

Ⅰ.①家…　Ⅱ.①马…②姜…③袁　Ⅲ.①家庭财
产—财务管理　Ⅳ.① TS976.15

中国版本图书馆 CIP 数据核字（2023）第 016156 号

家庭财富快速升级之路

著　　者：马永谙　姜海涌　袁雨来
责任编辑：秦继华
复　　审：魏美荣
终　　审：梁晋华
装帧设计：卜翠红

出 版 者：山西出版传媒集团·山西人民出版社
地　　址：太原市建设南路 21 号
邮　　编：030012
发行营销：0351-4922220　4955996　4956039　4922127（传真）
天猫官网：https://sxrmcbs.tmall.com　电话：0351-4922159
E—mail：sxskcb@163.com　发行部
　　　　　sxskcb@126.com　总编室
网　　址：www.sxskcb.com

经 销 者：山西出版传媒集团·山西人民出版社
承 印 厂：廊坊市祥丰印刷有限公司

开　　本：710mm×1000mm　1/16
印　　张：22
字　　数：330 千字
版　　次：2023 年 5 月　第 1 版
印　　次：2023 年 5 月　第 1 次印刷
书　　号：ISBN 978-7-203-12571-6
定　　价：98.00 元

如有印装质量问题请与本社联系调换

前　言

开门七件事：柴、米、油、盐、酱、醋、茶。现如今，我们必须再加上一件事：管理自己的家庭财富，也就是家庭理财。尤其是在当下，理财成为我们每个家庭必须面对的头等大事。

理财的过程，是理财方法、理财知识以及财富一起升级的过程。

首先说理财方法的升级。

家庭理财中，最困扰我们的是什么？

最困扰我们的是：买什么，怎么买/卖，买多少。

买什么？以前大部分家庭的财产，有两个组成部分：房子和银行存款/银行理财。房子方面，由于这几年的限售，加上房价不再稳定上升，开始起起伏伏，除了自住需求之外，为了理财而买房显然不再是个好选项。银行存款的利息越来越低，银行理财的收益率也持续下滑，从10年前的5%~6%降到目前的3%左右，收益率太低，跑不过物价涨幅。

若是想把钱放到股市里去，放到基金里去，一是不懂，不知道怎么投，二是波动确实太大，风险太高。全市场现在有4730只股票、9362只公募基金（截至2022年2月23日）。要想从这些里头挑到适合自己的好股票或基金确实不容易。除了挑选难，波动也大。股票市场经常来个30%甚至折半的下跌，基金涨涨跌跌也很正常，想把家里头的大部分钱放进去，确实得冒很大的风险。

这也是我们家庭理财面临的第一个困境：面对纷繁复杂的理财产品，不知道该如何选择。

怎么买／卖，也就是什么时候买、什么时候卖。这是困扰我们的第二个问题。我们希望在低点买进、在高点卖出，最起码不要高点买、低点卖，那么如何选择买卖的时机呢？

在每一种理财方式上又应该放多少钱呢，银行存款放多少，房子上放多少，股票基金里头应该放多少，这是家庭理财需要解决的第三个问题。

这三个问题是环环相扣的。开始的时候我们希望别人告诉我们应该买什么，我们会向别人打听："给我推荐几只股票或基金吧。"拿到推荐的股票或者基金，我们马上就面临着选择购买时机的问题："什么时候买合适呢？"明确了买什么以及怎么买之后，我们紧接着面临的问题就是："这个产品我应该买多少？"买了以后还面临着什么时候卖的问题。

在回答这几个问题之前，我要问大家一个问题：我们理财的目的究竟是什么呢？

你肯定觉得这是个幼稚的问题。理财的目的能是什么呢，肯定是为了挣钱嘛。但是挣钱的方式有很多种，就拿工资来说，有的人愿意打工挣钱，有的人愿意自己开公司，自己当老板。为什么大部分人宁愿去给别人打工，也不自己做老板呢？因为觉得做老板的风险太高了，压力过大。打工固然挣得少一些，但没那么大压力，更舒适一些。

所以你看，你选择挣钱的方式，肯定和你的人生目标、人生态度是一致的。理财是我们除了工作之外的另一种挣钱方式。既然也是挣钱，**选择什么样的理财方式，首先取决于你的人生计划是什么。**

有的人希望一生平平安安、恬淡舒适，理财就不能激进；有的人希望人生多一些经历，更多姿多彩、跌宕起伏一些，理财就可以适当地进取。

钱不是万能的，但一个人、一个家庭，大部分的人生计划都要由财富来支撑。没有财富支撑的人生目标，多半会成为空想。所以，理财的首要任务，是规划人生目标，并为不同的人生目标设置不同金额、期限的财富计划。这个，就叫财富规划。

咱们中国有句老话："吃不穷，穿不穷，算计不到一世穷。""算计"，就是财富规划。财富规划就是把钱根据不同的目标分成不同的"份儿"。

分成"份儿"之后呢？

因为不同的"份儿"面向不同的人生目标。打个比方，这份儿钱是给孩子上学用的，另一份儿钱是旅游用的，这两份钱使用肯定是不一样的：前者经不起赔，你不能说孩子上学要用钱，结果钱正好赔了。但是旅游的钱，多了去远处，少了去近处，赔点儿赚点儿问题都不大。

对钱的要求不同，就会选择不同的理财方式。孩子上学的钱，经不起赔，怎么理财呢？银行存款和保险理财都是可以的。虽然收益比较低，但是安全性相对高，收益低一点就低一点，是可以接受的。而旅游的钱呢，完全可以去炒炒股票买买基金，赚了去马尔代夫，赔了去郊区农家乐。两种选择，分别很好地支持了两个不同性质的人生目标。

为不同目标的钱选择合适的理财方式，这个就叫"配置"。

配置好之后，孩子的教育资金可以选择银行理财，可以选择低风险的基金，但究竟应该选什么？这时候，才到了具体的品种选择上。

所以，**我们管理家庭财富的过程，应该是自上而下的：先做规划，再做配置，最后选择品种**。从重要性来说，越往上越重要，做不好规划，就做不好配置，品种选择得再好也没用。打个比方，你选了只很好的股票，但投进去的钱是孩子的教育经费，股票本来就有起起伏伏，正好在跌下去的时候孩子要用钱，等到股票价格反弹的时候你已经被迫割肉出局去缴学费了。那这只好股票，对你来说就不合适。所谓"彼之蜜糖，汝之砒霜"。

这就是理财方式的升级。

理财方式的升级过程，也是认知的升级过程。

理财本身是需要学习的，而学习认知的难度，也是自下而上越来越难的：理解并学会挑选品种，比理解并学会配置要简单。同样，理解配置，比理解规划要简单。所以现实中，要学习理财，我们往往先从简单的品种选择入手。你想想看，碰到一个理财牛人，你第一个想问的问题，多半是让他给你推荐几只股票／基金，而不是让他给你做家庭理财规划。

所以，需要由浅入深地实现自己理财知识和认知的升级。

方式的升级和认知的升级，带来的才是财富的升级。

写作本书的目的，是要帮助广大中产家庭学会如何管理好自己的财富。所以，本书就从规划、配置和产品选择三方面入手，告诉大家如何做好这三步工作。为了顺应读者的认知习惯，我们先从产品选择入手，再学习如何配置，最后来学习如何做家庭财富规划。由浅入深学习理财的这三个步骤，也是我们在理财上"升级"的过程。

接下来，开始我们的升级之路吧。

目　录

案例篇

产品篇

　　1995 年，24 岁的王亚伟进入华夏证券北京东四营业部，任研究部副经理。一年前他从清华大学毕业进入中信国际合作公司，做机电产品的进口业务。机缘巧合下接触了证券业务，研究了 3 个月后向华夏证券总部投了简历，不过在简历粗筛阶段就被刷了下来。而当时东四营业部的总经理范勇宏正需要人，所以就从被总部刷下来的简历中沙里淘金找到了王亚伟。王亚伟的工作非常简单，主要就是做股评。

　　彼时彼刻，这个年轻人还籍籍无名。但他这个职位的"前任"却已大名鼎鼎，他就是后来被称作中国荐股界"南雷北赵"中的"北赵"赵笑云。

　　赵笑云是兰州人，比王亚伟大一岁，16 岁便考入上海财经大学。此时的他已有 4 年的股票投资经验，对于当时只有 5 年历史的中国股市来说，他显然是一个"股市老人"了。

　　借助先发的经验和在东四营业部积累的人脉资源，赵笑云很快迎来了人生的高光时刻。离开华夏证券后，他在《中国证券报》《上海证券报》《北京青年报》联合举办的"首届中国证券市场投资锦标赛"以 3 个月 229.70% 的收益率获得亚军，之后又在 2000 年《上海证券报》举办的"南北夺擂"荐股比赛中，以 10 个月累计收益率 2050% 获得总冠军和单月十连冠，成就了"北赵"的大名。

时光荏苒，17年后的2012年。

那个曾经默默无闻的小王，他的离职成了当年财经界的头号新闻。因为，在过去的6年间，他所管理的"华夏大盘精选"业绩上涨了12倍，年化收益率近50%。他本人被认为是最有可能成为比肩传奇基金经理彼得·林奇的中国基金经理，也成为当时接近3万亿资产管理规模的公募基金行业的代表人物，被称为"公募一哥"。

而早年间风光无限的赵笑云，则在王亚伟离职时发了一个模棱两可的微博，暗示两人将合作。

但此时此刻，两人的行业地位已经天差地别，小王早非昔日吴下阿蒙，怎么可能和老赵合作呢。老赵只是借小王离职的消息给自己的公司打打广告而已。

2012年9月，王亚伟成立了自己的私募基金公司千合资本，面向超高净值人群提供私募基金管理服务，认购门槛是1000万元人民币，但客户首先得证明自己有10倍于1000万元以上的资产，才允许加入。

命运之河是何时拐弯的呢？

拐点早在1998年就发生了。在前一年，赵笑云成立了自己的投资咨询公司，专注向散户推荐股票。而王亚伟，则跟着他的伯乐范勇宏一同去创建中国最早的公募基金公司之一——华夏基金，并成为中国最早的一批基金经理。在经历了1998到2005年近7年的摸索、挫折、反思与成长后，2005年开始，伴随着中国公募基金行业的第一次规模大爆发，华夏基金的资产管理规模从1998年成立时的20多亿元，成长到2012年底的2300多亿元，王亚伟也迎来了自己事业的辉煌。

而赵笑云，则因为在2000年高点推荐青山股份导致大批股民被套，从此有了新称号"中国第一庄托"，之后其投资咨询公司被证监会封杀，他本人则离开中国去英国"留学"。

一去经年，再回来，已是天上人间，世界已经大不一样了。

当年的小王和老赵，如今的王亚伟和赵笑云，他们的命运两分，是中国资本市场发展的一个缩影。无数的中国投资者从把基金当作一个不刺激的小玩意儿，到现在把基金作为理财路上一个必须去接触、学习、掌握的绕不过去的品种。这是资本市场的成熟之路，也是中国投资者的成熟之路。

从 1998 年萌芽破土至今，公募基金已经栉风沐雨走过 20 余年。

1997 年，《证券投资基金管理暂行办法》（以下简称《暂行办法》）正式颁布，作为规范证券投资基金运作的首部行政法规，《暂行办法》确立了集合投资、受托管理、独立托管、利益共享、风险共担等基金基本原则，拉开了行业规范发展的序幕。

1998 年 3 月 5 日，国泰基金管理公司宣告成立，成为《暂行办法》出台后成立的中国第一家公募基金管理公司。次日，南方基金管理公司成立。说起来，这里面还有一个小插曲。从获批日期来看，南方基金其实是 1998 年 3 月 3 日拿到的批文，而国泰基金是 3 月 5 日拿到的批文。但从成立日期来看，国泰基金获批当天就宣布成立，南方基金却在获批的三天后才成立。为啥后批的会先成立呢？有人分析是因为当时材料从北京邮递到深圳需要三天，从而让南方基金与"行业第一家基金公司"擦肩而过。

1998 年我国先后设立了 6 家基金公司，分别是国泰基金、南方基金、华夏基金、华安基金、博时基金和鹏华基金。1999 年，又有嘉实基金、长盛基金、大成基金、富国基金等 4 家基金公司获准成立。这 10 家基金管理公司是我国第一批规范的公募基金管理公司，也被市场称为"老十家"。

"老十家"作为中国公募基金的先行者，展现了开疆破土的勇气，也获得了先天的竞争优势。成立之初，人才匮乏，却引领中国机构投资者的投研体系逐步走向成熟。时至今日，

"老十家"在中国基金行业中仍具有举足轻重的地位和话语权。

从时间来看，公募基金的成立比银行理财早了近6年，直到2004年，光大银行推出了国内首款投资于银行间债券市场的"阳光理财B计划"，才正式揭开了我国人民币银行理财产品的发行序幕。

从规模增长情况来看，公募基金一直保持着稳健增长。根据基金业协会统计数据，截至2021年12月31日，公募基金管理总规模约25.72万亿元，产品数量达9175只。与之相比，银行理财、信托从2018年《资管新规》之后受到整改的影响，规模明显收缩，正在逐步让出居民理财产品持有量第一、第二的宝座。公募基金成为绕不开的居民理财产品。

在本篇里，我们将要和大家聊一聊基金这个绕不过去的理财品种，它究竟是个啥，为什么中产家庭必须投资它，以及应该怎么去投资它。我会教给您投资基金的正确方法，我们将要初步认识基金、学习如何挑选合适的基金、如何把握正确的投资机会，最后也是最重要的，如何让投资收益落袋为安。

此外，本篇中也会介绍除了公募基金以外的其他常见理财产品，比如私募基金、银行理财等，会介绍它们的特点、优势、劣势、筛选标准等。

第一章 为什么理财是我们的必修课——成为在市场中赚钱的那10%

葛朗台是"世界四大守财奴"之一。在巴尔扎克的笔下，这家伙贪婪、自私、吝啬，眼里除了钱就没有别的，不过细究这家伙的发迹之路，也算是一个咸鱼翻身、穷小子逆袭的励志故事。

1789年，44岁的葛朗台手里有2000个金路易（4万法郎）。与家庭年收入不超过10个金路易的农民相比，算是有钱人了。但与真正的有钱人相比，他又"毛（啥）都不是"。说毛都不是倒也不准确，因为当时的国王路易十六的王后玛丽·安托瓦内特服饰上的每一根羽毛就高达50个金路易，这个吝啬鬼的所有财富，值40根"毛"。

年近半百，葛朗台的人生未来不能说是灰暗，但基本就这样了。但是这家伙却在此时开始了人生的逆袭。1789年开始的法国大革命给葛朗台带来了机会，他通过在革命中的几次投机，成功地实现了资产的几何级增长。到1827年他82岁去世的时候，他拥有的财富高达1700万法郎，其中包括土地900万法郎、公债600万法郎、黄金200万法郎。

小说里的描述让很多人以为这家伙只喜欢黄金，毕竟，临死前他的精神慰藉就是盯着铺在桌子上的金币看几个小时。但其实，他不光是吝啬鬼，也是一个精明的投机分子。他遵循了鸡蛋不放在同一个篮子里的理念，在当时的情况下已经尽可能把财富分散了。如果他女儿以及后代不改变这个资产状况，延续到今天，他的财富会变成多少呢？

表 1-1 葛朗台的财富如果持有至今值多少钱

	1827 年价值 / 万法郎	利率或收益率 /%	2022 价值 / 万法郎
地产	900	3%	286748.6137
公债	600	3%	191165.7425
黄金	200	2.39%	20000
总计			497914.3562

近 50 亿法郎。按照 1999 年欧元诞生时法国法郎对美元的比价，就是 8 亿多美元，绝对的超级富豪了。

不过，这 50 亿法郎相对于当年的 1700 万法郎真的变多了吗？钱是用来买东西的，钱是不是真的变多了，要看它的实际购买力是不是变多了。黄金的购买力变化是比较稳定的，最有名的例证之一就是 1800 年伦敦萨维尔街（Savile Row）的一套手工定制西服需要 5 盎司黄金。200 年后的今天，在这里定制一套西服，仍然只需要 5 盎司黄金。所以，我们可以以货币兑黄金的比率来衡量货币购买力的变化。1 法郎在 1803 年时值 0.2903225 克黄金，而到 1960 年（1960 年新法郎以 1:100 的比例更换旧法郎，此处折算成旧法郎）时则只值 0.001802 克，贬值 99.38%，每年的贬值速度（又称通货膨胀率）大约是 3.98%。

按照这个通货膨胀率，当下的 50 亿法郎如果折回到葛朗台死的 1827 年，值多少钱呢？

只有 245 万法郎。

这说明精明狡诈的葛朗台，其财富也跑不赢时间。《水浒传》有云："饶你奸似鬼，吃了老娘的洗脚水。"在时间这个"恶婆婆"手里，稍微疏忽都会被她抓住并放大。

葛朗台疏忽了什么呢？他的财富虽然账面价值也会增加，但增加的速度慢于货币贬值的速度。

辛辛苦苦赚到的钱，却被时间慢慢消耗掉了

所以，我们为什么需要理财？就是为了让钱增值的速度赶上、甚至超越物价增长的速度，不让我们的购买力缩水。

5 年前，我们存 100 元在银行，5 年后可以拿到大约 115 元。但是，100 元在 5 年前可以买 5 公斤猪肉，到期后连本带利连 2.5 公斤猪肉都买不到了。这其实就是葛朗台的财富贬值的现实例子。

我们投资理财的目标，就是要跑赢物价增长的速度，物价增速有个正式的说法叫通货膨胀率，也就是所谓的 CPI，通货就是能流通的货币，膨胀是什么意思呢？注水才会膨胀是不是？所以通货膨胀率，其实就是货币被注水的速率，也就是货币贬值的速度。

我国货币贬值的速度有多快呢？大家可以参考下面的贬值比例图（图 1-1）。假如你在 1995 年拿着 100 块钱，不做任何投资，那么 26 年后的 2021 年，100 元还是 100 元，但实际购买力降低了近 94%，只有

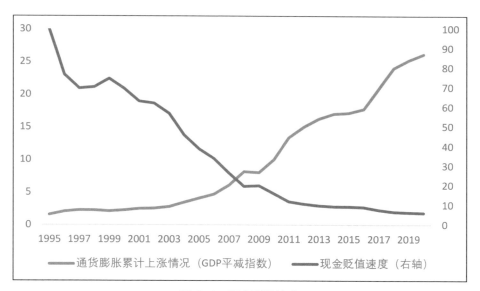

图 1-1 现金贬值速度

数据来源：国家统计局、理财魔方（时间范围是从 1995 年 1 月到 2021 年 10 月 18 日。"通货膨胀累计上涨情况"按照 1995 年至今的"GDP 平减指数年度累计同比"计算得出该上涨曲线，以 1 作为起始值；"现金贬值速度"假定 1995 年的 100 元钱在什么都不做的情况下按照"GDP 平减指数年度累计同比增速"每年贬值，截至 2021 年 10 月 18 日时的实际购买力水平。）

最初的 6% 了。感受上也能对得上，1995 年 100 元可以买 10 公斤左右猪肉，而 100 元到 2021 年，大约只能买 0.6 公斤了。

那么问题来了，投资什么样的资产，才能至少跑赢 CPI，或者让我们投进去的买 0.5 公斤猪肉的钱，多年以后至少还能买 0.5 公斤猪肉呢？

我们再来看表 1-2，各国主要金融工具的年化收益率对比表。

表 1-2　各国主要金融工具的实际年化收益率

主要国家	股票	长期国债（10 年）	短期国债（1 年）	通货膨胀率（CPI）
美国	10.67%	3.75%	2.42%	2.17%
中国（2015 年开始统计）	10.62	3.25	2.62	2.80
德国（1997 年开始统计）	10.59	2.71	1.49	1.40
法国	7.39	3.22	1.66	1.35
韩国（2000 年 10 月开始统计）	6.84	3.98	3.30	2.73
英国（1998 年开始统计）	4.79	3.30	2.92	2.01
日本	3.84	1.18	0.17	0.16

数据来源：世界银行、Wind、理财魔方（时间区间：1995 年 1 月 3 日—2021 年 12 月 13 日）

表 1-2 展示了全球主要经济体 1995 年至今各种投资的年化收益率（没有考虑通货膨胀的情况）。最后一列是各国的通胀的年均增长率，把各资产收益率加上通胀后，也就是分别减去通胀率的话，如果投国债，收益微乎其微，算上投资时间和手续费用的话，赔钱都有可能。

而股票算上通胀，在中国和美国，平均每年大约能有 8% 的收益率，1995 年能买 0.5 公斤猪肉的钱，投资股票的话，2021 年大约能买得起 3.91 公斤猪肉。

显而易见，股票是为数不多的能让你跑赢通胀的投资品。

股票这么赚钱，为什么大多数人却是亏损的

听到这里，肯定有人会不同意我的说法——"别说跑赢 CPI 了，我身边投资股票的人，大部分是赔钱的呢！""你说的那套在中国股市行不通吧！"

这就是投资方法问题，同样是投资中石油，巴菲特就能赚钱，我们广大散户却被套牢。

当被问及投资成功的诀窍时，巴菲特坦诚地将自己的投资方法公之于众，他说："投资就是滚雪球，一要有很长的坡，二要有湿的雪，这样雪球就会越滚越大。"

来翻译一下这句话：湿的雪，其实就是要找到靠谱的资产，滚雪球的时候不会散；足够长的坡，其实就是投资足够长的时间。滚雪球的过程，其实就是通过复利，也就是利滚利，逐渐增加财富的过程。

我们再来看一看，亏钱的真相。同样很简单，无非是三种情况：

第一种情况：买错了。

为了讲解起来不那么抽象，我来给大家举一个例子：你可以把投资想象成养一头牛，如果想通过养牛来赚到钱，第一件事你要做什么？

当然是在市场上挑一头健康的小牛犊。这头牛最好身强体壮，随着时间增长，长得越来越壮。等它长大你就可以卖掉获利，分量越重，越能卖出更高价格。

但如果不幸，你挑到的牛不管怎么喂都长不壮，甚至是一头瘦弱的牛，那么在卖掉时我们很有可能连本金都赚不回来，还会搭上养牛期间投入的费用。

投资也是一样，同样的本金，选择资产不同，得到的结果可能有天壤之别。市场上的基金各式各样，五花八门，几乎涵盖了所有的投资品种。如果不是专业做投资的人，很难准确判断什么阶段去买什么样的基金更适合。

第二种情况：买贵了。

重新回到养牛的问题上。假设你特别幸运，在市场上选小牛犊的时候，遇到了一头特别优质的牛，老板拍着胸脯跟你保证，它以后一定会长得非常快、非常好。但也正因为如此，买一头普通小牛需要1000 元，而这头"冠军牛"需要 10000 元，整整贵了 10 倍！这个时候你会买吗？

聪明的你一定会通过常识判断，这头牛未来就算体形比普通的牛大，那么在牛肉价格一致的情况下，需要至少比普通牛重多少才能赚回这 9000 元的差价。

算一下，你可能会觉得这个定价太夸张，而选择放弃这头"冠军牛"了。因为无论这头牛再怎么长肉，牛肉的价格也是有一个合理的波动区间的。如果购入价格太贵，即便买到了特别能长肉的牛，也会亏钱。

对于买基金而言，您是否也遇到过类似的问题。听到媒体报道某某基金是去年的业绩冠军，想着既然业绩做得这么好，买它肯定没问题，结果今年基金的表现并不乐观。我们看一眼真实数据。

2016 年的冠军是"国泰浓益灵活配置混合"，当年的收益率为92.1%，2017 年排名已经下滑至第 300 位，之后数年，其表现都没有跑赢沪深 300。

2017 年的冠军是"鹏华弘达混合"，当年的收益率为 124.65%，2018 年排名下滑至第 158 位，之后数年，该基金表现排名靠后。

由于这些冠军基金之前的业绩表现得太过亮眼，所以净值也是节节攀升。等到你买的时候净值已经非常高了，这就属于基金投资中的"追高"，就是买贵了。

基金贵不贵其实反映的是基金重仓的股票估值贵不贵。当某个行业的股票被市场资金过度追捧，而冠军基金恰好因为重仓了该行业或者该行业某只股票，抓住了风口，所以就会获得特别高的收益。而股票被爆炒后估值过高，后续自然会回归到正常水平，所以基金净值也自然会下跌。即便基金经理换了股票，但是基金经理也不可能对所有行业的股票都有精力研究，也就很难每次都把握住风口。

第三种亏钱的情况，既没有买错，也没有买贵，但是投资的时间不够长，拿不住。

这里大家可以参考一下图 1-2 的"经典散户投资心态图"，有没有觉得被戳中了？

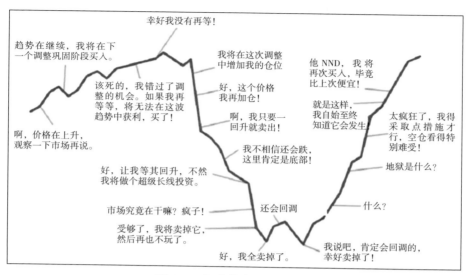

图 1-2 经典散户投资心态图

在上涨行情里很难拿住股票，在下跌行情里，却能一路持股到底。"终于解套了"是散户上涨行情里拿不住股票的普遍心态。散户到股市本来是要赚钱的，最终要以解套为目标。

回到基金，我们以"普通股票型基金指数"为例，这个指数代表了市场上普通股票型基金的整体表现。从 2011 年 11 月到 2021 年 11 月这 10 年间，该指数的年化收益率为 16.41%。假如我们错过了涨幅最多的 10 天，年化收益率就变成了 11.19%。假如我们错过了涨幅最多的 20 天，年化收益率就只有 6.95%。

投资中有个"二八法则"，意思是 80% 的收益来自 20% 的交易日，换句话说，想要获得长期优秀的投资收益，行情快来的那个瞬间，就必须在场。虽然基金的波动比股票小得多，但这个法则同样适用。

有一个用户，2018 年的行情一整年都特别不好，他正好是在年初的时候买的，到年底就撑不住了，我说你再等等，2019 年就好了，他不听，跑了。2019 年行情好了，又回来了，我说你少买点，他不听，等到真正涨上来的时候又跑了。你看他这样就很典型，所以说很多时候大家就是这样在栽跟头。

为什么大家会拿不住？主要还是不够了解自己买的是啥。你不了解它，所以它一有波动，你就觉得不在你的掌握之中。还有很重要的一点，就是你的风险承受能力有可能并不像你想的那么高，有的人基金跌10%都觉得没啥，有的人跌3%都会怀疑自己。

有没有解决对策呢？有。正确的方式，是选择有底线的理财。什么叫"有底线"？就是最大回撤在承受范围之内。对用户来说，如果一个投资机构一直在帮你兜风险，你就不要怕。不要过于相信自己，要和投资机构配合好。我上面说的这个用户，他刚开始是赔了。但由于我们的整体业绩做得不错，90%以上的亏损都在2019年赚回来了。

在风险控制好后，坚持长期持有，才能发挥复利效应。

成为那10%赚钱的人

上涨时贪婪，下跌时恐慌，这是人的共性，也是投资最大的敌人。股市里有句话叫："七赔二平一赚"——看起来能真正拿到高收益的投资者只有10%。

讲到这里，你可能会问：听起来想要赚钱的确太难了，我该怎样做才能避免变成"韭菜"，而成为那10%能赚到钱的人呢？

这便是产品篇要教给你的：

①找到长期上涨的资产；

②克服追涨杀跌心态，构建自己的赚钱投资体系；

③持有并获得复利带来的礼物。

这里有个概念，什么是"复利"？复利就是复合收益率。

收益率有两种计算方式，一种是单利，就是每年的收益率都是按照最初的本金计算的；一种是复利，就是每年的收益率计算，都是以加上上一年收益之后作为本金再计算的。

具体公式为：

$$F = P * (1+i)^n$$

（P是现值，也就是你最初投入的本金；i是年利率，n是投资周期，F为最终获得的本息合计）

我们可以先通过案例来清晰对比差异，比如同样是投100块钱，年收益率为 10%，单利的话，第一年的收益是 10 块钱，第二年还是 10 块钱。但是如果按照复利计算的话，第一年的收益是 10 块钱，第二年的收益就不是 10 块钱了。是以 100 块钱的初始本金 + 第一年的收益 10 块钱作为本金，收益率为 10%，也就是 110 块钱的 10%，11 块钱，复利比单利多了 1 块钱。

相信大家都听过那个棋盘放米的故事。国王要奖励大臣，问大臣要什么，大臣说，我要的不多，你只要把国际象棋的棋盘上的第一格里放一粒米，第二格里放两粒米，第三格里放四粒米，后面每一格都是前一格的 2 倍，以此类推，放满整个棋盘就行了。国际象棋多少格子呢？64 格。那么放满第 64 格要多少米呢？460 亿吨。

这个计算方式，其实就是复利。一粒米变成 460 亿吨大米，只需要 63 次复利。所以不要小看这个复利的威力，爱因斯坦说过：复利是世界第八大奇迹，在时间的作用下，复利可以让平淡无奇的收益率发挥难以想象的作用。

假设你现在获得了一个正确的投资策略，这个策略的年复合收益率可以达到 13%，那么现在投入 10 万元本金，在 50 年后会变成多少钱？4507 万元！但是，如果你投入收益率只有 5% 的国债，那么 50 年后则只能获得 114 万元。

有的朋友可能会觉得 10 万元本金的门槛太高了，50 年的时间也太长。

别着急，我们根据复利计算，就算 30 岁起每月只储蓄 500 元进行投资，年化收益率 13%，那么 30 年后到 60 岁时会变成多少钱？186 万元！我们投入的本金总共只有 18 万元，收益翻了 10 倍，可见复利的强大性和选对投资产品的重要性。

所以，长期 + 复利，是成为那 10% 的赚钱人的关键。

第二章　为什么理财绕不开公募基金——规范、门槛低、普适

毕业于北京大学经济学院的洪磊早先在北京市政府工作，后来在北京证券担任副总经理。在北京证券的委派下，1999年洪磊参与筹建嘉实基金，并出任嘉实基金第一任总经理。

在公募基金刚成立时，国内股票市场庄股横行，坐庄捞钱、市场操纵、内幕交易俨然成为行业心照不宣的行规。但主政嘉实基金的洪磊却不愿苟同。当时掌管公司旗舰产品"嘉实泰和"20亿规模的基金经理波涛主张科学、分散、长期投资的投资策略以及尊重市场的投资理念，得到了洪磊的全力支持。

波涛的操作风格在当时并不是主流，如今却已成为机构投资者共同认可的准则。首先就是持股分散，在1999年披露的数据中，嘉实泰和仓位最重的股票比例只有5.2%。其次是不频繁换股。持有市值前十名的股票变动很小，平均持股时间更是达到了一年以上。

当时嘉实的股东也曾建议泰和基金出资为"亿安科技"的庄家接盘，但却遭到了洪磊的拒绝。这些做法对于现在的投资者来说可能是习以为常，但与当时的投资环境格格不入。

1999年疯狂的"5·19"行情中，受累于其所坚持的原则，嘉实的业绩回报大幅落后于行业平均水平。这个原则也遭到了嘉实基金时任董事长马庆泉、董事王少华等人的强烈反对，两方也因此多次发生冲突。

2000 年 4 月，在嘉实基金股东会上，股东会全盘否定了洪磊的理念，基金经理波涛当晚便提出辞职，洪磊的总经理职务也被罢免。

职场失意的洪磊怎么也没想到的是，他的倔强和坚持是一粒火星，却很快"燎原"成推动中国公募基金行业规范健康发展的一场大火，史称"基金黑幕"事件。

先是全国人大常委会副委员长成思危、社科院课题组对公募行业当时盛行的违规风气的公开批评。2000 年 10 月初，经由《财经》杂志采访，包括洪磊在内的诸多行业内部人员将业内存在的对敲、倒仓、高位接货等诸多违法违规行为公之于众，并以"基金黑幕"为名发表。同年年底，证监会组织开展对基金公司证券交易行为全面检查，发现"老十家"基金公司中有 8 家进行过"异常"的交易操作行为，证监会对此进行了立案调查，并对相关人员做出了处罚决定。

作为掀起这场"基金黑幕"的主角，洪磊一度被业内一些人称为"行业公敌""基金业叛徒"。

但洪磊的所作所为却得到了管理层的认可。时任总理朱镕基说，"你们不让他发财，我让他当官！"2001 年 6 月，洪磊被提名为证监会基金部副主任，一干就是 11 年。洪磊自此开启了自己的监管从业生涯，亲历对基金业的整顿和改革发展，大力推动基金行业的制度建设，任内证监会出台了多项关于公募基金的监管办法，包括多项基金信息披露政策法规，并于 2008 年启动基金电子化信息披露建设，高效解决海量基金信息的传递与使用难题，帮助公募基金成为国内规范程度、透明程度最高的金融行业。

2007 年起，华安基金前总经理韩方河、上投摩根前基金经理唐建、南方基金前基金经理王黎敏、融通基金前基金经理张野等人因"老鼠仓"先后被严惩，证监会也加大了对基金经理职业操守和利益冲突问题的监管。2009 年 2 月，"利用因职务便利获取内幕信息并从事相关交易"写入《中华人民共和国刑法》，自此"老鼠仓"行为将被追究刑事责任。

为了促进行业繁荣与创新，洪磊还推动了基金销售和支付牌照的大松绑，允许民营资本以出资成立等方式参与基金销售及支付业务，发放了金融领域的多张第三方支付牌照，以有效配合互联网金融的发展。最明显的一个案例，获得基金支付牌照的支付宝，其在次年就和天弘基金联合推出了余额宝，撼动行业格局，助推了互联网金融的发展。

洪磊是中国公募基金行业规范发展的推动者和见证人。公募基金之所以成为居民理财绕不开的产品，规范、透明、合规，无疑是第一位的原因。

第二位的原因是什么呢？ 就是低门槛。公募基金基本上人人可投，一般1元起就可以申购，基金是每个人都能买得起的资产。

第三个原因，公募基金还具有普适性。什么叫普适性呢？ 就是可以满足绝大多数人对资本市场的投资需求。

基金的投资方向很多，可以投债券、股票，还可以投商品、期货等。所以如果你想投资任何一类金融资产，都可以通过基金用很少的资金来实现，而不用自己亲自下场搏杀。

但是光有这三个理由，并不足以让基金成为居民理财绕不开的品种。前面一章说了，要成为好的理财品种，必须具备长期+复利这两个特点，公募基金是如何做到这两点的呢？这就要说到公募基金的另外两个特点了。

第一，基金可以分散风险。

大家都知道鸡蛋不能放在同一个篮子的道理，买基金每天涨跌不超过1%很正常，因为基金持有的股票不可能同涨同跌，这样就分散了我们的风险。但是如果你买了创业板的一只股票，每天的涨跌幅度可以达到正负20%，加一起就是40%的变动幅度。所以基金的波动更小，风险更分散。

当然，风险和收益成正比，有的人可能会嫌基金涨得太慢。但是，你换个角度想，稳稳的幸福难道不正是我们所向往的吗？记得我们前面说有些买对了产品却没赚到钱的原因了吗？就是因为波动太大拿不住。而基金的分散投资的特性，能帮我们降低波动。波动小了，拿得住了，"长期"持有就可以实现了。

第二，机构投资者更专业。

公募基金的精髓，是一群人把钱集合起来交给专业人员去投资。

一般说，专业投资者比个人投资者更有优势，尤其是当一个市场近八成都是散户时，这种优势会更明显。比如说，基金在投资新股和增发股票时具有信息优势（增发股票就是上市公司上市后需要额外发行股票来再次融资）。这种专业体现在投资收益上，就是基金的历史收益其实是挺高的。我们拿"混合型基金总指数"（885013.WI）作为代表来举例，这个指数包含了所有混合型基金，从2003年到2021年11月，平均年化收益率大约是16%。16%的收益是什么概念呢？大约4年半就能翻一番。这些年你感觉投什么最赚钱？肯定是房子对不对，但过去这些年，北京的房子大约四年翻一番，全国7~8年翻一番，其实买房子的收益并不比基金高。

当然有人会觉得自己的基金收益率没有这么高，甚至还赔钱。这就是基金圈内流传的一句话："基金赚钱，基民不赚钱。"这个问题我会在后面详细给大家讲。

所以，基金的确是非常适合我们普通人投资者的金融工具。它的起投门槛低、运作规范、专业人士操作在一定程度上弥补了普通人投资能力不足的缺陷。

现在，我们理解了为什么家庭理财绕不开基金。不过，在正式开始学习基金投资之前，我们需要了解一个基础的概念，那就是基金的种类。

刚才说，我们把钱交给基金经理，基金经理再拿着这笔钱去市场上投资，那么他会买什么呢？

主要投资对象有三种：一种是银行存款，一种是债券，一种是股票。

按照主要投资对象的不同，最常见的基金种类包括：货币基金、债券基金和股票基金和混合基金。

我们来逐一讲解一下这几种基金。

1. 货币基金

货币基金只能投资货币市场。其中很重要的一项就是"银行存款"。不过，这和我们过去概念中的银行存款不同，货币基金可以投一些我们个人很难存到的款，就是"银行间借贷"。

银行间借贷有个特点，期限短，流动性堪比活期；同时，利息高，接近定期利息。除了银行间借贷，货币基金还会投资一年以内的短期国债和央行票据等。央行票据普通人买不了，只有商业银行才能买。

我们熟知的"余额宝"就是天弘基金发行的货币基金。货币基金的特点是流动性较强，可随时存取。收益比较稳定，可以说是所有基金中最安全的。目前货币基金的平均收益水平在2%~3%。理财魔方的魔方宝由于优选了高收益货币基金，近三年年化收益率为3.2%~4.4%。

虽然货币基金很适合用于日常管理现金。但是想要跑赢通胀，还远远不够。那么有没有比它风险稍高、收益也高一些的基金呢？这就要讲到债券基金了。

2. 债券基金

债券基金，就是80%以上的资金投资于债券市场——包括国债、企业债、金融债等；而剩余的20%的资金可以用于投资股票、货币市场等投资方向的基金。

听到一堆"债"先不要觉得头疼，其实很好理解。你可以简单地把债券理解为一张欠条。

举个小例子：同学老张创业做生意，需要10万元本钱，想向你借款。于是写了一张欠条给你：老张于2019年10月1日向小李同学借款人民币10万元，为期1年，年利率8%。

按照这张欠条，一年之后，老张需要向小李同学支付10万元本金和8000元利息。

如果借钱的不是老张，而是国家，那么就是国债；如果是金融机构，那么就是金融债；如果是企业，就是企业债。

类比这张欠条，我们可以很好地理解债券。

债券的核心是利率，也就是这张欠条上写的8%，一年之后，无论老张创业有没有赚到钱，他都应当归还小李的本金和相应的 8000 元利息。这部分收益我们管它叫——票面利息，是清清楚楚写在债券上的，一般是正的收益。

债券基金还有另外一部分收益，可能是正的也可能是负的，它来自债券价格本身的波动。

债券基金的收益情况怎么样呢？我们来回顾一下 2012—2021 十年间，债券基金的平均收益表现。

表 2-1　2012—2021 年债券基金的平均收益表现

年份	债券型基金指数（885005.WI）年化收益率
2012 年	7.04%
2013 年	0.98%
2014 年	17.82%
2015 年	10.77%
2016 年	0.39%
2017 年	2.01%
2018 年	4.25%
2019 年	6.09%
2020 年	4.33%
2021 年	4.96%

观察近十年数据可以看到，债券基金年收益最高为 17.82%、最低为 0.39%，其实也有赔钱的时候，比如 2011 年是 −3.01%，不像货币基金收益一直为正。所以债券基金风险要高于货币基金，但是平均收益率也明显高于货币基金，十年来的平均年收益率大约为 5.86%。

整体上，债券基金的收益波动的区间有限，风险和收益都高于货币基金，但同时又都低于接下来要介绍的股票基金。

3. 股票基金

股票基金就是 80% 以上的资金都要投资于股票的基金。它也是以上三种基金中，风险最高、收益率也相对较高的。我们也来回顾一下

19

2012—2021 十年间，股票基金的平均收益表现。

表 2-2　2012—2021 年股票基金的平均收益表现

年份	股票型基金总指数（885012.WI）年化收益率
2012 年	4.90%
2013 年	14.42%
2014 年	28.93%
2015 年	31.23%
2016 年	-9.14%
2017 年	12.59%
2018 年	-25.09%
2019 年	38.15%
2020 年	38.63%
2021 年	8.21%

可以看到近 10 年中，股票基金年收益最高 38.63%、最低 -25.09%，10 年间平均收益率约是 14.28%。很明显，股票基金的收益高于债券基金和货币基金，最大亏损也高于债券基金和货币基金。因此，股票基金收益方面相比债券和货币基金更有优势，但是风险也高于债券和货币基金，也就是常说的盈亏同源。

4. 混合型基金

混合型基金是股票、债券、货币都可以投，资产的配置相对比较灵活。如果股票投资比例为 60%~80%，就叫偏股型基金，如果债券投资比例为 60%~80%，就叫偏债型基金。如果股票和债券的配置比例差不多，就叫股债平衡型基金。如果没有具体的比例，而是根据市场状况灵活调整配置，就叫灵活配置型基金。

混合型基金的风险介于股票型基金和债券型基金之间。

最后，帮助大家归纳一下上面讲的四类基金，如果按照风险 / 收益从小到大来排名的话，为货币基金＜债券型基金＜混合型基金＜股票型基金。当然，这只是代表每类基金的整体表现，个别的债券型基金收益率有可能高于股票型基金。

当然，市场上对于基金的分类还有很多种，按照不同的标准可以有多种分类。

如果按照投资理念来分类，看某只基金是否需要依赖基金经理的主动投资能力，我们可以把基金分成主动型和被动型。刚才我们讲的混合型基金就是需要基金经理去筛选债券和股票来配置在一起，所以肯定是主动型基金。而大家听到的指数型基金就是被动型基金，因为它是被动跟踪某个市场指数，几乎不受基金经理的操作影响，所以叫被动型基金。

如果按照交易渠道分类，还可以分为场内基金和场外基金。

场内基金是可以像股票一样，在二级市场直接买卖的基金。大部分基金是场外基金，就是不在股票交易所购买的基金，不需要开通股票账户，可以直接在银行、基金公司的 APP 和第三方代销平台购买。

基金分类有很多种，而且，基金的分类并不冲突。例如，我们熟悉的指数基金，既属于股票型基金，也属于被动型基金。

第三章　基金投资进阶

成立于 2004 年末的天弘基金，早年发展并不顺利。在推出"余额宝"之前，除了 2007 年和 2009 年分别盈利 885.45 万元和 69.48 万元外，其余年份都处于亏损状态。直到 2013 年天弘基金与支付宝成功跨界"联姻"，才彻底改变了命运。关于这段"联姻"背后的故事，要从两个名字带"明"字的男人说起。

周晓明刚经历了事业的低谷期，正准备到天弘基金出任首席市场官。这时，他在"联办"的老同事祖国明联系了他。一个多月前，祖国明刚从一家财经网站跳槽到淘宝，负责组建淘宝理财频道。祖国明向周晓明展示了淘宝庞大的浏览数据和交易数据，如何为淘宝的庞大用户设计一款有针对性的可在网上交易的基金产品，这个问题开始在周晓明脑海中萦绕不去。

入职天弘基金后，周晓明便立即组建了电商工作小组，并多次前往杭州，与祖国明及其团队进行沟通。2012 年 10 月，祖国明及其团队开始考虑周晓明提出的以货币基金为基础的合作方式。2013 年 6 月 13 日，余额宝，这个改变了无数人理财方式的跨时代产品正式推出。

在支付宝上线几分钟后，余额宝的用户达到 18 万人。6 天后，这个数字突破 100 万。一年后，用户数量超过 1 个亿。天弘基金也从长期亏损开始转为持续盈利，从 2013 年净利润的 1092.76 万元猛增到 2021年的 18.17 亿元。

当我问你：买过基金吗？很多人可能会摇头：听过，但没有买过。但其实站在余额宝背后的，就是国内首只互联网货币基金，全名是"天弘余额宝货币市场基金"。当你往余额宝里存钱的时候，等于就购买了这只基金。

余额宝的横空出世震动了中国基金业，具有跨时代里程碑的意义，很多人其实是通过余额宝打开了基金投资的大门。由于投资门槛低至1元，首创实时赎回的功能，余额宝在上亿用户的追捧下成为全球最大的货币基金，也帮助支付宝从一家第三方支付公司进阶为一个互联网金融服务集团。而那个在同行眼中排名末尾、挣扎在盈亏边缘的天弘基金，也靠着余额宝改变了命运，从一家名不见经传的小公司，很快发展为国内首家规模破万亿的基金公司。

但很快，过度依赖货币基金的天弘基金遭遇了第一次打击。2017年，公募基金规模排名榜单出炉，在回归本源业务下，各大评级机构在统计基金管理规模时均剔除了货币基金，从而更真实地反映出基金公司的实力。在非货币基金的排行榜上，天弘基金退出了前十，大幅倒退至第48名。

第二次打击来自同行。2018年5月开始，余额宝平台陆续接入中欧、博时、华安等基金公司旗下的货基，打破了过去5年间由天弘基金一家独大的发展模式，原本属于天弘一家的蛋糕开始不断受到瓜分。

第三次打击来自整改。2021年4月12日，中国人民银行、银保监会、证监会、外汇局等金融管理部门联合约谈蚂蚁集团，其中提到关于"管控重要基金产品流动性风险，主动压降余额宝余额"的整改措施，成为天弘余额宝规模进一步下降的重要原因。

受此影响，天弘余额宝规模一降再降。2021年1—4季度，天弘余额宝管理规模分别为9724亿元、7808亿元、7646亿元、7491亿元。较2020年末的1.19万亿，规模萎缩逾4400亿元。除了规模下降以外，天弘基金也成为2021年唯一一家营业收入和净利润"双降"的公募基金公司。

从默默无闻到名声大噪再到风光不再，天弘基金的轨迹也反映出居民对公募基金态度的转变过程，从尚未普及到众所周知再到投资需求多元化。随着居民财富的快速增长，余额宝等低收益的理财模式早已不能满足居民对财富保值增值的需求，而伴随着公募基金投资策略的日渐丰富，债券型基金、指数型基金、QDII 基金、另类投资基金相继推出，也帮助投资者实现了跨国、跨市场、跨资产的多样化投资需求。随着基金产品的不断创新，基金市场更加多样化、精细化，从而满足了不同投资者的需求。

通过本章，你将了解到各类基金的特点、不同种类基金的筛选方法，尤其是主动股票型基金和被动指数型基金的筛选方法，还有基金定投的一些窍门。

适合普通人投资的指数基金

本节要点：

● 指数是一个选股规则。按照这个规则，挑选出一揽子股票，并反映这一揽子股票的平均价格走势。

● 指数基金追踪指数，完全按照指数的选股规则去买入相同的一揽子股票。

● 指数基金有四个好处：长生不老、长期上涨、简单透明、费用低廉。

● 作为许多投资大师推荐的一类基金，指数基金非常适合普通人投资。

在本节中我将为大家介绍一种价值投资之神巴菲特老爷子最为推崇的基金——指数基金。

巴菲特几乎每年都会向普通投资者推荐指数基金，他认为："通过定期投资指数基金，一个什么都不懂的业余投资者竟然往往能够战胜大部分专业投资者。"

2007 年，巴菲特还发起了一个著名的赌约：由对冲基金经理挑选对冲基金构建一个组合，巴菲特则挑选标准普尔 500 指数基金，看未来 10 年哪个收益更高。巴菲特之所以发起这个赌约，是因为他认为，2008 年 1 月 1 日至 2017 年 12 月 31 日的这 10 年间，如果刨除手续费、成本费用的影响，标普 500 指数的表现将超过对冲基金的基金组合表现。

2017 年底，赌约到期。巴菲特的标准普尔 500 指数年平均收益率为 7.1%，而基金经理挑选的组合，年平均收益率只有 2.2%。

巴菲特还立下遗嘱，等他过世之后，名下 90% 的现金将由托管人购买指数基金。

听到这里，你会不会觉得好奇，"指数基金"到底有什么魔力，可以让"股神"巴菲特如此青睐有加呢？

一、理解什么是指数

想要了解指数基金，先要理解"指数"是什么意思。

简单来说，指数是一个选股规则，它按照这个选股规则，挑出一揽子股票，这个指数反应这一揽子股票的价格平均走势。

这样讲你可能觉得很抽象，我们来举一个例子。

比如，你一定听过"大盘突破3000点了"这样的说法，这个3000点指的就是"上证指数"。上证指数是反映上海证券交易所挂牌的所有股票的总体走势。

在国内，如果不说什么市场什么指数，上来直接说多少点，一般说的就是上证指数。因为上海证券交易所成立最早，最有代表性，所以在它那里上市的股票组成的指数就代表了大盘的整体表现情况，这是个习惯。

中国市场里最有代表性，也最具长期投资价值的指数有两个，一个是沪深300指数。它是对上海和深圳证券市场中，最近一年的日均成交金额由高到低排名，剔除排名后50%的股票，然后对剩余股票按照日均总市值由高到低排名，选取前300名的股票，编制成的一个指数。可以看到，指数的成分股主要是市场中规模最大、交易较活跃的大盘股，可以理解为市场的代表，用来反映沪深市场股票的整体表现。

还有一个是中证500指数。它是从全部A股中剔除沪深300指数成分股后，再剔除过去一年的日均成交金额排名后20%的股票，剩余的股票按照过去一年日均总市值由高到低排名，选取排名前500名的股票，编制成一个指数。中证500指数反映了A股市场中一批中小市值公司的股票价格表现。

大家都知道，上市公司规模越大业绩往往越稳定，但是成长空间也比较有限，所以反映在股价上，投资发生巨亏的风险较小，但是潜在收益也比较小，简而言之就是波动比较小。而规模越小的公司越容易出问题，发生经营性的风险越大，但小公司未来的成长空间也更大，投资可能会有惊喜的表现。所以沪深 300 比较稳重，是价值股的代表；中证 500 比较激进，是成长股的代表。

此外，还有一些比较有个性的指数。如中证红利指数，选择的成分股是上海和深圳交易所中分红又高又稳定的 100 只股票。一个上市公司如果年年分红给投资者，至少说明这个企业对它的投资者很负责，所以中证红利指数俗称"负责任指数"。

我们看指数涨得高不高，就要看它的点位数。指数越高，它的点数就越高，说明大多数成分股在上涨。关于指数，我们就先介绍到这里。

二、指数也有分类

进一步学习的话，我们再讲讲指数的分类。指数一般分两大类。

一类是代表一大类股票的，叫宽基指数。比如常听到的"上证指数"，它是由上海证券交易所上市的全部股票编制成的指数，它代表的是全市场。

另外像刚才提到的"沪深 300 指数"和"中证 500 指数"，选取的是上交所和深交所的一大类股票，覆盖面较广，同时包含了多个行业的股票，所以它们都属于宽基指数。

还有一类，是代表某一特定范围的，叫窄基指数。

比如只代表一个行业的，像证券行业、军工行业，等等，选取的成分股都是同一个行业的股票。

也有代表某一种风格的，比如咱们前面举例子的"负责任指数"红利指数，就是窄基指数。

如果我们想投资大趋势，就投宽基指数，因为宽基指数代表市场趋势；如果要投资某个具体行业、风格或者主题，就可以选择窄基指数。

三、指数基金是一类特殊的股票基金

刚才，我们说的都是指数。现在，我们回到指数基金。指数基金其实是一类特殊的股票基金。

特殊在哪里呢？

一般的股票基金依赖于基金经理的主观投资能力，而指数基金不一样。指数基金的基金经理不能按照自己的想法任意挑选股票，而是要严格按照指数的编制规则，只能选指数的成分股，无论种类、数量还是比例都尽可能地和这个指数一致，规则相对比较明确、透明。所以指数基金属于被动型投资而非主动型投资。被动投资通常能够获得市场的平均收益，而主动投资的表现则参差不齐，即便是明星基金经理要想长期获得超额收益也是非常难的。

由此看出，指数基金的业绩和基金经理关系不大，而是和对应的指数表现关系较大。

比如我们刚才提到的沪深 300 指数，这只指数的制定规则是公开的，市场上各家基金公司都可以发行指数基金产品来跟踪它。而这些基金，复制的是同一个指数，它们之间的差异往往比较小。

1974 年，约翰·鲍格尔（John Bogle）创立的先锋领航集团（Vanguard Group）推出第一只指数基金——先锋领航 500 指数基金，该基金现已成为全球规模最大的指数基金。作为指数化投资最早的倡导者和实践者，先锋领航集团也发展成为美国基金行业的头部公司。

中国国内第一只 ETF 基金（交易型开放式指数基金）是 2004 年华夏基金发行的华夏上证 50 ETF。当时业内很少有人懂 ETF，那时候基金公司只能去一家家代销机构做地推，经常一站就讲两个多小时。由于布局较早，2021 年华夏基金旗下指数型产品规模达到 2343.17 亿元，成为国内首家指数型产品规模突破 2000 亿元的公募机构，"指基大厂"的地位愈发牢固。

四、指数基金为什么适合普通人投资？

1. 长生不老 ——指数的永续性

优胜劣汰不仅是自然规律，也同样适用于商业社会。每家公司都有生命周期。

我们来看一个真实案例：

美股的道琼斯指数，成立于 1896 年，是世界上历史最悠久的股票指数之一。在成立之初，道琼斯指数纳入了 12 只成分股。这 12 家上市公司在当时影响力都很大，如美国烟草公司、美国糖业公司等，其中还有大名鼎鼎的美国通用电气公司。

100 多年过去了，这 12 个在当时影响力巨大的上市公司全部被道琼斯指数剔除，最后一只"退役"的元老是通用电气。在被剔除之前，通用电气的股价刚经历了为期两年的大跌，暴跌了将近 60%。

没有一家公司可以基业长青，但是指数基金却可以通过优胜劣汰，不断吸收新的优秀公司，替换老的没有生命力的公司，来实现长生不老。

2021 年 12 月 10 日，沪深 300、中证 500 指数又做了一次调整，这次调整中，提升了电气设备、化工、医药生物等行业的股票权重，降低了银行、证券、地产的权重。调整的目的就是让指数可以更好地反映市场主流投资情况。

2. 长期上涨

先来看美国市场的三大股票指数。我们观察从道琼斯指数成立的 1910 年到现在，标普 500 指数、道琼斯工业指数和纳斯达克指数三只指数的行情走势，请大家参考图 3-1 的美股指数走势图，可以发现三只指数都是波动上涨的。

以标普 500 为例，从上市首日的 17.76 到 2021 年 12 月末的 4766，期间已上涨了约 268 倍。

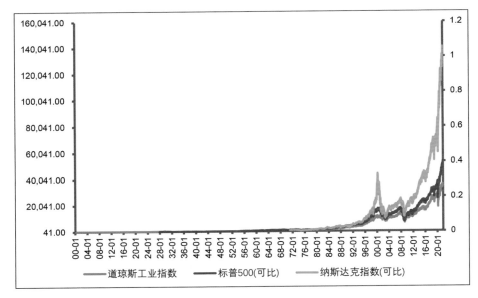

图 3-1　美股三大股指走势图（截至 2021 年 12 月 31 日）

　　我们再来回顾国内市场，选取了大家最为熟知的上证指数和沪深 300 指数，见图 3-2。

　　观察两个指数从成立到现在的行情走势，请大家看一下图 3-2 的 A 股指数走势图，可以看到指数也均是上涨趋势。

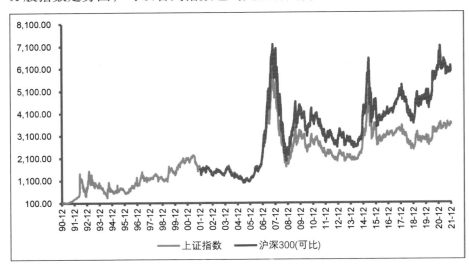

图 3-2　A 股上证指数和沪深 300 指数走势图（截至 2021 年 12 月 31 日）

有些读者可能会发现，这两只指数看上去波动有点大。这和国内证券市场发展较晚、时间跨度较短、股票市场发展不够成熟有关，这些因素放大了股市的波动。但从趋势来看，A股指数未来也会长期上涨。

以上证指数为例，从1990年年末的100点，截至2021年12月末的3639.78点，累计上涨约35.4倍，年化平均收益率达到了21%。

我们通过对国内外重要指数的回顾，发现这些重要的指数长期来看都有非常明显的上涨趋势。

为什么指数长期是上涨的呢？其中有很多种理解，比较通用的解释是指数背后的上市公司，每年赚的钱会不断投入再生产，创造更多的利润。这是指数上涨的根本动力。

另外，经济学有个词叫作"幸存者偏差"，指数由于长期优胜劣汰，留下的公司都是每个时期存活下来的好公司，这些公司就能通过经营创造越来越多的盈利和价值，所以指数具备了持续上涨的趋势，非常适合我们长期投资。

3. 成本低廉——费用低

从交易费用来看，指数基金也相对便宜。

一般的股票基金的收益很大程度上取决于基金经理的操作能力，因此备受依赖的基金经理的个人决策能力更值钱；而指数基金的收益更多依赖于跟踪指数的走势，基金经理的操作空间不大、操作难度也低于其他股票基金，因此管理费更低。

主动型基金一般会收取基金规模的1.5%作为管理费，而指数型基金平均管理费为0.69%，部分规模较大、运行时间较长的基金，管理费可以达到0.5%以下。

不要小看这细微的差别。换一种思维方式，你会发现每年仅仅在管理费这一项上，就相当于省出了1%，相当于提升了1%的收益水平。

综合以上优点，对于想要学习基金知识的入门选手来说，从指数基金开始学习是非常合适的。另一方面，因为它属于被动投资，所以也就不会根据每个人的风险和收益目标去量身定做，无法满足个性化的需求。

如何挑选指数基金呢？什么时候可以买，什么时候不能买？这就是本节我们要解决的问题。

五、格雷厄姆和他的价值投资理念

投资指数基金的思路非常多，我们这里为大家介绍巴菲特和他的老师格雷厄姆的一种投资理念——价值投资，这也是最适合普通人的一种投资方法。

格雷厄姆的价值投资理念，核心可以归结为三点：

价格与价值的关系

能力圈

安全边际

我们分别来说一说。

1. 价格与价值的关系

大家还记得我们在第一章中讲的造成我们亏损的三个主要原因吗？买错了、买贵了和拿不住。

现在请大家思考一个问题——多贵算贵呢？

茅台股价在 600 元 / 股的时候，很多人觉得太贵了，后来每股涨到 1000 多元时，再回头看 600 元的价格，你觉得是贵还是便宜呢？发现没有，价格"贵"还是"便宜"，都是相对的。

格雷厄姆在他的著作《聪明的投资者》中提道："股票有其内在价值，股票的价格围绕其内在价值上下波动。"这就是价格与价值的关系。

巴菲特对此做过一个非常形象的比喻，可以帮助大家理解。他说："股票的价格就像是一只跟着主人散步的小狗，主人牵着狗绳沿着马路前进，这只小狗一会儿跑到主人前面，一会儿走在主人后面。但是主人到达终点时，小狗也会回到主人身边。"

大家可能听说过股票涨停、跌停的概念。在 A 股，一只股票一天可能上涨 10% 或者下跌 10%。但是大家想过吗，这家股票背后的上市公司，日常经营其实大概率是平稳的，不可能一天之内出现正负 10% 如此大的波动。

所以说，股票的价格就是那只上蹿下跳的小狗，虽然股票价格短期内可能出现大幅波动，但从长期来看，它最终会与公司的内在价值趋于一致。

2. 能力圈

格雷厄姆价值投资理念的第二个核心是：能力圈。

能力圈，就是要求我们对自己投资的品种非常了解，能够大致判断出它的内在价值是多少，做到不懂不投。

还记得我们在前面文章中举到的买牛的例子吗？农户可以凭借经验，大致判断牛肉的价格区间，从而判断要不要以某种价格入手一头小牛犊，那么这项投资就在他的能力圈范围内。

无论是桥水基金的创始人达里奥，还是查理·芒格、巴菲特，这些投资大师对能力圈的认识几乎一致——不仅清楚自己的能力边界，清楚自己能做什么，不能做什么，还要有能力找到合适的人，借助别人的力量去做。

你读这本书，也是在扩大你的能力圈。如果自己实在没有精力去补足，借助专业的投资机构也是间接扩大自己能力圈的一种选择。

3. 安全边际

最后一点是"安全边际"理论，这也是格雷厄姆价值投资理念的核心之一。

刚才我们说到股票的价格会围绕股票的内在价值波动，安全边际理论就是要求我们在股票价格大幅低于股票的内在价值时进行投资。

格雷厄姆用一句话非常形象地介绍了安全边际，他说："我们要用 0.4 元买价值 1 元的东西。"

以上，就是格雷厄姆关于价值投资理论的三个核心，简单总结就是：要在自己能力圈范围内，大致判断出价值是多少，然后在价格大幅低于价值时买入。

说实话，听起来很简单，但操作起来仍然比较困难，这也是基金投资为什么难的原因了。道理很容易懂，但是做起来还是会遇到各式各样的问题，有可能是心态的变化，有可能是风险超过了承受能力，有可能是认知边界不同。所以，通过学习成为一名投资大师往往不太现实，但是，在学习中意识到自己哪里需要加强，学会正确的投资理念，并选择理念匹配的专业机构才是更重要的。

六、牛市和熊市股票的价格与价值

我们常说的牛市，就是股市受资金追捧，然后出现大幅上涨。往往在牛市的时候，股票的价格涨幅会比股票的价值涨幅大很多。

比如说 2007 年牛市的时候。当时 A 股从 2005 年的 900 多点，上涨到 2007 年的 6124 点，在两年多的时间里，上涨了近 6 倍。

虽然那段时间，国内经济形势不错，上市公司的盈利也在上涨，但是很明显，这些公司的内在价值并没有上涨 6 倍之多。

换句话说，2007 年牛市的时候，价格这只小狗，就远远跑在价值主人的前面了。不过价格不可能永远领先于价值，所以 2008—2009 年的时候，A 股整体大幅下跌，出现了 60% 以上的跌幅。

而有的时候，却是反过来的，价格远远落后于价值。比如说 2014 年的时候，A 股处于熊市的底部，当时 A 股整体估值是全世界最低的。投资价值非常高。对于中国这样一个经济高速发展的国家来说，2014 年的时候，价格就远远落后于价值了。同样的，价格也不可能永远落后于价值，所以 2015 年就出现了一波牛市。

我们该如何去利用价格与价值的这种关系呢？

很明显，当价格波动低于价值时，就是股票便宜的时候，当价格波动高于价值时，就是股票贵的时候。我们只要在股票价格便宜的时候买入，在贵的时候卖出，自然就能获得不错的收益。

2008 年和 2015 年都让人比较难忘。有过投资经验的人，更会感同身受。但这里面的真相是，2008 年市场跌，很多人没赚到钱；2015 年市场涨，很多人也没赚到钱。

2015 年大多数人没赚钱，是因为越到后面越不舍得止盈，这个心态的把握其实特别难。所以还是我一直强调的，炒股并不适合大多数投资者，而是要让投资机构和基金产品帮你兜底。投资基金和自己炒股相比，投资基金不至于赔得太惨，相当于基金经理变相帮助投资者管住了手。

七、估值——帮我们买到"便宜货"的工具

道理我们都懂了，那么我们怎样才能在价格低于价值的时候买入呢？怎样去衡量现在的股票价格是"贵"还是"便宜"呢？

这就需要借助"估值"了。估值可以帮助我们判断当前价格与价值之间的关系，它是一种判断两者关系的方法论。我们既可以对股票进行"估值"，也可以对指数基金进行估值。

估值的方法有很多，我们为大家介绍最常见的三个估值指标。考虑到大部分朋友处于入门阶段，我们对这几个指标的学习以理解为主，知道其代表的含义即可。

1. 市盈率（PE/PE-TTM）

我们先来看一下最常用的一个估值指标，相信许多朋友听说过，那就是市盈率。

什么是市盈率呢？我们先来看一下它的计算公式。

静态市盈率（PE）是指当前的总市值除以上一年的公司净利润。

市盈率 = 股票价格 / 每股的盈利 = 公司市值 / 公司净利润

用字母表示就是，PE=Price/Earnings per share

比如说一个公司，每股价格是 10 元，一共发行了 100 万股，这个公司一年盈利是 200 万元，每股盈利就是 200 万元除以 100 万，等于 2 元。用 10 元除以 2 元，也就是 5 倍，换句话说，这个公司的市盈率是 5 倍。

静态市盈率的主要问题在于，净利润用的是上一年年报披露的净利润，所以时间上具有一定的滞后性。为了解决这一问题，就要用

到滚动市盈率（PE-TTM），TTM 英文是 Trailing Twelve Months 的缩写，也就是过去 12 个月。所以，滚动市盈率的净利润采用的是最近四个季度的净利润之和，可以跨年加总计算。通常使用滚动市盈率的较多。

市盈率是最常用的一种估值指标，它可以用来衡量某个企业的市值与企业某一年的盈利之间的关系。

如果一个企业的盈利越稳定，它就越适合使用市盈率。对于这样的企业，一般来说，市盈率越低，代表公司价格越被低估，越有可能出现价格低于企业内在价值的情况。

有的企业，盈利并不稳定。有的时候行业景气，盈利特别棒，但是到了行业不景气的时候，就会产生亏损。对于这样的情况，是不适合用市盈率进行估值的。

2. 盈利收益率

第二个比较重要的指标，叫作盈利收益率。

盈利收益率是市盈率的变种，从公式上我们就可以看出来，盈利收益率也就是市盈率的倒数。

盈利收益率 = 公司盈利 / 公司市值 =1/PE

盈利收益率是格雷厄姆常用的一个估值指标。它所代表的意义是，假如我们把一家公司全部买下来（公司市值），这家公司有一年的盈利（带给我们的收益），公司盈利与公司市值的比值就是盈利收益率。

举个形象的例子，假设一个公司的盈利是 1 亿元，公司的市值规模是 8 亿元，那么，盈利收益率就是 1 亿除以 8 亿，也就是 12.5%。换句话说，如果市盈率是 8，那盈利收益率就是 12.5%。

因为盈利收益率也是对比市值和盈利的关系，所以市盈率需要注意的，盈利收益率同样需要注意。盈利收益率也适合盈利稳定的公司。对于盈利稳定的公司，一般来说，盈利收益率越高，代表公司的估值就越低，公司越有可能被低估。

盈利收益率相比市盈率的优势是直观。一个盈利稳定的品种，盈利收益率是 12%，我们就可以把它看成一个收益率为 12% 的理财产品。

而且对于一个盈利收益率为 12% 且盈利稳定的股票品种来说，它的长期收益也确实是大概率高于 12% 的。

格雷厄姆用盈利收益率去买股票有 2 个标准，非常简单。

盈利收益率要大于 10%

盈利收益率要在国债利率的 2 倍以上。

3. 市净率（PB）

第三个要为大家介绍的指标，叫"市净率"。

什么是市净率呢？

市净率（PB）＝公司市值 / 公司净资产＝股票价格 / 每股净资产

市净率就是用公司的市值，除以公司的净资产。它是从买资产的角度，来衡量当前企业的市值与企业净资产之间的关系。

市净率的"净"字，指的就是企业的净资产。净资产通俗来说就是资产减去负债，它代表全体股东共同享有的权益。具体的数字在上市公司的年报中都有。

净资产这个财务指标比盈利更加稳定。公司每年赚多少钱可能会有波动，但大多数公司只要还赚钱，净资产就是稳定增加的。所以，很多盈利不稳定的公司，净资产还是稳定的，企业的资产大多是比较容易衡量价值的有形资产，并且是长期保值的资产时，这类企业就比较适合用市净率来估值。

比如，周期性行业的指数基金，它们的盈利不稳定，或者呈周期性变化，不适合用市盈率和盈利收益率来进行估值，但这时候可以用市净率来进行估值。

本节的重点，是让大家理解价值投资，以及估值背后的逻辑。大家可以通过各大指数的估值水平，直观感受整个市场的热度。比如说，如果现在大部分的指数都在低估区间，不正说明我们赶上了"挑便宜货"的好时候吗？

值得注意的是，切忌看到"低估"二字就无脑买入，还记得我们在开头说的吗？——不懂不买，除了知道指数目前的估值区间，更重要的是要理解这只指数背后的含义，成分股是什么，才能决定是否要进行投资。

指数基金的筛选和投资

上一节分别讲了什么是指数和指数基金、指数基金的优势，也讲到了一些与指数基金投资相关的知识点。

本节对大家的未来投资非常实用。我们来讲一讲指数基金究竟该如何投资，也就是前面讲的这些内容，究竟该怎么应用。

一、选指数

市面上常见的指数有上百个，其中指数型基金比较常用的跟踪指数，只有十几个不到二十个，比如沪深 300、中证 500、创业板指、上证 50、中证银行、中证军工、中证红利等。

按照跟踪指数的基金数量排名，大家可以参考表 3-1。

表 3-1　指数型基金和 ETF 基金（含联接基金）跟踪最多的前十个指数

指数名称	指数下面对应的基金数量 / 个
沪深 300	211
中证 500	206
创业板指	94
科创创业 50	64
中证全指证券公司指数	59
中证银行指数	53
上证 50	51
中债 1—3 年国开行债券全价（总值）指数	48

数据来源：Wind、理财魔方（统计日期：截至 2021 年 12 月 9 日，统计样本包括指数型开放式基金、ETF 基金以及 ETF 联接基金，共计 3438 只基金。）

我们前面讲了，指数可以分为宽基指数和窄基指数，我们先复习一下。

　　宽基指数是由市场的主流股票组成的指数，指数成分股多，比较分散，覆盖面较广，同时包含了多个行业的股票。

　　窄基指数的成分股一般来自一个小的范围、小的领域，比如同一个行业、同一个主题，或者同一个风格等。成分股略少，比较集中。

　　那么，这些指数里，哪些是宽基，哪些是窄基呢?

　　最常见的沪深300、中证500、创业板指、上证50都是宽基指数。

　　我们在上文讲过，沪深300和中证500指数是比较有代表性的。沪深300指数成分股的市值比中证500大，指数风格更偏稳健；而中证500成分股中，中小市值规模的公司比较多，风格更偏成长。

　　我们看一下这两个指数的走势对比图：

　　在市场上涨时，中证500明显要比沪深300涨得多。比如，2014年1月1日到2015年6月12日牛市最高点期间，沪深300指数涨了129%，而中证500则涨了202%，差距很明显。

　　这是不是说，中证500指数更值得投资呢? 别急，别忘了历史上中

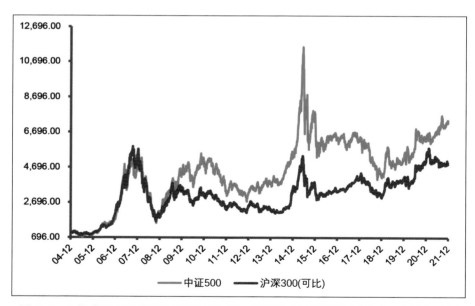

图3-3　A股中证500指数和沪深300指数走势图（时间截至2021年12月31日）

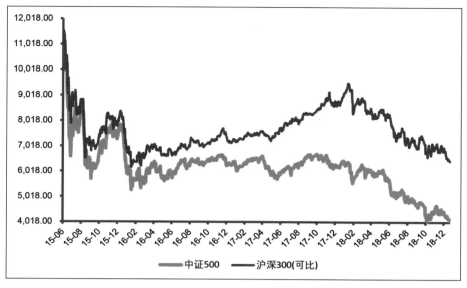

图 3-4　中证 500 和沪深 300 指数走势对比图（时间区间范围：2015 年 6 月 12 日—2018 年 12 月 31 日）

国股市"牛短熊长"的特点，我们再来看看在熊市时，两只指数的表现。

从走势图中可以看出，一旦风云变化，市场下跌，那么沪深 300 更加抗跌，跌幅小于中证 500 指数。2015 年中期到 2018 年末，三年多的时间，沪深 300 下跌了 43%，而中证 500 则跌了 63%。

如果你的目的是跟上市场的脚步，你的目标是投资全市场，那么一个沪深 300 指数基金＋一个中证 500 指数基金，就差不多实现了。因为沪深 300 代表稳健的主流，中证 500 代表成长的主流，二者在一定程度上可以互补。

像中证银行、中证军工、央企创新这些指数，要么代表一个行业，要么代表一种小的领域，这些都是窄基指数。

需要提醒大家的是，以行业划分的窄基指数，风险是比较大的，因为行业一旦跨入衰退期，可能别的行业都在涨，就它不涨。而行业是不是跨入衰退期，这是个比较专业的问题，个人很难判断。比如军工行业，早年间处于景气周期的时候，涨得确实不错。但 2016 年以来

图3–5　中证军工指数和沪深300指数走势对比图（时间区间范围：2016年1月4日—
2019年1月2日）

整个行业进入衰退期，2016年到2017年三季度市场整体上涨，就它在跌。2017年三季度到2018年，市场开始下跌了，它还在跌，跌幅一点不比别人小，别人涨它跌，别人跌它也跌。

我们可以参考中证军工指数与沪深300指数的走势对比图，能更直观看到这期间的差异。

所以，窄基指数里，我们不建议普通投资者去碰行业指数，但我们特别推荐大家关注两个指数：一个是红利指数，一个是红利指数的升级版——红利低波指数。

由于红利策略的有效性久经考验，所以各家指数发布商都发布了基于红利策略的指数，如上证红利指数（000015）、深证红利指数（399324）和中证红利指数（000922）。

上证红利指数，是从上交所挑选50只股息率最高的股票，以大盘股为主，分红率平均每年能达到4%。

中证红利指数是从沪深两市挑选100只高分红股票，横跨了沪深两个市场。

为什么重点推荐大家关注红利指数呢？因为红利指数主要选取的是高分红的股票。

敢于高分红的公司通常是现金流稳定、不差钱的好公司。所以首先企业得好，其次愿意分红，代表企业愿意将这种优秀与投资者分享，所以叫"负责任"指数，也可以叫"良心企业"指数。

这个窄基指数有什么特点呢？涨的时候不慢，因为是好企业嘛；但跌的时候不快，因为是好企业嘛！事实上，它甚至可以作为沪深300指数的升级替代品。

但是，一般传统行业、成熟行业的分红率才高。所以红利指数成分股多是传统行业、成熟行业。这些行业成长性不强，基本没啥爆发力。如果你想追求长期稳定的收益，而不是短期的高回报，那红利类指数非常适合。

那么红利又"低波"是什么概念呢？它选择的是既有高分红，而且也不会被市场爆炒的那些"默默的好企业"。所谓低波其实就是不怎么被关注的意思，不怎么被大众关注，所以没人去爆炒，波动率低。

刚才提到的红利低波指数，是从沪深两市挑选50只股息率高且波动低的股票。

你会说，没人关注，没人炒，那岂不是涨幅不佳？不对，凡是那些被爆炒的，一般是有题材的、有概念的，这样的股票，未必是好股票，很可能是差股票。而低波动的股票，反而表现更好。这证明了投资界的一条铁律：不要跟着大部分人走，当别人都觉得划算一拥而上的时候，你应该撤退；反过来，当别人都在撤退的时候，你才应该胆大。不要忘了这句话，后面在讲到根据估值投资指数基金的时候，我们还会提到。

我们把三个指数做个对比，可以明显看出红利低波指数的优势。

表 3-2　三个指数的表现对比情况

指数代码	指数简称	上市至今的年化波动率	上市至今的平均年化收益率	近一年的股息率
000300.SH	沪深 300	26.05%	13.81%	2.07%
000015.SH	红利指数	26.34%	9.98%	5.83%
H30269.CSI	红利低波	25.89%	18.66%	5.73%

数据来源：Wind（时间截至 2021 年 11 月 30 日）

上市至今，沪深 300 的平均年化收益率为 13.81%，而红利指数是 9.98%。红利低波指数是 18.66%，是三者中最高的。从股息率来看，红利指数和红利低波指数都远超沪深 300 指数。同样，红利低波的波动率也是最小的。

做个简单的小结：指数基金先选指数，宽基指数选沪深 300 和中证 500；窄基指数呢，红利低波就挺好。行业指数以及这主题那概念的，尽量不要碰。

二、选基金

选定了指数，下一步就是选定对应这只指数的基金。

我们前面看到了，跟踪同一个指数的基金挺多的，比如说跟踪沪深 300 指数的就有 211 只基金。具体选哪只呢？

第一个筛选标准就是对于跟踪同一个指数的基金，选规模较大的。

比如，我们选择两只成立日期相近的，被动跟踪沪深 300 指数的基金，"华泰柏瑞沪深 300ETF"和"东吴沪深 300A"。从两只基金的走势图中可以看到：

从成立日起到 2021 年 11 月，"华泰柏瑞沪深 300ETF"的总回报是 118.12%，"东吴沪深 300A"的总回报是 56.15%，差了 1 倍。平均到年化收益率上，两者相差了 4 个百分点。这么大的差距是从哪里来的呢？

先来看看截至 2021 年 11 月 30 日，两只基金的管理规模：华泰柏瑞的最新规模是 389 亿元，东吴的最新规模只有 780 万元。

之前说过，两个基金跟踪同一个指数，大家的业绩不会有太大差

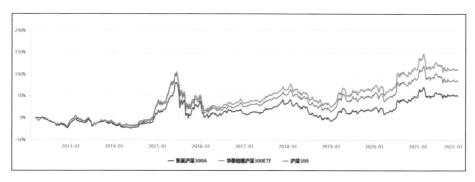

图 3-6　东吴沪深 300A 和华泰柏瑞沪深 300ETF 成立至今净值走势图（截至 2021 年 11 月 30 日）

别。但基金有很多固定的成本费用，是要从基金资产里支出的：比如定期在报纸上发公告要花钱；如跟踪这个指数，也要给管理指数的公司付钱。这些都是固定的运作费用，一年 30 万~50 万元的样子，摊到规模大的基金上，每一份基本可以忽略，可摊到规模小的基金上，每一份要扣去 5~6 分钱。这个差距日积月累，在复利的作用下就很大了。另一方面，如果基金规模太小，可能会面临清盘风险。

第二个筛选标准，看基金的跟踪误差。

什么是指数基金的跟踪误差呢？简单说，就是指数基金走势和它跟踪的指数走势差别大不大。比如一年内，沪深 300 指数上涨了 10%，而一只跟踪沪深 300 指数的基金只上涨了 8%，这就是出现了跟踪误差。跟踪误差用来判断指数型基金跟踪指数的能力强不强。

如何查询指数基金的跟踪误差呢？很简单，有个指标就叫作"跟踪误差"，我们可以通过基金的定期报告来查询。每一只基金，基金公司都会发布定期报告，包括一年四次的季度报告、一年一次的半年报和年报。这些定期报告都可以在基金官网和代销平台查到，有些代销平台在基金展示页也会直接显示"跟踪误差"。

跟踪误差越小，意味着基金复制指数的能力越强，可以通过买这个基金来代替指数投资。最好是 0，不过这很罕见。正常跟踪误差值一般为 2%~3%，做得比较好的基金可以做到每年 1% 以内的误差。

我们还是以刚才两只基金举例，"华泰柏瑞沪深300ETF"的跟踪误差是0.0989（截至2021年11月30日），"东吴沪深300A"的跟踪误差是1.0222。所以根据这个筛选标准，"华泰柏瑞沪深300ETF"更好。

第三个筛选标准，就是看成立时间。

最好不要选刚成立的新基金。因为成立时间太短的，看不出这只基金的跟踪能力到底如何，所以咱们要挑选经过时间检验的基金，比较稳妥的方法是筛选成立3年以上的，这样有历史业绩可以参考和比较。

三、选时机

好了，到这里你已经可以为自己选出一只指数基金了。

但是，先别着急买。还记得我们在前面课程中讲到的"估值"吗？所谓低估时买入，高估时卖出。在决定买入之前，你还应该看一看，你选出的这只指数，目前的估值区间是怎样的。

股票的价格是由两个因素决定的，一个是估值，另一个是净利润。净利润就是上市公司赚钱的能力，我们把它视作公司的内在价值。但

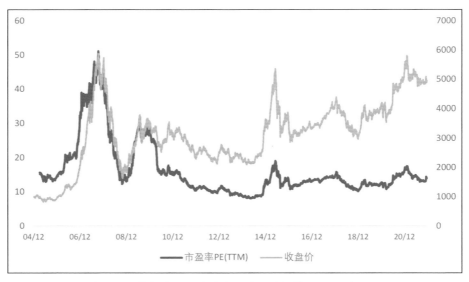

图3-7　沪深300指数成立至今的市盈率（时间截至2021年12月31日）

是我们看到，股票指数可以每天涨涨跌跌，但指数的内在价值并没有那么大的起伏变化，而是以每年 10.8% 左右的净资产增长率稳定增长（以万得全 A 指数为例），这就证明指数的波动是由估值的波动引起的。

拿沪深 300 指数举例，我们可以看到，沪深 300 指数的收盘价和估值两者基本是同涨同跌。

所以，如果指数的估值比较低，那么它当前的价格就是比较便宜的。所以我们买指数型基金时，看它当前估值就可以大致判断出此时买是便宜还是贵。

在这里给大家介绍一个"百分位"的概念，帮助我们判断当前的估值情况。"百分位"就是把指数历史的估值数据拉出来，从小到大依次排开，看看现在的估值处于什么历史水平。

我们可以画出三条线：

第一条线：50% 的中位线。在这条线之下，说明指数比多数时间都便宜，可以买入。

第二条线：30% 的低估线。说明指数目前处于低估，可以一次性买入，或者补仓。

第三条线：70% 的高估线。说明指数目前已经高估，不适合买入，可以考虑卖出，落袋为安。

寻找超越市场的主动型基金

主动型基金投资小贴士：
- 买入时机：熊市中买入基金，能有更大概率获取高收益；
- 历史业绩：参考基金的历史业绩排名不靠谱；
- 持有时间：长期持有基金，更加容易获取高收益。

上一节讲到的指数基金作为被动管理型的股票基金，它是普通人都能接触到的、可以间接投资股票市场的投资品种，所以连投资大师巴菲特都推荐个人投资者选择指数基金来投资。

但是，我们都知道的是，巴菲特本人是一个绝对的主动投资者。他管理的伯克希尔·哈撒韦是世界上最成功的投资公司之一，因为主要业务就是以股权形式投资其他的公司，所以，这个公司其实就是一只打着公司旗号的基金。他所投资的公司和股票全都是主动筛选出来的。这么一个强烈推荐指数基金的人，却在主动投资上孜孜不倦近80年，并且收获巨大。可见，主动型基金也有其独特的价值。

从本节开始，我们将学习主动型基金的一些基本概念、投资理念。

一、初步认识主动型基金

什么是主动型基金呢？

主动型基金是指基金经理在遵守基金合同约定的前提下，自主选择投哪只股票、哪只债券等具体品种，基金经理的目标是获得可以跑赢大盘或者某个指数的收益率。相对于被动型投资的代表——指数基金，主动型基金依赖的是基金经理的投资实力和他背后强大的投研团队。

所以，论筛选难度，指数型基金只能算入门级别，主动型基金的筛选会更复杂。当然，学习就是不断地升级打怪、扩大自己认知边界的过程。如果选好主动型基金，投资收益往往会更可观，因为它的收益目标就是为了打败指数。

截至目前，主动投资型基金才是中国基金市场的主流。截至 2021 年 12 月 31 日，主动投资型基金的数量共有 7631 只，占全部基金数量的 83.17%。主动型基金的资产净值占全部基金市场的 92%。所以，不了解主动型基金意味着你只看到基金市场的冰山一角，放弃了海平面下面巨大的冰山全貌。

我们可以通过国内基金的收益情况来验证这一点。

图 3-8 为近 5 年（2016 年到 2021 年）的主动型基金和被动型基金的收益表现情况。

近一半指数型基金近 5 年的收益率没有超过 50%，而只有约 8.96% 的指数型基金收益率超过了 100%。反观主动型基金，其中 47.64% 的主动基金收益率超过了 100%，绝大部分的主动型基金收益率在 50% 以上。

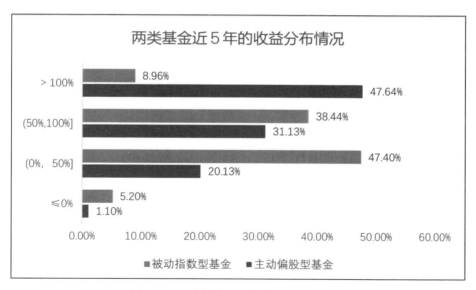

图 3-8　两类基金近 5 年的收益分布情况

统计时间从 2017 年 1 月 1 日至 2021 年 12 月 31 日，所选基金均是 2017 年 1 月 1 日之前成立的基金，运作时间超过 5 年。主动偏股型基金包括主动股票型基金和偏股混合型基金，共计 636 只。选取的被动指数型基金共计 346 只。

这么一对比，就发现我国的主动型基金整体表现要好于指数型基金。但是在美国，大量历史业绩证明，主动型基金长期的确是跑不赢被动型基金的，看看国外的资产管理机构比如富达、先锋领航基金的被动产品规模有多大就知道了。所以，巴菲特并没有忽悠人。

为什么在我国，主动型基金表现更好呢？这主要和我们国家市场发展时间比较短，主要的参与者仍是散户有关。因为个人投资者的研究能力和交易经验都非常有限，容易受情绪影响，追涨杀跌，造成市场波动比较大，有很多错误定价的机会。基金经理作为专业的投资者，在择时和择股上的优势就体现出来了。而美国发展了这么多年，机构是市场的主要参与者，利用别人的失误来赚钱的机会就会小很多。

当然，随着 A 股发展越来越成熟，投资者慢慢变得更理性。未来中国也有望走出像美国一样长达数年的大牛市。

接下来我们再说说主动型基金的一些分类。

在第二章中，我们学习了按照投资标的的不同，可以将基金分类为货币基金、债券基金、股票基金。如果按照管理风格分类，可以分为主动投资型基金和被动投资型基金。

不同分类互不冲突，比如，指数基金既属于股票基金，也属于被动投资型基金。除了指数基金之外，其他的股票基金都属于主动型基金，我们把它们统称为"主动偏股型基金"。如果进一步细分，它们通常会被分成"偏股型""股票型"和"混合型"，每个平台的分类有细微差别。我们在这里先暂时不讨论货币基金和债券基金。

我们自己可以随意在基金查询网站输入一个基金的代码或者名字拼音缩写，页面就会展示基金的类别和投资方向。

比如，以天天基金网站为例，网站操作截图（图 3-9）。随意输入一个基金代码"001974"，就会显示这只基金是股票型基金，是一只主动型基金。

再输入一个跟踪中证 500 的基金"005795"，则会显示这只基金是股票指数型基金。

所以，我们可以借助这些基金网站或者 APP 帮助自己进行判断。

图 3-9 基金展示页面 1

图 3-10 基金展示页面 2

二、"主动"有哪些优势?

我们前面讲指数基金的时候提到过指数基金的特点,一是持有股票的比例,我们一般叫仓位,它的股票仓位是比较固定的,多数在90%以上。二是基金持有的股票也必须是指数的成分股,基金经理无权修改。

而主动型基金,在这两方面,基金经理都有很大的操作权限。仓位比例既可以调高也可以调低,具体的股票也可以主动挑选。

这两个主动,为主动型基金带来两个优势。

1. 仓位比例可以调整,可以帮助基金在下跌的时候少跌点

为了更好地理解这个优势,我们可以各选取一只基金做一下比较。

在主动型基金中,我们选取一只混合基金作为代表,基金简称是"华商红利优选混合"。这是一只灵活配置的混合基金,特点是基金的仓位很灵活。查看它的历史仓位,股票的仓位跨度最低时只有33.63%,最高时有86.02%,仓位变动的自由度很大,可以随时跟随市场行情调整。

在被动型基金中,我们选取一只跟踪沪深300的指数基金,基金简称是"大成沪深300指数A",特点是紧密跟踪指数、追求误差最小化,成立10多年,股票仓位始终在90%以上。

我们来比较这两只基金在几次市场大跌中的收益率,见表3-3。

表3-3　两只基金在市场大跌时的收益表现

下跌周期	沪深300指数收益	大成沪深300指数A	华商红利优选混合
2015.6.12—2015.8.26	−42.98%	−41.60%	−9.63%
2018.1.1—2018.12.31	−25.31%	−28.55%	−14.26%

(1)第一个阶段,我们回顾A股历史上的一个疯狂下跌期,具体在2015年6月12日到2015年8月26日,沪深300指数跌幅高达−43%,跟踪沪深300指数的基金跌幅也和指数类似,下跌了41.6%。但主动型

基金"华商红利优选"期间只下跌了 9.6%，因为三季度基金经理将股票仓位降低了约 35%，一定程度上规避了下跌的冲击。但是指数型基金却只能硬抗。

（2）第二个阶段，就是 2018 年的熊市。沪深 300 指数全年下跌了 25.3%，指数型基金下跌了 28.6%，比沪深 300 还多。但我们如果看主动型基金 2018 年的年报，发现相比 2017 年年报，股票仓位降低了 25.4%，所以跌幅也小于指数型基金。

如果说用个别基金对比不具有代表性的话，我们再看一下市场上灵活配置型基金和指数型基金整体的差异表现。还是以刚才说的两次股市大跌为例。

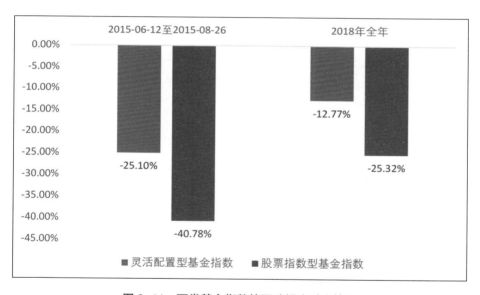

图 3-11　两类基金指数的下跌幅度对比情况

（1）第一个阶段，股票指数型基金指数下跌了 40.8%，灵活配置型基金指数下跌了 25.1%，证明灵活配置型基金整体表现好于指数型基金。

（2）第二个阶段，股票指数型基金指数下跌了 25.3%，灵活配置型基金指数下跌了 12.8%，同样证明灵活配置型基金整体表现更好。

由此证明，在熊市中主动型基金的择时和选股优势就显现出来了。在遇到市场持续下跌时，将一些股票暂时换成债券或者现金，规避风险，减少了亏损。而被动型基金，无论市场好坏，都只能采取跟随策略，依然要保持 90% 左右的股票仓位。

不要小看这个亏损的减少，我们常说投资者容易"追涨杀跌"赔钱。从人性上讲，为什么会"杀跌"呢？主要其实还是因为跌得太多，投资者心里承受不住。如果跌得少一些，说不定你就撑过去，就不会杀跌了，当然也就能抓住上涨的机会了。

2. 主动挑选股票

主动型基金的基金经理可以按照自己的投资思路挑选股票、并且随时进行调整，操作上比较灵活。

不过，这个"灵活性"是把双刃剑，对于投资能力强的基金经理来说，通过这种灵活操作可以获得比指数型基金高得多的收益。而对于那些水平一般甚至不怎么样的基金经理来说，这个灵活也就成了毒药。所以，选择好的基金很重要。

三、主动型基金投资的正确姿势

我们在下一节里会详细讲主动型基金怎么筛选的问题，但在这之前，我们要先建立一些关于主动型基金投资的基础理念。对投资来说，理念就如樵夫的刀。理念不对，你选什么树，都砍不了好的木头。

截至 2021 年 11 月底，公募基金数量高达 8969 只，已经大大超过了上市 A 股数量（4640 只），选基金的难度不亚于选股的难度。那么，投资主动型基金的正确姿势是什么呢？我们用数据来说话。

1. 主动型基金，买入时机很重要

我们讲指数型基金时，提到在低估区间买入很重要，买得便宜，是获得收益的重要保障。主动型基金虽然不适用估值的方法，但道理其实也一样，正确的买入时机才是获得好收益的前提。

我们可以一起来回顾下牛市、熊市中基金的收益作为论证。

A 股市场最近几年的大牛市是 2014 年，上证指数上涨 52.87%，大熊市是 2018 年，上证指数下跌 24.59%。

我们统计了这两年市场中所有的股票基金，比较在不同市场环境中，基金收益差异有多大。

2014 年大牛市中，市场共有 918 只股票基金，平均收益为 28.34%，97.71% 的基金是正收益，相当于这一年闭着眼买基金都赚钱。

再看大熊市 2018 年，市场共有 3001 只股票基金，平均收益为 –18.47%，89.04% 的基金是负收益，悲惨现实就是不管怎么用心挑基金，大概率这一年买基金都是亏损。

所以通过牛熊市收益的对比、正收益基金的占比，可以发现市场行情决定了基金的收益，牛市中怎么买都赚钱、熊市中怎么买都容易赔钱，因此我们的买入时机就显得格外重要。

普通投资者虽然没有能力预测市场的未来走向，但还是可以参考整个市场指数的估值水平，在市场的相对低估值时期买入基金，有更大的概率获取高收益。

但具体买多少、怎么配置能够降低风险概率，还是需要和专业机构去打配合，因为很多时候，由于人性本身的弱点，在调仓的时候容易情绪化。

2. 看历史业绩排名买基金，靠不靠谱

要跟大家分享的第二点是：虽然在不同时期，都有不同的主动型基金可以跑赢大盘，但是你几乎很难发现某一只基金，可以一直跑赢大盘。

尤其是当市场由牛转熊，或者风格发生转变时，那些名列前茅的主动型基金反而会落后。

我们统计了近三年的基金业绩排序，重点关注业绩前十的头部基金，表 3–4 是详细的基金列表。

表3-4　偏股型公募基金2019—2021年年度排名前十名单

2021年前10名	投资类型	2020年前10名	投资类型	2019年前10名	投资类型
前海开源公用	股票型	农银汇理工业4.0	混合型	广发双擎升级A	混合型
前海开源新经	混合型	农银汇理新能源主题	混合型	广发创新升级	混合型
宝盈优势产业	混合型	农银汇理研究精选	混合型	广发多元新兴	股票型
大成国企改革	混合型	农银汇理海棠三年定开	混合型	华安媒体互联网A	混合型
广发多因子混合	混合型	工银瑞信中小盘成长	混合型	银华内需精选	混合型
大成新锐产业	混合型	汇丰晋信低碳先锋A	股票型	交银成长30	混合型
交银趋势混合	混合型	广发高端制造A	股票型	交银经济新动力A	混合型
华夏行业景气	混合型	诺德价值优势	混合型	银河创新成长A	混合型
大成睿景灵活	混合型	创金合信工业周期精选A	股票型	诺安成长	混合型
创金合信数字	股票型	工银瑞信主题策略A	混合型	博时回报灵活配置	混合型

数据来源：Wind，理财魔方

观察这个表格，我们发现每年的头部基金都不同，一只基金持续保持优异的业绩数据非常难。

我们以某一只基金为例，更直观感受市场风格转变的影响。比如基金"国泰大健康股票"，是典型的大健康主题基金。

该基金2016年2月才成立，但还是凭借优异的业绩收益（收益率为25.3%），在2016年基金排名中进入前十。到了2017年，基金收益率为23.5%，排名虽没有保持在前10，但至少排名前1/3；但是到了2018年，基金收益仅为 –23.4%，在同类平均水平以下。主要原因是市场风格在不断切换、上下游行业盈利在分化，2018年健康产业发展不好，行业指数下跌35%，远远不及沪深300指数的 –25%。

所以，当市场的行情在不停变换、有效的行业风格也在不停切换时，基金经理不可能随时切换风格、永远踩准风口，也因此难以有一只基金可以一直保持在收益前列。

讲到这里，提到一个小白买基金非常容易陷入的误区：看排名买基金。现在各种基金销售网站都会在最显眼的位置，把基金历史业绩排名摆出来。

对于主动型基金而言，这种做法其实是一种很大的误导。

首先，股票市场风格切换很快。某只基金的风格偏好在一段时间内可能取胜，但市场风格变化之后原有的风格未必仍然占优势。

如表3-5所示，2013年市场风格严重偏向"小盘成长型"；2014年券商、保险大涨，"大盘价值型"明显强势；到了2015年，"大盘价值型"再次爆冷；2016年大家都"趴窝"；2017年又出现两极分化，"大盘价值型"又开始高调起来。近期同样如此，2019、2020年大家都知道是大盘成长股的丰收年，到了2021年下半年小盘成长股又一次"强者归来"。

表3-5　风格指数收益排名的延续性与基金业绩持续性关系紧密

区间收益率				排名				业绩持续性	
年份	大盘成长	大盘价值	小盘成长	小盘价值	大盘成长	大盘价值	小盘成长	小盘价值	检验区间	正负号及显著性
2010H1	−24.1%	−23.3%	−9.6%	−11.1%	4	3	1	2	–	–
2010H2	14.0%	2.6%	25.6%	20.3%	3	4	1	2	2010H1–2010H2	1
2011H1	−1.9%	4.8%	−12.0%	−3.6%	2	1	4	3	2010H2–2011H1	−1
2011H2	−22.0%	−14.7%	−27.3%	−29.8%	2	1	3	4	2011H1–2011H2	−1
2012H1	11.8%	4.5%	9.1%	5.6%	1	4	2	3	2011H2–2012H1	1
2012H2	3.3%	10.7%	−5.5%	−5.0%	2	1	4	3	2012H1–2012H2	1
2013H1	−11.1%	−10.7%	3.4%	−6.5%	4	3	1	2	2012H2–2013H1	1
2013H2	0.0%	4.9%	16.9%	16.5%	4	3	1	2	2013H1–2013H2	1
2014H1	−6.3%	−3.1%	4.0%	0.7%	4	3	1	2	2013H2–2014H1	1
2014H2	48.5%	75.9%	28.6%	52.1%	3	1	4	2	2014H1–2014H2	−1
2015H1	18.5%	10.3%	84.3%	60.8%	3	4	1	2	2014H2–2015H1	−1

2015H2	−2.9%	−8.8%	−13.4%	−18.8%	1	2	3	4	2015H1–2015H2	−1
2016H1	−15.2%	−12.5%	−20.2%	−20.2%	2	1	3	4	2015H2–2016H1	1
2016H2	4.0%	9.3%	2.0%	10.5%	3	2	4	1	2016H1–2016H2	1
2017H1	8.5%	15.9%	−8.4%	−1.3%	2	1	4	3	2016H2–2017H1	1
2017H2	5.6%	11.5%	−3.8%	2.7%	2	1	4	3	2017H1–2017H2	1
2018H1	−14.7%	−11.4%	−17.2%	−14.2%	3	1	4	2	2017H2–2018H1	1
2018H2	−21.1%	−7.5%	−23.1%	−15.5%	3	1	4	2	2018H1–2018H2	−1
2019H1	35.4%	21.8%	16.5%	15.3%	1	2	3	4	2018H2–2019H1	−1
2019H2	12.5%	3.6%	10.5%	−0.7%	1	3	2	4	2019H1–2019H2	1

对基金而言，凡是契合市场风格的，业绩就不错。一旦市场风格转换，基金仍按原有的风格走，业绩表现可能就会变差。这也是为什么 2021 年张坤等明星基金经理业绩暂时表现落后的原因，因为他重仓的白酒等价值蓝筹股表现不佳。

如果把握不了市场的风格切换，组合投资无疑是更理想的投资方式。简单来说，就是将低相关性的不同资产放在一起做组合，通过资产之间的此消彼长来分散投资的风险。并且，在长期的组合投资中，你也不会错过任何一类资产的黄金投资时机，长期来看，你就有可能获得更理想的收益。

其次，一只基金前期业绩好，会吸引更多投资人买入，最终会导致基金规模迅速扩大。基金规模过大的基金，建仓慢、调仓也慢，会给基金的运作带来更大的难度。

影响股市涨跌的因素太多，某只基金在过去业绩表现好，是因为踩对了节奏。但谁也不能保证一直踏准节奏，这就是基金业绩难以持续保持的主要原因之一。我们做投资总不能寄望于运气——没有人运气会一直好。

有一句话很有意思：凭运气赚的钱最终用实力亏回去。当然这是一句玩笑话。意思是，运气好，赚到钱，大家就会紧张，会兴奋，这时候做出的决策很可能不正确，所以一通操作之后，反而亏了。

所以，经常有读者来问："这个基金业绩这么好，你们为什么不配置？"大家都知道好，那大家都去买，不就都赚钱了？所以，"明明知道"的事情，在投资上是很可怕的。所以不要只盯着眼前那个数字。你考虑的这些，其实专业机构都帮你考虑到了，我们更希望的是帮你实实在在赚到落袋为安的钱。

所以，单纯看历史业绩排名选基金，是典型的错误姿势。

3. 不用在意短期波动，长期持有更重要

我们在前面和大家分享了投资基金的两个准则，一个是基金的买入时机很重要，熊市买入基金可能在短期内大幅亏损；另一个是基金的历史业绩不可靠，参照基金的历史排名买基金并不能保证给我们带来高收益。

可能看到这两点后，大家会有点迷茫，短期内投资时机不对影响基金收益、单个基金的业绩又难以预测，那还怎么买基金赚钱呢？

其实基金市场并非没有任何规律可言，市场行情不论怎么变动，终归也只能在牛市、熊市、震荡市中轮回。虽然不知道熊市会持续多久，但熊市肯定不会一直持续，我们需要做的就是长期持有基金，让收益穿越牛熊。

十多年前的 2007 年 10 月 16 日，上证指数创下了 6124.04 点的高点。从那以来，即使在 2015 年的杠杆牛市，市场的高点位也仅达到 5178.19 点。不过这十多年间，不少基金净值在震荡中上升创出历史新高。

从 2007 年 10 月 16 日历史高位以来，截至 2021 年 11 月 30 日，上证指数跌幅为 -41%。但这期间，全市场却有 133 只基金收益翻倍。

可惜人都有恐惧心理，市场越跌越不敢买入，很容易被短期的业绩波动绑架，所以我们就提出了最后一个要介绍的正确姿势，就是要长期持有基金，不被短期业绩影响。

主动型基金的筛选和投资

选择主动基金的步骤：

● 第一步，看基金公司。挑选规模相对而言比较大的基金公司。

● 第二步，看基金经理。少年老成的基金经理更值得推荐。

● 第三步，看基金业绩。稳定的业绩排名更重要。

● 第四步，看基金规模。规模适中比较好。

● 最后，不要买完就放手不管了，要记得定期回顾一下以上四个步骤，看看是不是还符合条件。

上一节提到，挑选主动型基金，新手们最容易犯的错误之一，就是对照基金的历史业绩排行，选一只排在前面的。或者看看网站上对基金的评级，看到五颗星的就觉得可以投资了。

顺便说一句，2005 年 10 月份，我在国内率先引入了五星评价法，是对基金过去业绩好坏的评判。那么五星评价的主要依据是什么呢？是这只基金过去的业绩表现情况。

我们选取某权威的基金评级机构过去 5 年的综合评级，截至 2018 年底，共有 76 只基金获 5 星评级。评级这么好的基金，之后表现怎么样呢？截至 2019 年 11 月底，过去的五星基金中有 23 只基金的收益在行业平均水平以下，占五星基金的三分之一。

所以，基金网站喜欢展示的基金评级指标，只能作为一个筛选基金的参考，并不能完全照搬。

那么，主动型基金到底该怎样挑选才是更加靠谱的方式呢？我总结了一个方法，叫"四步一回头"。四步，就是四个流程，一回头，则是要经常回头看自己的基金。

下面，我们就来具体讲一讲。

一、看基金公司

其实对基金业绩影响最大的不是基金经理，而是基金公司。基金的投资有很复杂的流程。一般来说，基金公司里会先有个投资决策委员会（以下简称投委会）。

还记得我们上一节里讲过，主动型基金的主动性，其中一条体现在它的仓位变动上，而这个投委会会根据市场形势判断，给每只基金的仓位确定一个范围。

比如这只基金本身允许股票的投资范围是 30%~90%，投委会今年看好股票市场，那给这只基金今年股票仓位规定范围就是 60%~90%，基金经理只能在这个范围内变动。

同样，对于投什么的大方向，甚至具体到品种上，也有限制。基金公司要求基金经理只能在公司统一定制的股票池子内选股票，不在池子里的不许投。什么股票可以进池子，哪些行业的股票进池子的多，这些也是由公司统一来定的。

所以，基金经理的自由度并没有想象中的那么大，不是想怎么投就怎么投，基金公司才是基金投资的第一责任人。

那么什么样的基金公司是好基金公司呢？规模越大越好吗？那倒也未必，规模大的基金公司之所以规模大有两个原因。

一种是基金投资做得确实好，牛。

比如易方达，截至 2021 年 12 月 31 日，公司管理规模是 1.33 万亿元，是目前国内规模最大的基金公司。如果刨除货币基金，管理规模是 8537 亿元，仍然是规模最大的基金公司。

目前有基金经理 65 位，拥有的基金经理数量排名国内前十，而且公司非常注重投研，可以从人员招聘上直观看到这一点。易方达几乎可以说是国内最难进的基金公司了，只有高学历、顶尖大学毕业的高材生才有可能。一定程度上，可以说易方达是公募行业的黄埔军校，易方达投研部门的离职员工，可以直接到其他公司当基金经理，它的整体投研能力可想而知。

　　具体的，我们可以通过易方达基金公司的业绩来验证一下。截至2021年12月16日，我们统计近十年基金公司的平均收益率，易方达公司近十年的平均年化收益率为13.8%。

　　类似公司还有嘉实基金、华夏基金、广发基金等，都是有非常扎实的投研团队保驾护航，所以我们自己买基金的时候，可以对这类公司多留意一点。

　　还有一种，业绩做的其实一般，但销售做得很好。

　　比如银行股东背景的基金公司（行业中所谓的"银行系基金"），不管业绩好坏，银行都会优先卖自己公司的产品，所以你会看到几大银行，包括工农中建都有自己的基金公司，规模都还不小。

　　比如，某银行系基金就是一个典型的案例。该基金的股东是一个股份制银行，该基金充分利用了银行渠道的资源，规模也做得不错。截至2021年12月31日，基金管理规模为2457亿元，行业排名在前20%。不过业绩方面并不亮眼，从2014年发行第一只基金到现在，旗下基金的平均年化收益率仅为5.55%，排名倒数第八。

　　又比如一些基金公司非常擅长"蹭热点"，总能借势包装一些热点基金。

　　比如南方某基金公司，基金规模近万亿元（截至2021年末），排名第四，该基金发行了非常多的主题基金，比如科创板、养老、金砖四国、A股纳入MSCI、粤港澳大湾区等主题概念基金，还曾经发布《基金圈超炫rap神曲》，借助当年的网络热点"杜甫很忙"引出旗下的货币基金产品。不过回头看同样区间近十年的收益，旗下基金平均收益为12.16%，排名中部。虽然公司规模不错、营销不断，但对业绩并没有太大的助力。

　　显然，后面这两种靠销售起家的公司，规模虽然大，但是总体业绩一般。但是反过来，好的公司多半规模都不小。

　　当然，我们也不推荐投资者去尝试成立时间不长的小规模基金公司，这类公司缺乏一定的考察期，风险比较大。

　　所以，看公司，主要看规模，规模不能太小，在相对比较大的里面挑。截至 2021 年，我国共有 149 家基金公司，至少在前 2/3 里去挑。

二、看基金经理

我对一个好的基金经理的基本要求是：经历过"血""泪"和"时间"的历练。

"血"是说要管理过客户的血汗钱。管理别人的钱和管理自己的钱是不一样的，管理别人的钱其实压力会更大一些，能扛过这种压力才能成功。

"泪"是自己的失误之泪，就是要吃过足够多的亏。一个好的基金经理，绝对是靠拿基民的钱吃亏吃出来的，没有人天生就会投资。

第三就是时间，要在各种各样的市场行情中摸爬滚打过。经过"血、泪、时间"还没有垮的，还能成功的，这样的基金经理才是靠谱的基金经理。

那么，当我们去看一位公募基金经理是否符合以上条件的时候，我们应该看什么呢？

看赚钱能力（业绩）：收益较高，并且能持续跑赢市场的。

看管理年限（经验）：管理基金时间长的。

看基金经理的历史成绩。

虽然我们刚才讲到，过去的业绩并不能用来预测未来的业绩。但是"历史业绩"确实是最能反映基金经理过去投资能力的数据。

基金经理管理的基金，往期业绩如果能在近 1 年、近 2 年、近 3 年不同时间阶段，都能保持在同类基金的前三分之一，我们就认为这位基金经理管理的基金业绩不错。

在看业绩的时候，要注意看它的"比较基准"。

我们在基金网站上随便找一只基金，比如这只——"广发稳健增长混合"。请大家参考图 3-12 的基金业绩走势截图，从图中业绩走势上很容易看出来，它的比较基准是沪深 300 指数。

有一些像"互联网+"、中小盘股票，听名字就能猜出比较基准是中证 500 这样的中小市值指数。

确定了比较基准，你就能知道这只基金的表现是不是跑赢了市场。用历史某一时间的基金业绩与同时期的比较基准相减，就能得出超额收益。超额收益就是超越比较基准的那部分收益率，超额收益一定是正数，否则就没跑赢比较基准，就不叫超额收益了。

另外，超额收益主要在熊市里考察。牛市里用这个很难看出一个基金经理的真正实力，只有潮水退去，还能保持稳定较高的超额收益，这样才是厉害的基金经理。

图 3-12　基金业绩基准举例展示

好的基金经理要满足两个条件："少年"和"老成"。

少年——指的是入行早。这样在经历过重重考验之后开始成熟的时候，正好年富力强，因为投资绝对需要把所有的精力都投入进去。

我们可以找到很多"大器晚成"的实业家，但是投资大师，你很少会看到半路出家大器晚成的。巴菲特 11 岁的时候就开始投资了，但他的投资收益率最好的时候是 30 岁之后；我国的传奇基金经理王亚伟，1994 年 23 岁开始入行投资，但真正让他一战成名的华夏大盘精选基金则是 11 年后，2005 年，那时候他本人也才 34 岁，正是年富力强的时候。

老成——指有较长的投资管理年限。

根据基金业协会统计，截至 2021 年 12 月，公募行业一共有 2800 多位基金经理在职，其中 614 位基金经理从业经验还不足 1 年，有 937 位基金经理从业经历超过了 5 年，有 169 位基金经理从业经历超过了 10 年。

虽然不是说老的基金经理一定业绩就更好，但通常来说，经验丰富的基金经理在应对一些极端情况时，会更加老到。特别是经过了牛熊周期的老基金经理，从长期来看，基金业绩也更加平稳。

基金经理的黄金期，是年龄在 30~45 岁，从业年限在 10 年以上，大家可以按照这个标准去衡量一下自己选择的基金经理。

我还要补充一点，要注意基金经理是否会提供"长情的服务和陪伴"，这点很重要。因为基金经理的评级是一年一评，很多基金经理为了做出业绩，将精力集中在短期获得一个出色的表现。后续如果市场风格不适合这只基金时，即便基金经理三言两语提示了市场风险，但是你仍然拿不准是应该持有还是换基金。如果不幸选了一只更差的基金赔钱了，基金公司只会说是基民不够成熟，不够有耐心，而不是基金本身的问题。基金经理很多时候给你的建议也是正确的，但你会发现，你就是赚不了钱，为啥？因为他不考虑你的投资情绪。

三、看基金业绩

我们之前说过，很多投资者喜欢按过往业绩去买基金，这种做法并不正确。基金行业有个"冠军魔咒"，就是说，某一年业绩特别靠前，这种业绩基本不可持续，后续几年往往表现不佳。

第三步说的是看基金业绩，那到底该看什么呢？

答案是：不要简单看好坏，而是先要看业绩稳定不稳定。

你可以看每年的业绩排名，如果能大多数年份排在前 1/2，那就算比较稳定了。

你可能会说，这个也太简单粗暴了吧！排在前一半就过关，那不是和我闭着眼睛瞎选的概率一样了？嗯，一年前 1/2 是瞎选，可要是两年都在前 1/2 的话，那这两年的业绩可就排到 1/4 了，三年呢？前 1/8

了。所以，稳定，比是不是冠军更重要。

我们看一下三只基金分别的排名情况。

表 3-6　基金年度业绩举例展示一

基金涨幅	阶段涨幅	季度涨幅	年度涨幅					
	2018年度	2017年度	2016年度	2015年度	2014年度	2013年度	2012年度	2011年度
区间回报	-27.37%	1.99%	-25.42%	31.33%	25.00%	13.69%	-4.01%	-35.75%
同类平均	-13.82%	10.53%	-7.00%	41.93%	21.10%	11.59%	3.94%	-21.14%
沪深300	-25.31%	21.78%	-11.28%	5.58%	51.66%	-7.65%	7.55%	-25.01%
同类排名	2145/2500	1822/2209	1292/1418	490/784	345/561	211/498	395/419	310/320
四分位排名 ⑦	差	差	差	一般	一般	良好	差	差

第一只基金，是一只持续比较差的基金，过去八年中有五年业绩排在后 1/4，两年排后 1/2，只有一年排在前 1/2。这种基金稳定是稳定，但不是稳定好，而是稳定差。顺带说一句，基金要想稳定地做差也不容易。有本书叫《漫步华尔街》，推荐大家找来看看。这里面讲了个故事，让猴子蒙着眼睛随便扔飞镖选股票，结果选出来的股票也不一定比市场差。所以呢，就算基金经理什么都不懂，随便瞎选，出来的结果也可能就是个市场平均数，能稳定地排在市场后面，其实挺难的。

第二只，就是那种好和差都很极端的基金。8 年中有 2 年排前 1/4，3 年排后 1/4，2 年中等偏上，1 年中等偏下。

表 3-7　基金年度业绩举例展示二

基金涨幅	阶段涨幅	季度涨幅	年度涨幅					
	2018年度	2017年度	2016年度	2015年度	2014年度	2013年度	2012年度	2011年度
区间回报	-6.75%	-6.03%	-22.03%	51.05%	6.70%	22.09%	3.72%	-17.15%
同类平均	-13.82%	10.53%	-7.00%	41.93%	21.10%	11.59%	3.94%	-21.14%
沪深300	-25.31%	21.78%	-11.28%	5.58%	51.66%	-7.65%	7.55%	-25.01%
同类排名	846/2500	2107/2209	1221/1418	266/784	517/561	117/498	253/419	28/320
四分位排名 ⑦	良好	差	差	良好	差	优秀	一般	优秀

下面这只基金是比较稳定在中等水平的，8 年中有 4 年中等偏上，3 年中等偏下，1 年前 1/4，属于大部分时候不显山不露水的。

表 3-8　基金年度业绩举例展示三

基金涨幅	阶段涨幅	季度涨幅	年度涨幅					
	2018年度	2017年度	2016年度	2015年度	2014年度	2013年度	2012年度	2011年度
区间回报	-21.43%	33.77%	-13.13%	42.91%	20.87%	6.46%	5.91%	-21.23%
同类平均	-13.82%	10.53%	-7.00%	41.93%	21.10%	11.59%	3.94%	-21.14%
沪深300	-25.31%	21.78%	-11.28%	5.58%	51.66%	-7.65%	7.55%	-25.01%
同类排名	1656/2500	103/2209	963/1418	359/784	124/298	144/224	66/197	80/171
四分位排名 ⑦	一般	优秀	一般	良好	良好	一般	良好	良好

以上这三只基金，分别叫中邮核心成长（590002）、新华优选成长（519089）和富国天益价值（100020）。前两只基金的基金经理都非常有名，中邮核心成长的基金经理彭旭、新华优选成长的基金经理王卫东，在创立并管理这两只基金的时候都已经功成名就，各种各样的基金经理评选奖项都拿到手软了。而富国天益的历任基金经理里，也就陈戈略有名气，但与前两者相比不在一个层级上。

但是，因为选择了不同的路，三只基金的命运却截然不同：8 年长跑下来，一直比较差的中邮核心成长自然不用说，不光没赚钱，还亏了 31%；忽高忽低的新华优选成长，一度业绩占优，但最终因为业绩不稳定，挣到的钱又还了回去，8 年收益为 14%；而一直不显山不露水的富国天益价值，8 年收益为 38%，接近新华优选成长的 3 倍。具体三只基金的净值走势对比，请大家参考图 3-13，可以更直观对比差距。

基民伤害最大的，其实是新华优选成长，因为很多投资者对照过去一段时间的业绩投基金，新华优选成长这种基金一年好后紧接着一年极差，结果被忽悠进去的投资者最多，之后伤害他们也最深。

在观察基金排名的时候，有两个方面要注意：

第一，要做至少一年的排名，有些投资者会天天去看基金业绩，

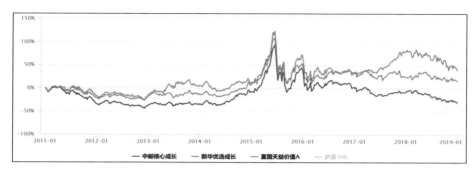

图 3-13　基金业绩走势对比情况

很多基金网站也天天给基金排名，太短期的排名，其实和掷骰子差不多，没什么参考价值，再说，你也不可能每天跟着排名换基金。合理的长度是多久呢？最短是半年度排名，更好的是年度排名。

第二，稳定度不错但业绩一直在中等偏下的基金值不值得选？如果能找到一个稳定度不错的基金，只要不是持续垫底的，就该选。要知道，业绩稳定的基金，就算是稳定在中等偏下，其实也是非常难的。怎么理解呢？我们如果能选出在每个排名期都在前 1/2 的基金固然很好，但就像前面说的，如果基金能这么稳定的话，三四年下来它就成冠军了。可冠军毕竟只有一个，你要奔着这个目标去，难度有点大。可是即便稳定在前 3/4，也就是说只要每年不落到后 1/4 去，一年前 3/4，两年 9/16，5 年下来也跑到前 1/4 了。

最后，去哪里看基金业绩的年度排名呢？可以去专门的基金网站，点开一只基金后，在页面的下面部分就能看到了。具体操作的流程截图，大家可以看图 3-14。当然，要选择年度排名，不要选短期的比如季度排名。

我们小结一下，看基金的业绩主要是看稳定性。怎么看稳定性呢？要看逐年的业绩排名。排名高低没那么重要，只要不持续地垫底就可以，而排名稳定在中等或中等偏上，这是最重要的。

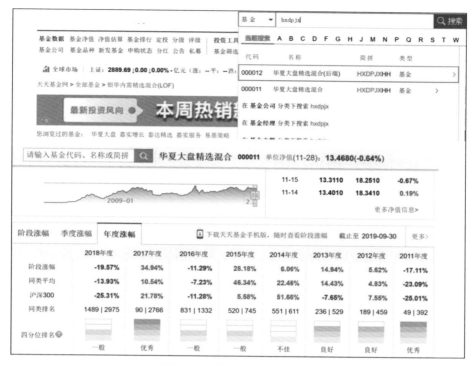

图 3-14 基金年度排名截图

四、看基金规模

指数基金，通常来讲规模越大越好，因为被动管理的指数基金仅拟合指数，并不进行主动操作，所以基金经理首先要考虑的是申购赎回对净值的冲击。毫无疑问，规模越大对净值的冲击越小。

而我们这里讲的主动型基金，则不是这样。我们说，主动型基金，规模适中比较好，既不要太大，也不能太小。

规模过小为什么不好？

基金运行有些固定成本，规模太小，摊到每一份基金上成本就比较高。比如有个信息披露费，这个要求每季度、每半年、每年都要在报纸上刊登投资的情况，这个费用是固定的，每只基金一年二三十万元的样子。假如你的基金只有5000万元的规模，光这个固定成本就快

0.5% 了，而对于 50 亿元规模的基金来说，这个成本基本可以忽略。

规模过大为什么不好呢？

首先，是基金经理投资能力圈有限。

随着规模的增长，为保证分散性和流动性，基金经理要将更多的股票纳入投资视野，使得其难以集中精力聚焦可以覆盖的少数股票。

比如一个 20 亿元规模的基金可能配置 50 只股票就够了，100 亿元规模可能就需要配置 100 只甚至更多的股票。而 A 股市场优质的股票还是比较稀缺的，并且基金经理能跟踪的股票的数量也是有限的。

其次，降低操作灵活性。

主动管理的基金需要基金经理进行主动配置，规模越大的话，调仓进出的时间和成本都会提升，这对于基金经理的配置是个不小的挑战。

不是每个基金经理都能像彼得·林奇一样，可以操控几百亿美元的基金。本来操纵 50 亿元的来去自如，硬要掌管 200 亿的巨无霸，挑战可想而知。

那么，合适的规模是多大呢？给大家一个参照范围，目前是 2 亿~80 亿元。

五、一回头

经过了前面四步的筛选，你就可以从几千只基金里过滤筛选出一个不大的小池子了。前面这个过程，基本保证了你选的基金不会太差。

那什么叫回头呢？回头，就是上面这四步的工作，要定期重新回顾一下，看其中有没有哪些要素变了，需要重新再走一遍流程。

不可或缺的债券基金

在了解了"估值"的概念之后，许多人对股票的价格和价值开始敏感起来。可能会遇到这样的问题：如果现在股市火热，大部分指数处于高估区间，市场上没有"便宜货"了，我们该投资什么呢？

这个时候，债券基金很有可能就是个不错的投资选择。

一、债券基金值得买

1. 什么是债券基金

债券可以简单理解为一张借条。这张借条上明确了债券的期限和收益率，承诺到期归还固定的本金和利息。因此，债券又被称为"固定收益类投资"。

根据借款方不同，债券有不同的叫法。国家开的"借条"叫——国债；金融机构开的"借条"叫金融债；公司开的"借条"叫——公司债；地方政府有时也会通过发行地方债来借款。

在这里给大家科普一个小知识：如果一家公司，同时发行了股票和债券来筹款。假设后来公司资不抵债、破产了，那么需要优先清偿债务，优先级上债权先于股权，股东利益是最后分配的。

所以，和股票相比，债券的风险系数更低，是一种相对更加保守的投资。

那债券基金就比较好理解了。债券基金，就是80%以上的资金要投资于债券市场，剩余最多20%的资金可以投资于股票、货币市场等投资标的的基金。

2. 债券的两部分收益

在前文中，我们粗略提到，债券有两部分收益，一部分来自利息，另一部分来自债券价格本身的变动。这里我们稍微详细讲一下，方便大家更好地理解。

（1）利息

利息比较好理解——债券发行时约定了固定利率和期限，那么只要持有这张债券，到了约定日期，就会得到相应的利息收入。

理论上来说，只要是把钱借出去，都会有不同程度收不回来的风险。这个利息，你可以看作是对我们借出去钱的风险补偿。不同的借款人的违约风险不一样，往往违约风险低的，利息低一点，比如国债；反之，如果利息很高，就代表着这个借款人的信用等级低一些，违约风险相对更大一点。

（2）债券价格变化

另外一部分收入，来自债券价格的变化。

债券发行时会有一个价格，也叫"债券面值"。事实上，债券的面值是固定的，债券价格却是变化的。债券的市场价格常常脱离它的面值，有时高于面值，有时低于面值。

影响债券价格浮动的因素有很多，归根结底可以总结成四个字"供求关系"——债券市场价格取决于资金与债券供给间的关系：经济上升，企业资金需求旺盛，债券遭到抛售，债券价格走低；经济不景气，企业资金需求下降，银行资金有剩余，从而增加债券的投入，引起债券价格的上涨。

具体影响因素包括：

物价波动：物价上涨，通货膨胀，为了保值，资金会流向房地产、黄金、外汇等可以保值的领域，资金供应不足，债券价格下跌。

政治因素：政府换届，国家的经济政策和规划会有大的变动，债券持有人会做出买卖债券的决策。

投机因素：贪婪的人类总是想方设法赚取更大的价差，以至于手握重金、实力雄厚的机构大户，会利用资金或债券进行技术操作，拉抬或打压债券价格从而引起债券价格波动。

总结下来，需要记住一点：

在其他条件都不变的情况下，当市场利率提高时，会使得原有债券收益吸引力下降，需求降低，从而价格下跌；反之，当市场利率降低时，会使得原有债券收益吸引力上升，需求增加，价格上涨。

这种差价的买卖，是债券收益的另一大来源。

3. 债券收益 VS 股市收益

债券的利率水平主要跟国家的基准利率和借钱的企业的自身状况，比如银行利率水平、债券发行方的信用、债券期限长短等因素有关。

国家的基准利率不会天天变，企业的情况也不会今天好、明天就差，所以来自利息的收入是比较稳定的。

而债券的价格却不是固定不变的，它随着市场上对于债券的交易会产生一定的波动。

这个也好理解。价格来自交易。交易嘛，钱多券少就涨，钱少券多就跌，这些情况其实每天都在变，所以债券价格也会天天变。但总体上，尤其相对股票来说，这个波动幅度并不大。

我们可以看一下图 3–15 的股票与债券指数的收益对比图，计算过去 15 年来的收益，股票平均年收益率为 19.17%，债券年收益率为 4.31%。但是，图中可以看到，债券有 4 年小幅亏损，最差的年份是

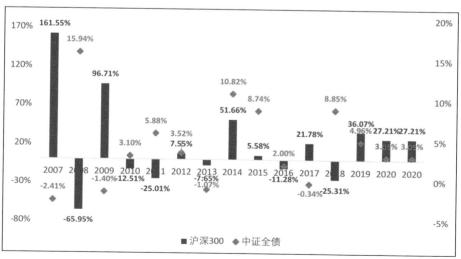

数据来源：Wind，理财魔方

图 3–15　沪深 300 指数与中证全债指数近 15 年的年涨跌幅

2007 年，收益率是 -2.41%。而股票呢？最好的年份是 2007 年，涨了162%，最差的年份是 2008 年，跌了 66%。从上下波动就可以看出，债券的波动要远远小于股票。

二、债券是一种避险资产

说到投资，可能很多人最先想到的就是股票。但其实，我建议大家一定要配置一些债券资产。为什么呢？因为债券是一种避险资产。

在股票市场不景气的时候，大家就更倾向于购买一些风险较低的资产，这时债券就成了很多人的选择。

我们前面说，债券收益虽然比股票低，但收益稳定。其实债券收益还有一个特点，就是当股票跌的时候，债券往往在涨，这就是俗话说的"股市债市的跷跷板效应"。

大家可以再去回看一下前面那张股债指数的收益对比图。

比如 2008 年，沪深 300 跌了 66%，中证全债涨了 16%；2011 年，股票跌了 25%，债券涨了 5.9%，2018 年，股票跌了 25%，债券涨了 8.9%。

我们刚才说债券是一种避险资产。什么叫"险"？当经济下滑、股票市场低迷的时候就是"险"。由于债券大部分时候与股票走势相反，所以，当危险来临时，债券是很好的避险港湾。

同样，当股市暴涨的时候，依然不要忽视债券资产的作用。股市暴涨，所有指数估值都过高时，你可以把在股市中盈利的钱买入一部分债券，避免未来股市泡沫破裂，盈利缩水的风险。

我们每个人的风险承受能力不同，股票和债券配置的比例也不同。具体的配置比例，我们会在后面为大家讲解。适当增加债券类资产在自己的投资池中，可以增加投资的稳定性。无论股票市场好坏，债券都能提供稳定的收益。

三、债券基金的分类

对于我们普通人来说，想要投资债券，最方便、最合适的选择，就是投资债券基金。债券型基金按照规定，要把 80% 以上的资金投向债市，买入一揽子债券，既满足大家投资债券的需求，又可以适当分散单一债券的违约风险。

1.债券基金分类

我们先来看看，债券基金都有哪些种类。

按照投资方向不同，目前国内的债券基金可以分为以下几类：

（1）纯债基金，只投资债券市场，不参与打新股，也不投资股票，在四类债券基金中，风险最小。这类债基比较好辨认，一般都带有"纯债"二字，如"广发纯债债券A"。

（2）一级债基，主要投资债券，还可以参与打新股。这类基金没那么容易辨认，需要看基金招股说明书，一般会有"基金不直接从二级市场买入股票、权证等权益类资产，但可参与一级市场新股申购或增发"这样的描述，那就是一级债基了。如"工银信用添利债券A"。

（3）二级债基，主要投资债券外，既可以打新股，也可以在二级市场投资一小部分股票，以求获得总体更高的收益。风险高于纯债基金与一级债基，当然预期收益也高。如"工银双利债券A"。

（4）可转债基金，主要投资可转债。我们先讲讲什么是可转债。可转债全称是"可转换公司债券"，本质上是上市公司发行的一种债券，和普通债券不同，可转债可以在特定情况下转换为上市公司的股票，就是"债转股"。所以可转债兼具了债券和股票的双重特征。当股票上涨时，可以债转股，享受股票升值的收益；当股票下跌时，持有可转债到期，获得一个稳定的利息。所以，可转债是进可攻、退可守的投资品。

为了方便大家更加直观对比这四类债基的差异，可以参考表3-9。

表3-9　不同类型债基的对比情况

	纯债基金	一级债基	二级债基	可转换债券基金
投资范围	只投资债券市场	主要投资债券市场，也参与一级市场新股投资	主要投资债券市场，也参与一级市场新股投资和二级市场股票投资	主要投资可转债，允许购买人在一定条件下将其购买的债券转换成该公司股票
产品特点	纯债	纯债＋新股	纯债＋新股＋二级市场个股	可转债
风险	低	中低	中低	中

总结一下，这几类债券基金的风险由小到大：纯债基金<一级债基<二级债基<可转换债基。

那么，这几类债券基金的收益又有多少呢？

我们计算了截至 2021 年 12 月底近 5 年的年化收益率，可以发现年化收益率都在 4%~5% 左右，纯债基金最低，有 3.98%，一级债基少量配置一级市场新股，收益略高，达 4.89%，二级债基因为配置了高风险股票，长期收益更高，达 5.99%。

表 3-10　不同类型债券基金指数近 5 年的年化收益率

基金类别	近 5 年年化收益率（截至 2021 年底）
中长期纯债型基金指数	3.98%
混合债券型一级基金指数	4.89%
混合债券型二级基金指数	5.99%

可转债基金虽然在分类上归于债券基金，但产品特点更接近股票，走势也是跟随股票市场，所以不在此处做对比。

2. 纯债基金

在这么多种债券基金中，我们最推荐大家投资的是"纯债基金"。之所以可以给出这么明确的建议，就是因为它够纯粹。

还记得我们配置债券的初衷是什么吗？是为了让我们的投资组合收益更加稳健、为了避险。从这个角度看，100% 投资于债券的纯债基金，最符合要求。它的收益也是最"稳"的。

有些人可能会问，买入其他三种不好吗？比如买入可转债基金，既能兼顾债券又能兼顾股票，岂不是一举两得？

我们说，术业有专攻，一位基金经理想要同时精通债券投资和股票投资的难度是非常高的，想要实现收益与风险的平衡，我们还是建议大家分别配置优质的股票基金和纯债基金。

怎样选出一只优秀的纯债基金？

下面，我们进入选基金的部分，看看如何为自己选出一只还不错的纯债基金。

（1）看管理人

与股票市场不同，债券市场是个很不公开的市场，很多券种，只在小范围内交易，如有个市场叫银行间市场，上面交易的券种非常多，但是，这个市场，不要说散户，很多机构都参与不了。

所以，债券基金的管理，基金公司非常重要。我们前面讲主动型股票基金的时候讲过，主动型股票基金的影响要素里，基金公司占第一位。债券基金的影响要素里，基金公司的成分更大。

那怎么看管理人？债券交易首先你得进得了门，这个门，就和基金公司的背景有密切关系。在讲主动型股票基金的时候，我们说银行背景的基金公司，能买，但是管理一般，为什么呢？因为股票市场是公开的，谁都可以参与，就看谁的投研能力更强了。但债券市场正好相反，债券基金的基金公司，银行背景的绝对更占优势，很多门槛，只有它们能进去，其他机构，你有多大本事，都没地方发挥。

所以，看管理人，要看背景，银行背景的基金公司在债券基金的管理上绝对有优势。

什么是银行背景的基金公司？就是股东主要是银行的那些基金公司，这些公司名字里都带着自己的血统，如工银瑞信，顾名思义是工商银行背景的；建信基金，建设银行系统的；中银基金，中国银行的；农银汇理，农业银行的；等等。

（2）看基金经理

一般证券市场把挂牌交易的叫场内交易，场内交易公开叫价，大家公平出价，价高优先，股票就是典型的场内交易。但债券交易极不公开，很多交易不挂牌，是在场外交易的，又叫柜台交易。

什么叫柜台呢？买方卖方坐一块儿，隔着柜台捏手指头，一对一交易，我作为卖家为什么要和你捏手指头呢？因为我俩熟啊，以前交易过啊。债券由于品种不同，有很多这种场外交易市场，比如前面说的银行间市场，其实就是银行能进去的一个场外市场，还有一些其他的有形的无形的市场，这些市场都得熟悉，才能找到交易对手，找到好的债券。

其实，债券交易主要是在机构对手之间展开。都是对手，你就很难靠别人的愚蠢赚钱，不像股票市场，散户很多，你还可以去割一割散户的"韭菜"。机构市场里，大家对信息的反应都很快，所以，你得对影响债券的要素很熟悉，能及早了解或判断信息。比如政府要降息，债券肯定涨，股票市场可能会等到降息信息真正出来才有所反应。债券市场都是机构，大家可能很早就会根据各种蛛丝马迹猜出来要降息了，等真正降息信息出来，他们早交易完了。

这里面，对债券基金的基金经理要求就很高。

第一，你得在各种各样的市场待过，你得有足够的资源，你得有人和你捏手指头，这就要求基金经理经历丰富，银行待过，券商待过，基金公司待过，最好是交易所也待过的，经验越丰富越好。这和股票基金经理不一样，股票基金经理最好是在一个方向和领域，甚至一个职位上待的时间足够长，这样才能研究得足够深。而债券基金经理，要的就是经历丰富。

第二，要求研究债券的时间足够长。对这个市场的信息及其影响，得烂熟于心，要做到本能反应；研究要做得深。

广和深，两个似乎矛盾的要求，要求债券基金经理都得具备。

（3）看规模

我们通常把规模 5 亿 ~50 亿作为债券基金的挑选范围。

原因有如下几点：

第一，优秀的债券份额是有限的。所以债券基金的规模越小，基金经理更容易把资金更大比例地分配在优质资产上。如果规模太大，则不得不配置一些资质相对平庸的债券。

第二，规模小一些，流通性会好一些，基金经理操作也会相对灵活。

但要注意，规模也不是越小越好。如果规模太小了，一旦出现投资者集中赎回的现象，容易造成基金兑付困难，会影响基金经理的投资操作。

（4）看风控能力

我们投资债券基金，是看中它的稳健收益，所以在选取的时候当

➡ 晨星评级   2023-03-31

	三年评级	五年评级	十年评级
晨星评级方法论	★★★★★	★★★★☆	★★★★★

➡ 风险评估   2023-03-31

	三年	三年评价	五年	五年评价	十年	十年评价
平均回报（%）	-	-	0.00	-	0.00	-
标准差（%）	1.95	-	1.78	-	3.87	-
晨星风险系数	1.08	-	0.93	-	2.25	-
夏普比率	1.34	-	1.75	-	0.93	-

➡ 风险统计   2023-03-31

	相对于基准指数	相对于同类平均
阿尔法系数（%）	0.75	0.40
贝塔系数	1.17	1.35
R平方	90.84	87.80

➡ 风险评价   2023-03-31

二年	三年	五年	十年
★☆☆☆☆	★★☆☆☆	★★☆☆☆	★☆☆☆☆

图 3-16　基金网基金展示举例

然业绩越稳定越好。而债券基金经理的投资能力，很大程度上也体现在风险控制能力上。

考察这一点，我们有两个关键指标：标准差和夏普比率。

这两个指标的专业解释比较复杂，你简单记住以下两点就可以了：基金的标准差越小越好，标准差越小意味着每年收益越稳定；夏普比率越大越好，比率越大意味着承担同样风险等级的情况下，收益越高。

那么，在筛选管理人、基金经理、基金规模之后，你已经得到了一个基金池。在基金网站中，你可以看到每只基金详细的标准差和夏普比率，然后就可以进行进一步筛选了。

具体指标的获取，我们可以参考专业的基金网站，如"晨星网"。

比如，我们在网站输入基金名称"广发纯债债券 A"，进入基金主页，可以在风险评估部分看到这两个指标，之后就可以参考基金的这两个指标值进行筛选。图 3-16 为指标的展示结果。

四、债券基金亏钱了怎么办？

对于债券基金，虽然波动性与股票基金相比要小得多，但是随着价格波动，有时也会出现浮亏。这个时候该怎么办呢？

不要慌，由于债券有到期还本付息的特点，所以债券基金的下跌幅度一般是有限的。纯债基金亏了不必着急割肉，反而可以抓住低价时机适当补仓，拉低自己的投资成本。

当然，前提是在这只债券基金没有出现违约等重大风险的情况下。

五、什么是次级债

前面我们说的债券，以及投资债券的基金，其实都是高等级债券。

什么叫高等级债券？债券有专门的评级机构，根据违约概率（也就是到期还不上钱的概率）高低，给债券评级。当然不能说评级高的绝对不违约，可能性比较小就是了。我国的债券基金，基本是高等级的，违约概率比较低。评级比较低的叫"低等级债券"，低等级债券还有一个名字叫"垃圾债券"。

"垃圾债"，不能说没有价值，只是没价值的概率比较高。一般垃圾债券的借款者，是通过银行正常渠道贷不到款的，所以这种借款单据，要付的利息就很高。这比较好理解，我借给你钱，你还不还都不确定，那我不得多要点利息？

听上去是不是特耳熟？对了，我们的P2P，其实就是一种垃圾债券，借款者一般无法通过银行借到钱，所以转到P2P市场上，支付远高于银行利息的利息来借钱。

在国外，是严禁销售机构把垃圾债券卖给一般投资者的。有一部电影，莱昂纳多·迪卡普里奥主演的，叫《华尔街之狼》，就是讲的一个无良公司，通过电话营销把垃圾债券卖给普通老百姓，最后被查出来，老板被关进监狱的故事，我特别推荐大家一定要去看看这部电影。

为什么国外不让普通老百姓去投资垃圾债券呢？因为投资这玩意

儿，风险太高，要求的专业能力太强。

垃圾债券因为高风险、高收益的特点，所以在国外，有很多专业的基金公司专门做这个。这些公司具备专业能力，能识别出来哪些可能是看上去违约概率比较高、但其实是能还上钱的。基金公司还有很多专业人员，知道真要还不上钱了，该怎么去保全资产，怎么挽回损失。另外，基金公司还有很多工具，如果猜出这个垃圾债券要爆雷，可以去做个对冲。总之，这个市场的玩法很多，但都要求极其专业。所以，这个投资的收益率有时候挺高的。

机构是怎么玩垃圾债券的,《大空头》这部电影里有讲述。在我看来，这部电影对债券交易的各种描述，简直可以看作债券基金投资经理的入门教材。我也推荐大家去看一看。

所以，大家应该知道为什么P2P不能投，结局必然是爆雷和血本无归了吧？安全性很重要，谁都想赚钱，但赚钱的前提是在本金上面做加法，风控是很重要的。

第四章 除了公募基金还有什么理财产品

前面我们主要介绍了公募基金，但是居民家庭理财中涉及的理财产品远不止公募基金一种。2020年底，我国个人金融资产近200万亿元人民币，这些资产中除了部分是银行存款外，大部分已经转变为各种各样的理财产品，公募基金只是其中之一。

表 4-1　2020 年各类理财产品的管理规模

理财产品类型	规模 / 万亿元人民币
银行存款	86
银行理财	26
公募基金	25
信托	20
股票	17
私募股权基金	12.5
私募证券基金	6
券商理财	8.6
其他	3

本章我们就来介绍一下投资者接触最多的其他几类理财。

2018年出台的《关于规范金融机构资产管理业务的指导意见》（简称《资管新规》）对整个财富管理行业带来深远影响。《资管新规》明确提出打破刚兑，要求银行理财等资管产品实施净值化管理，使得原先大量隐性刚兑的"保本"型产品逐步退出历史舞台。大量不符合《资管新规》的产品被要求整改，银行理财与信托、证券公司资管产品受此影响较大，资产管理规模显著下滑。

投资者偏好开始出现变化，保本保收益的预期被打破，居民配置权益资产的热情也被点燃。该阶段，公募基金、私募基金抓住了时代发展的机遇，凭借领先的主动管理能力，实现快速发展，管理规模持续扩大。

私募基金

之前讲的基金，都叫"公募基金"。其实基金家族里还有另一类基金——私募基金（Private Fund）。顾名思义，"私募"是相对"公募"来命名的，两者最大的区别就是募集方式。公募基金可以面向社会大众公开募集，我们日常在地铁、公交站、电梯的广告牌中看到的海报都是公募基金，而私募基金是私下以非公开方式向特定投资者去募集的基金。

为什么私募基金募集方式这么"隐蔽"呢？主要是由私募基金自身的特点决定的。

一、私募基金的特点

1. 投资方面比公募基金更灵活、更具隐蔽性

我之前提到公募基金是监管最严格的产品，在持股比例、投资比例上均有严格的限制，对信息披露的要求相比私募基金更严格。而私募基金除了不能违反《中华人民共和国证券法》操纵市场的法规以外，在投资方式、持股比例、仓位等方面都比较灵活，并且投资更具隐蔽性，披露信息较少。比如公募基金半年报和年报都会披露全部持仓明细，而私募基金却很少透露持仓动态，除非它不得不出现在上市公司的前十大流通股东列表里。

2. 参与门槛高，有投资人数限制

从资金量来说，私募基金的购买起点是 100 万元，而且还要符合"合格投资者认定"。具体要求是如果以公司名义购买，净资产不低于1000 万元；如果是个人参与，金融资产不少于 300 万元或者最近三年的个人年均收入不低于 50 万元。满足以上条件才能购买私募基金。

除此之外，私募基金还有投资人数上的限制，一般我们接触最多

的契约型私募基金的投资人数最多就是 200 人，这和公募基金相比，门槛高了不少。

3. 私募基金的业绩激励机制来自收益共享，风险共担

单只公募基金的管理规模通常为几亿到几百亿元，而单只私募基金的资产规模从几千万元到几亿元都是很普遍的。规模这么小，那私募基金公司赚的是什么钱呢？不像公募基金，仅依靠规模优势赚管理费也可以过得很舒服。私募基金主要赚的是业绩分成，如果业绩好，私募公司会提取一定比例的业绩报酬，通常是 20%。这对于普通投资者而言支付的费用也不是个小数了。

所以，私募基金的投资者确实需要具备一定的财力和风险承受能力。

私募基金在我国的发展时间其实并不长。2004 年之前，私募基金一直处于"灰色"地带。2004 年，赵丹阳与深国投合作成立第一只阳光私募基金"赤子之心"。2007 年的牛市迎来了一波"奔私潮"，很多公募基金的老兵开始"下海单干"。到了 2014 年，私募基金备案制开启，"游击队"从此转为"正规军"，私募基金公司开始大规模注册成立，之后的牛市又加速了"奔私潮"。

之所以有很多牛人选择"公转私"，主要原因无非两个。一是挣得更多。公募基金以前的激励机制并不完善，即便管理规模再大，和基金经理也没有太大关系。自己创立私募基金管理公司或者以合伙人的身份加入，赚来的管理费都是自己的，自己就是公司的股东。二是投资更灵活，决策的空间更大。公募基金所受的管制太多，并且早期的公募基金经理在决策流程上权限也有限。

我们说，选基金主要还是选人，基金经理本身的能力才是基金业绩好坏的关键。国内目前的私募基金经理，如果按照过往从业经历来看，大致分为三类：公募派、券商派和民间派，成为中国私募界的三大派系。从业经历的迥然不同，也使三大派系基金经理之间的投资风格有一些明显差异。

公募派的基金经理，大多是投资者耳熟能详的公募明星基金经理

出身。比如工银瑞信原投资总监江晖，曾参与筹备华夏基金和工银瑞信等大型老牌公募基金，是我国第一代公募基金经理和第一批"公奔私"的基金经理。2007年，江晖创立了星石投资。在2008年金融海啸中，江晖管理的星石产品反而获得超过4%的正收益，在业内赢得了"风控大师"的称号。还有嘉实基金原总经理助理赵军，作为"逆向投资"的代表人物之一，在2007年创办淡水泉投资，公募及私募的过往业绩均排在同业前列，多次被《福布斯》杂志等机构评为中国最佳私募基金经理。

到了2012年，华夏基金原明星基金经理王亚伟也选择转投私募成立千和资本，个人明星效应使私募行业得到极大的关注。而这些早期"公转私"的投资经理如今也在中国投资界扮演着举足轻重的角色，名下公司很多成为百亿私募基金管理公司。公募派在基金行业经历多年打拼，熟悉行业规则，依靠行业经验更容易在私募业界取得来自渠道和客户的信任。在投资方面，公募出身的基金经理一般更善于把握行业轮动，因为行业或板块的配置是公募投资的重要一环。

再来说说券商派。券商出身的私募基金经理数量最多，起步较早。多年的证券投资经验为他们从事私募基金打下扎实的基础。券商派的投资一般被认为以选股见长，同时擅长波段操作。代表人物有大鹏证券资管原首席投资经理但斌，在2004年创建深圳市东方港湾；曾就职于君安证券下属投资管理机构的裴国根，在2001年创立上海重阳投资，重阳投资也成为国内首家资产管理规模破百亿元的私募机构。

民间派私募经理的投资方法更加多元化，各有各的操作方法和投资思路，在投研平台整体支持弱于公募等资管机构的同时，能够脱颖而出，往往在认知水平等某些领域具有明显过人之处，在自己的能力圈中发挥到极致水平。比较有代表性的基金经理有林园，作为最早的一批"大V"，早在1989年带着8000元进入股市，到如今身家已达数百亿。2006年创立林园投资，并在2020年获得"中国私募基金十年期收益冠军"称号。

还有一位是高毅资产的基金经理冯柳。冯柳早年在娃哈哈做销售，期间通过自学对股市产生了浓厚的兴趣。2003 年，冯柳辞职成为一名专职股民，并在闽发论坛、淘股吧等平台分享其投资心得，逐渐成为超级牛散，曾自曝用 9 年时间创造了 370 倍的神话。到 2014 年，市场风格几经转变，冯柳感觉自己有拓宽思路、找高手交流的需求，恰巧高毅资产的创始人邱国鹭找到了他。邱国鹭在网上看到了冯柳的文章，发现冯柳对投资的理解不亚于任何研究员和基金经理，于是向他抛出了橄榄枝，随后二人一拍即合。2015 年，冯柳以合伙人、基金经理身份应邀加入高毅资产。

与冯柳经历不同的是，邱国鹭却是个正儿八经的专业投资人。邱国鹭早年在美国做投资，经过 5 年的沉淀和积累，投资框架逐渐成熟。2008 年邱国鹭从华尔街回国，加入南方基金担任投资总监，并负责管理专户产品。他在业内首次提出基金经理负责制，放大基金经理的权限，让他们有更好的施展空间。2014 年初，邱国鹭离开南方基金，与当时"作坊"式管理不同的是，他花费了近一年的时间来搭建高毅资产投研团队。

最先加入的就是"草根"冯柳。随后，邱国鹭拉来了时任博时基金股票投资部总经理的邓晓峰。邓晓峰曾是中国股票市场上有史以来赚钱最多、最成功的公募基金经理之一，他的加入，一度引发业内巨震。之后中银基金原权益投资总监孙庆瑞、景林资产前合伙人卓利伟和高瓴资本前总监王世宏相继加盟。

正所谓英雄不问出处，高毅资产的基金经理分别出自公募、私募和民间派，虽各有千秋，却都具有非常丰富的市场经验，是各行业的领军人物。可以说邱国鹭为中国的私募业带来了先进的管理经验，一开始就将高毅资产打造成扁平式的平台化机构。公司为基金经理提供运营、渠道等基础性设施，基金经理只需专注研究和投资，同时拥有合伙人职位以及高毅资产的股权。投研能力突出、激励制度完善也使得高毅资产成为当前管理产品数量最多的千亿级私募管理人。

在经历了政策制度的完善和衍生工具的不断丰富后，私募基金在近几年呈现爆发式增长。根据基金业协会的统计，截至 2021 年底，私募基金共有 12.4 万余只，管理规模为 19.76 万亿元人民币。其中私募证券投资基金数量最多，共计 7.6 万多只，管理规模为 6.12 万亿元人民币。我们刚才介绍的基金经理均来自私募证券基金。私募股权基金虽然数量较少，共计 4.5 万多只，但是管理规模高达 12.78 万亿元。

那么，私募证券投资基金和私募股权基金有什么区别呢？

二、私募基金的分类

我们先来了解一下一级市场和二级市场。

企业要发展，就要融资。融资有两种方式，借钱，又叫债权融资；或者出让股份换钱，叫股权融资。而通过股权融资又有两种方式，一种是公开挂牌融资，就是所谓的 IPO，融资的凭据就是股票。而通过公开发行股票融资的这个市场，就叫二级市场。相应的，不能公开挂牌但又通过股权融资的，就叫一级市场。

私募基金，既可以投资于二级市场的股票，也可以投资于一级市场的股权。前者就叫私募证券投资基金，后者就叫私募股权基金。

二级市场的信息披露相对公开与透明，流动性又好，股票价格是市场选择的结果，所以私募证券投资基金的投资期限更短，对公司的调研难度更低。而私募股权基金投资期限长，对被投公司的商业模式和经营管理的理解更深入透彻，对团队的眼界、经验、执行力等都有更高的要求，投资风险和潜在收益也比二级市场更高。

所以，成熟市场的私募股权基金的资金来源更多是长期资金，比如保险公司、养老退休基金、家族或慈善基金。即便是个人投资者，也应该满足风险承受能力较高、这笔钱至少 5 年内都不会用到的条件，在配置了足够多的稳健型资产后，从资产配置的角度去少量配置一些高风险的私募股权基金来博取更高收益，才可以考虑投资私募股权基金。

三、私募证券基金的主要投资策略

私募基金比公募基金更灵活，不止体现在持仓比例没有严格限制、可以根据市场行情灵活调仓甚至空仓，还体现在投资策略的多样性上，投资者可以根据自己的偏好来选择不同策略的私募基金。

以私募证券基金为例，其主要的投资策略都有哪些呢?

表 4-2　私募证券基金的主要投资策略

策略类别	定义	有利市场	不利市场 & 政策因素
股票多头	股票多头策略是通过对市场的判断做出做多股票的操作行为，在不同的市场环境下灵活地调整多头头寸从而实现收益和控制风险	股票牛市 / 宽松货币政策 / 经济稳增长	股票熊市 / 货币政策紧缩 / 经济下行 / 股市利空政策（IPO 扩容、上调印花税等）
债券策略	债券策略主要投资于各类债券，并通过利息收入和杠杆效应来获取相对稳定收益的一种投资方式	债券牛市 / 宽松货币政策 / 经济稳增长	债券熊市 / 货币政策紧缩 / 经济下行（用工荒、发电量下降等） / 债市利空政策（提高部分债券质押回购门槛等）
量化对冲	量化对冲是在量化模型选股的基础上，通过期现对冲等方式完全或部分隔离系统风险，获取 Alpha 收益	股票震荡市 / 期现基差 ≥ 0/ 低利率环境	股票单边市 / 期现负基差扩大 / 股指期货限制政策
CTA 策略	CTA 策略即管理期货策略。国内 CTA 策略主要投资于股指期货以及商品期货市场，利用对市场趋势的判断灵活地变换多空头寸，从而获得绝对收益	商品期货趋势行情	商品期货日内震荡 / 商品期货市场限制（上调保证金比例等）
事件驱动策略	事件驱动策略是通过分析重大事件发生前后对投资标的影响不同而进行的套利。常见的有定向增发策略和并购重组策略	市场走势符合预期 / 提前及时捕捉到交易机会	黑天鹅事件使结果与原本趋势相背离 / 政策因素导致投资搁浅
宏观对冲策略	利用宏观经济的预测和金融资产的轮动特征，通过对全球股票、货币、利率以及大宗商品市场的价格波动进行杠杆押注，来尝试获得尽可能高的正收益	市场走势符合预期 / 市场非理性状态下产生错误定价机会	对宏观经济和某类资产判断方向有误 / 人为干预导致资产走势发生背离

每一只私募基金擅长的策略都是不同的，很难有一只基金什么都能干且都能干好。其实对于私募基金公司也一样，每家私募基金擅长

的领域也都不一样。再加上私募基金策略本身专业门槛很高，理解起来很困难，评价、考核难度也很高，所以，筛选私募基金总体来说难度高于公募基金。

四、如何筛选私募基金

如果投资私募基金，我们就要找到每个策略里面长期业绩优异的公司。当然，看过往业绩只是一方面，要避免投资踩坑，我们还需要判断以下条件是否满足。

（1）代表产品成立运作最好 3 年以上。时间过短的机构和基金不具有参考价值。

（2）管理规模不能过小。规模也是市场影响力和投资实力的展现。股票多头型策略基金最好在 30 亿元以上，其他策略一般在 10 亿元以上，规模不能太小。

（3）基金经理经验丰富。从过往投资经验和成长路径来看，公募基金出身的基金经理往往受过系统性的培养，投资原则性较强。相比其他金融机构出身的基金更有优势，当然不排除个别投资奇才来自民间。

（4）投研团队背景强大。优先选择团队背景强大和投研能力强的私募机构，量化基金要看模型开发团队的背景和实力。

（5）投资风格适合自己。根据自己的风险承受能力来选择不同策略的基金，选择稳健型的债券策略、市场中性策略，还是激进型的股票多头策略、CTA 策略，因人而异。

（6）策略可以复制并且长期有效。谨慎规避同一个策略下多只产品净值表现差异过大的基金，以及投资策略不够坚定、反复无常的基金经理。

（7）风险控制能力强。股票多头型基金要看市场最糟糕的情况下的最大回撤控制能力。投资者一般可以忍受的最大回撤幅度是 15%，超过这个数就很容易冲动离场，所以要尽量选择最大回撤幅度不超过 15% 的基金。风险较小的债券型基金和市场中性策略基金尽量不超过 5%。

　　私募基金就介绍到这里，大家有兴趣的话可以私下了解更多相关知识。最后总结一下，私募基金既有投资更灵活，良好的激励机制可以实现收益共享、风险共担，策略更丰富多样的优点，也具有封闭期较长，流动性较差，投资操作不够公开透明的缺点。

　　而且，私募基金的数量早已超过公募基金，市场上的基金鱼龙混杂，100万元的投资门槛又不是小数目，更应该谨慎筛选。不同策略的私募基金对应不同的风险收益特征，对于投资者而言挑选难度非常大，需要专业的投顾机构帮忙筛选。专业的投资顾问会根据投资者的投资目标和风险承受能力，选择更匹配的产品来降低投资风险。

银行理财产品

站在当下讲银行理财，恐怕和 2018 年之前就大相径庭了。为什么呢，因为银行理财在 2018 年经历了一个分水岭，这个分水岭就是《资管新规》。

一、分水岭之前的银行理财

银行理财的诞生要从 2004 年说起，当时国内银行资管业务才刚刚开始，那时"你不理财，财不理你"的广告频繁出现在银行柜台。但是最初的银行理财是模仿外资银行的结构性存款，投资的资产比较有限，主要是债券和少量股票，另外挂钩一点衍生品，业绩与银行存款利息相比没有特别大的优势（当然也是因为当时利息够高）。再加上当时中国人还没那么有钱，所以银行理财的规模扩张一直较慢。

银监会对银行理财的监管最早开始于 2005 年，主要涉及投资收益的管理与风险的承担问题。但此后完整的监管体系一直空缺。

到 2008 年，此时理财产品募集的资金开始流向基建和房地产。但是由于这些项目的融资期限较长，银行理财就想出了一个新模式：期限错配。意思就是不同产品的资金混合使用，新老交替。比如到期的产品 A 实际对应的"底层项目"并未到期时，用新发行的产品 B 来兑付给投资者，从而形成"资金池"模式，在房地产和城投蓬勃发展的十多年间，这很快成为银行理财运营管理的典型模式。

这时银行表外理财已经完全偏离"代客理财"的本意，成为不需要缴准、计提风险资本、游离于监管之外的"影子银行"。当年银行最火的业务，就是通过"影子银行"把钱变相贷款给企业。你可能会问：为什么银行不自己直接贷给企业呢？当然是有为难之处，比如资本金限制、贷款额度限制、企业所在行业贷款受限，还有就是，正规的贷款资格要求太高，要拿钱的企业或项目通不过银行的贷款审核等。总之，这事儿得绕一绕，通过一家非银金融公司，比如证券公司、信托的通道把资产负债表上面的表内资金转到表外去。

特别是在 2009 年的大规模的货币宽松之后，很多银行将大量资产移动到了表外。银行理财业务成了"影子银行"的重要的资金来源。银行资金通过信托、基金、证券保险等渠道流出，最后这些钱大部分流入"非标资产"，比如房地产的融资项目和地方政府的基建项目。

什么是"非标资产"呢？之前一直没有这个名字，直到 2013 年银监会下发的 8 号文中，定义了非标资产的范围。大家熟悉的信托还有很多三方财富公司发行的收益权/受益权产品都属于非标资产。8 号文对银行理财投资的非标资产设置了比例限制，但是并没有从根本上解决这一问题。

这也导致了银行理财潜在风险在不断积聚，期限错配、信息不透明、杠杆激进下，银行理财产品无法穿透到底层资产，对投资者的风险承受能力视而不见。

你可能会质疑：那时候老百姓都买银行理财，也没发现有什么问题啊，而且收益率还挺高的，随随便便都能 5% 左右，比现在强多了。

的确，在 2018 年之前长达数年的时间里，1 年期银行理财的收益率通常为 4%~5%，而且销售规模空前高。在高峰时期的 2017 年，理财产品存续规模达到了 29.54 亿元，堪称中国家庭居民投资的首选。

那时候，1 年以内的短期理财产品随处可见，1 个月、3 个月、6 个月，时间短，交易灵活，受到了大妈们的追捧。但是，我们刚才提到，由于银行资金池里个别项目融资期限长，往往数年后才能还款，那怎么保证这些 3、6、9 个月的产品顺利兑付呢，唯一的办法只能是"借新还旧"，由于居民养成了产品一到期就会续投的习惯，所以这个资金池就自然而然滚了起来。

另一方面，《资管新规》之前很多产品为了顺利销售，甚至私下承诺客户保本保息，就养成了投资者对于银行理财"没风险"、收益一定能兑现（所谓"刚性兑付"）的不客观认识。实际情况是，任何投资都有风险，风险只有大小之分。客户认为"没风险"，风险去了哪里呢？要么就是银行自己担了，要么就是客户认知不足，风险爆发（"爆雷"）了才恍然大悟，"哎哟"一声才发现出问题了。

银行担了也总有担不起的时候，真到那一天，银行就得倒闭，金融体系就得出大问题。个人呢，也一样，有些人不清楚银行理财也有风险，把养老保命的钱都放进去，真遇到兑付不了，生活就会受到很大的影响。

因此，2018 年监管就出了《资管新规》，从此，资管行业迎来了统一监管新时代。

二、分水岭之后的银行理财

《资管新规》《商业银行理财业务监督管理办法》（简称《理财新规》）和《商业银行理财子公司管理办法》相继出台之后，银行理财出现了以下几个变化。

1. 打破刚兑，固收类产品逐渐转成净值化产品

净值化产品就像公募基金一样，净值每天变动，不再是给你一个预计的收益率。截至 2021 年 9 月底，银行理财的净值化产品的比例高达 86.56%，意味着财富管理产品从保本型逐渐向净值型转变。而银行的理财子公司作为理财净值化转型的核心，所发的产品全部是净值型产品。

净值化的背后其实是"去资金池"。不是所有的理财产品募集来的钱都放在一起管了，哪个理财产品的资金，投什么品种，得一一对应。这个产品投的东西亏了，只能自己承担，不允许用别的产品的钱来"挖肉补疮"。看到了吗？基金行业其实一直是这么干的。这样，银行理财产品的真正风险就暴露出来了。

2. 银行理财产品的期限变长

1 年期以上的理财成为主流，而 3 个月以下的产品规模缩水了一半。

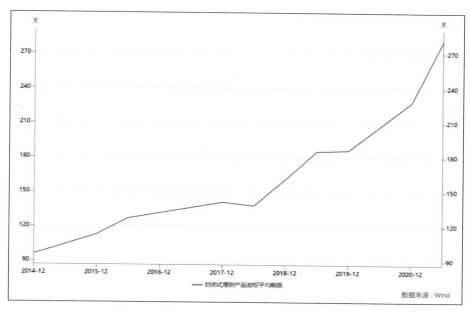

图4-1　封闭式理财产品的平均期限逐年拉长

如图4-1所示，2014年理财产品的平均期限在3个月，而截至2021年6月，理财产品的平均期限已经延长到了281天，即9个多月。证明了长期限的产品越来越多，短期的产品越来越少。

3. 债券等标准化资产比例提高，成为银行理财配置的主要资产

2018年，根据《中国银行业理财市场报告》统计，当时非保本理财中配置的非标债权资产是17.23%，债券资产是53.35%。2021年6月，非标债权资产已下降到了13.1%，债券资产上升到了56.8%。

为啥大部分投资品种变成债券而不是非标资产了？因为非标资产风险太高啊。以前资金池模式下，万一赔了还能大家担一担，"猫盖屎"还能糊弄过去。现在没有资金池了，自己的风险自己担，那就谁也不敢再投太多高风险的非标资产了。

带来的后果是什么呢？风险是降低了，收益也降低了。

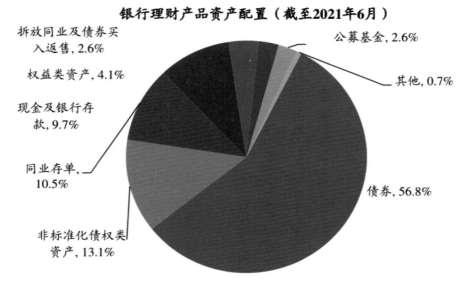

图 4-2　银行理财产品底层资产分配情况

4. 伴随着利率中枢下行，银行理财收益率持续下滑

随着近几年债券市场利率下行，银行理财的收益率也随之下降。图 4-3 中，我们以 1 个月的产品为例，可以看到各银行的理财收益率都在下滑，大型商业银行尤为明显。

经历了以上变化之后的银行理财产品其吸引力早已大不如前，2021 年，银行理财年收益率在 3.5% 左右，债券型基金指数的年收益率是 4.8%。所以，更多资金流向了公募基金。截至 2021 年底，公募基金规模已经突破 25 万亿元人民币，若加上基金专户和基金公司管理的养老金，公募基金总管理规模已经超越银行理财规模。

银行理财净值化之后为啥竞争不过公募基金了呢？因为银行理财变成净值化产品后，主要投资的也是债券，这个和公募基金中的债券型基金或者混合型基金就非常像了。但是公募基金相比银行理财又多了一些优势，主要包括：

1. 公募基金的主动管理能力更强，经验更丰富

银行虽然债券交易能力比较强，但是股票等权益资产的投资经验

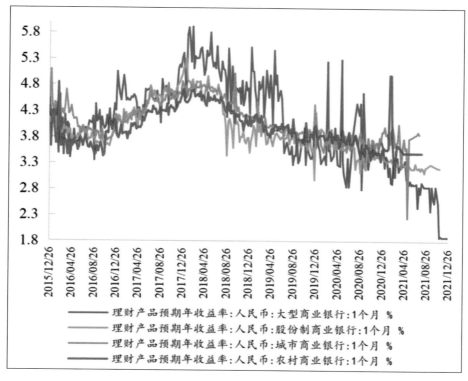

图 4-3 不同类型银行理财产品预期收益率下滑

就很难和公募基金抗衡了。

2. 公募基金具有免税优势

虽然公募基金的固定管理费率比银行理财高，但是公募基金买卖股票、债券的差价不需要缴纳增值税，而银行理财产品要缴纳 3% 的增值税，对于持有规模较大的投资者来说，这也是一个优势。

接下来，我们再说一下目前市面上的银行理财都有哪些种类。

银行理财按照投资标的的不同，可以分成现金管理类、固定收益类、混合类、权益类四种。

1. 现金管理类理财产品

现金管理类理财产品主要投资于剩余期限在 1 年以内（含 1 年）的银行存款、债券回购、中央银行票据、同业存单，剩余期限在 397

天以内的债券、资产支持证券以及货币市场工具。

特点是流动性好、风险低、收益稳定。

2. 固定收益类理财产品

固定收益类理财产品为投资于存款、（标准化或非标准化）债券等债权类资产的比例不低于 80% 的理财产品，目前是银行理财产品的主力。与公募"固收 +"产品类似。

3. 混合类理财产品

混合类理财产品投资于债权类资产、权益类资产、商品及金融衍生品类资产且任一资产的投资比例应不超过 80%，和混合型公募基金类似。

4. 权益类理财产品

权益类理财是指投资于权益类资产的理财，主要包括股票、基金等资产，投资权益类资产不得低于 80%，和股票型公募基金类似。现有的产品风险等级均为中高级或高级，产品起购门槛较低，100 元起购。具有风险较高、策略多元、收益进攻性强的特点。

如何自行辨认所选的银行理财到底属于哪一类呢？我们可以在对应产品的产品说明书中查看它的产品类型和投资对象占比，图 4-4 以中信银行的一款理财产品来举例，如下所示。

接下来，我们再了解一下买银行理财应该从哪些角度去筛选。

1. 先看期限是否满足要求

结合自己的资金使用期限选择适合的产品。如果随时要用的钱，建议不要买带封闭期的理财产品，首选货币基金和随时可以申赎、低风险的公募基金。

2. 谨慎按照风险测评结果去选择理财产品

在选择理财产品时一定要根据自己的风险偏好，慎重选择对应的理财产品。每个人在买银行理财产品之前都会被要求做一个风险测评，为了对自己负责，不要草草应付了事，而是要耐心按照真实情况填写，最后的风险测评结果基本上也会符合你的实际情况。

建议新手或者对风险偏好不是很高的人，选择 R1、R2 级别的理财产品，R3 级别以上需要谨慎购买。

‹ **理财产品说明书**

信银理财理财产品风险揭示书

尊敬的客户：

理财资金管理运用过程中，可能会面临多种风险因素，包括但不限于信用风险、市场风险、流动性风险、提前终止风险、政策风险、信息传递风险、管理风险、延期清算风险、理财产品不成立风险、不可抗力及意外事件风险、关联交易风险、合作销售机构风险、操作风险等风险。具体风险的含义，请您认真阅读本理财产品说明书中相应的风险揭示部分。

由于相关风险因素可能导致您的本金及收益全部或部分损失，因此，在您选择购买本理财产品前，请仔细阅读理财产品销售文件，包括理财产品销售总协议、理财产品说明书、理财产品投资协议书、理财产品投资协议书、风险揭示书及客户权益须知等，了解本理财产品具体情况。

本理财产品名称为【中信理财×××××××××××××**纯债一年净值型人民币理财产品**】，产品代码为【A204A1745】，类型为【公募】、【固定收益类】、【开放式】产品，产品无固定期限，风险评级为【PR2】，适合购买客户为风险承受能力为【稳健型】及以上的客户。

重要提示：信银理财作为本理财产品管理人承诺以诚实守信、勤勉尽职的原则管理和运用理财产品资金，但**不保证本金和收益，您可能因市场变动而损失全部本金且无法取得任何收益。理财产品过往业绩不代表其未来表现，不等于理财产品实际收益，投资须谨慎。**信银理财提醒您理财产品投资风险由买者自负，您应充分认识投资风险，谨慎投资！

< **理财产品说明书**

3.各投资对象投资比例为:

资产种类	投资比例
债权类资产	【95%~100%】
其中,非标准化债权类资产	【0%】
权益类资产	【0%】
商品及金融衍生品类资产:持仓合约价值	【0~20%】
商品及金融衍生品类资产:衍生品账户权益	【0~5%】

　　(若本产品为商品及金融衍生品类产品,则上表中"持仓合约价值"及"衍生品账户权益"两项比例应同时满足;若本产品为其他类型产品,则上表中"持仓合约价值"及"衍生品账户权益"两项比例仅须满足其一。)

图4-4　中信银行某款理财产品说明书部分举例展示

　　如果您想投资偏股类的高风险产品去博取收益,自己的风险承受能力足够高、可以接受期间波动的话,那我更推荐去挑选几只公募基金,因为公募基金在权益资产的投资经验和主动管理能力方面更强。

表4-3　银行理财产品风险评级展示

产品风险评级	风险程度	适合投资者类型
PR1级	低	谨慎型、稳健型、平衡型、进取型、激进型
PR2级	中低	稳健型、平衡型、进取型、激进型
PR3级	中等	平衡型、进取型、激进型
PR4级	中高	进取型、激进型
PR5级	高	激进型

3. 查询产品发行方过往有没有违约兑付的情况

　　即便是通过银行渠道购买的理财产品,也要看清楚产品的管理方是谁，是不是银行代销的产品。

自营产品是银行针对特定目标客户群开发设计并销售的资金投资和管理计划。

代销产品是银行帮其他机构销售非本银行研发的产品，比如基金、黄金等。

产品的管理人有没有出现违约的现象，有没有出现亏损的情况，如果平台之前有过类似记录，最好不要选择。尽量选择大平台、大型商业银行发行的产品，小的城商行要谨慎选择，主要因为主动管理能力比较弱。

4. 固收类理财产品选择过往收益率较高的

由于各银行间理财产品收益率都不一样，投资者可以固定选择两三家整体收益率较高的银行进行购买。

还要看一下产品的起投金额，如果您的可投资资金超过 10 万元，尽量选择投资门槛在 10 万元以上的理财产品。一般来说，门槛越高的产品，预期收益率相对也较高。但是这个收益率要合理，不是越高越好，而是在行业平均收益率范围内进行比较选择。

证券公司的理财产品

　　前面介绍的私募基金和银行理财经过近些年的快速发展，如今都已经达到 20 万亿元人民币级的规模，是理财市场里的"主流选手"。这里介绍的券商资管产品可能一些朋友还比较陌生。如果您开过证券交易账户的话，证券公司的工作人员可能会向您推荐证券公司自己发行管理的一些理财产品，这些理财就是"证券公司资管计划"了。

　　它的规模相比银行理财、公募基金而言还比较小，截至 2021 年 9 月，券商全部的资管产品共有 18671 只，总的管理规模是 8.64 万亿元。并且，同样受到《资管新规》的影响，近五年规模一直在缩减，相比 2016 年最高峰时的规模已经缩小接近一半。

　　证券公司资管计划就是证券公司发行的资管产品（简称券商资管），是通过募集合格投资者的资金或者接受个别客户的财产委托，由证券公司担任资产管理人进行投资的一种标准化金融产品，产品受证监会监管。

　　所以券商资管和公募基金最大的不同之处在于，管理人不是基金公司而是证券公司的资产管理部。在前面介绍公募基金时，我们说 1998 年是公募基金初创之年，而券商资产管理业务开始的时间更早，始于 1996 年的大牛市，经历了 1999 年的"5·19"行情而快速发展。但在 2005 年以前，当时的市场环境还不成熟，加上证券业发展的时间不长、监管力度不强等因素，券商挪用客户保证金进行自营交易等事件时有发生。当时还可以从事代客理财业务，承诺给客户高额的保本收益，券商对客户允诺的委托理财保底收益至少是 6%，高的甚至达到 15%。

　　2003—2005 年期间，股市经历了一波大熊市，"998"这个永远值得铭记的指数点位就诞生于这个时期。由于风控不力，不但券商自营盘出现亏损，就连委托理财也损失惨重。导致这段时期出现了大规模的券商破产潮，2002—2006 年间，有 30 多家券商破产，包括当时"金字塔顶尖"的南方证券、华夏证券，证券公司面临了一次行业"大洗牌"。当时证券公司倒闭的原因主要有三种：一是挪用客户资金；二是违规国债回购以及借发债名义乱融资；三是违规炒作股票。

之后监管层出台的《中华人民共和国证券法》，规定了"三方存管"的制度，也就是券商只管股票交易，银行负责管钱，将投资者的证券账户与证券保证金账户严格进行分离管理。同时禁止代客理财行为，到 2008 年的时候全部整改完毕。经过一系列整治后，证监会在 2005 年批准"光大阳光集合资产管理计划"的设立申请，这是中国证券市场第一只经证监会审核批准的集合资产管理计划。同年获批的广发证券集合资产管理计划"广发理财 2 号"成为国内证券公司正式成立的第一只集合理财计划。

之后的数年，证券公司通过规范化管理，内控机制日益健全，风险控制能力大大提高，直到 2012 年证监会才全面松绑券商资管业务。

表 4-4 显示的是截至 2021 年年报，资管总规模排名靠前的前 10 家证券公司，其中中信证券、华泰证券、招商证券的资管规模做得比较大。

表 4-4　受托管理资产总规模前 10 名单

名称	受托管理资产总规模 / 亿元
中信证券	16257.35
中银证券	7551.00
华泰证券	5185.73
广发证券	4932.44
招商证券	4831.53
中信建投证券	4272.72
国泰君安	3842.25
光大证券	3746.79
东方证券	3659.29
财通证券	2038.09

这十家证券公司里面，要说哪家是靠着资产管理这项业务被市场熟知的，那无疑是上海东方证券。虽然上海东方证券资产管理公司（以下简称"东证资管"）资产实力不是最雄厚的，资管规模也不是最大的，受托资产管理总规模为 3659.29 亿元人民币，排名全行业第九位。但是其赚钱能力却是最抢眼的。2021 年，东证资管实现营收 37.47 亿元，净利润 14.38 亿元，两项指标均位于行业首位。在多家券商出现业绩下滑的背景下，实现了逆势增长。

东证资管成立于 2010 年，前身是东方证券资产管理业务总部。它是首家获批的券商系资产管理公司，也是业内首家获得公募基金管理业务资格的券商资管公司。与东证资管一起成名的还有时任东证资管董事长的陈光明。

东证资管发行的产品均以"东方红"命名，自东方红品牌创立以来，东方红系列产品为客户创造了丰厚的回报，树立了良好的客户口碑。在 20 年的券商从业生涯中，陈光明称得上东方红品牌的灵魂人物，曾管理过东方红 4 号、东方红 5 号、东方红 6 号、东方红 9 号、东方红领先趋势、东方红稳健成长等产品，收益和风险控制均比较突出。其中管理时间最长且成立时间最早的东方红 4 号，任职累计回报高达 457%。

1998 年 3 月，上海交大的研究生陈光明来到东方证券基金部实习，后来基金部改名为资产管理部。当时，资产管理部的负责人是傅鹏博，陈光明亲切地称他傅老师。当时的他应该也不会想到 20 年后能和傅老师再聚首，一起成就一份属于自己的事业。

2003 年，傅鹏博离开东方证券资产管理部，进入基金行业，从 2008 年起，在兴业全球基金一干就是 10 年，其代表基金是"兴全社会责任混合"。2018 年初，陈光明离开老东家东证资管成立了睿远基金，陈光明是创始人兼总经理、投资经理，傅鹏博任睿远基金董事长。睿远基金在 2018 年获得了证监会颁发的公募基金牌照，成为基金行业的新锐代表。

陈光明虽然离开了东证资管，但是对东证资管的影响力远不是几只基金业绩的好坏那么简单。在陈光明 20 年的证券从业经验中，市场涨跌起伏，股市几轮牛熊转换。即使在盛行短期炒作、博弈之风时，他仍坚持价值投资理念，选择优质公司，伴随企业发展来获利。事实证明，陈光明的坚持帮助东证资管在业内取得了良好口碑，也使东证资管始终以价值投资为本。在东证资管旗下有多只基金是 3 年的封闭期，但是在这些基金开放申购时，仍然有大批投资者争相买入。

其中最有名的一个代表事件当属东证资管在 2005 年打响了"千点保卫战"第一枪。2005 年 4 月 30 日，股权分置改革正式启动，上证指数却一路下跌，6 月 6 日跌破千点，"998"就是这个时候出现的。决策层开始酝酿出手救市，询问证券公司、基金公司等机构是否需要贷款投资股市。贷款需要抵押物，如果亏损，各机构要自行承担。经历了 4 年熊市，股市在 1000 点左右徘徊，很多证券公司不敢贷款。

东方证券是第六七家接到通知的证券公司。当时的副总裁王国斌和陈光明都觉得没问题，可以干。理由是：第一，股权分置改革已经启动，上市公司股改的对价是十送三，这对流通股东是一个非常大的补贴，而且时任证监会主席的尚福林坚定表态，改革一定会坚持下去并取得成功。第二，在经历 4 年下跌后，市场已极度低迷，股票价格非常便宜，跌出投资价值。第三，在加入 WTO 之后，我国经济表现出高速发展的良好态势，企业基本面情况也相当不错，当时的股市与宏观经济已出现严重背离。第四，决策层提振股市的决心明显，要相信中国政府的执行力。

就这样东方证券贷款 7 亿元，成了第一家申请贷款的券商。拿到钱的第二天，就买进了约 6 亿元。当时市场人气极度低迷，成交量大幅萎缩，有些股票稍买一些就会到涨停板。有些券商听说此事后也开始接受央行贷款，陆续进场，千点也成了历史大底。

这笔钱后来赚了 4 倍左右。2007 年 4 月，上证指数 4000 多点，东方证券兑现了浮盈。对于陈光明来说，难忘之处在于不仅赚了钱，更做了对市场比较有意义的事。

接下来，我们就来看看目前市场上的券商资管产品有哪些。

一、券商资管计划

1. 集合资产管理计划（集合理财）

集合理财是证券公司面向大众投资者发行的资产管理计划，把多个客户的钱集中起来代为投资管理。所以，个人投资者能买的资管产品，都属于集合资管计划，所以本小节将重点介绍。

截至 2021 年 3 季度末，集合理财的总规模共 3.2 万亿元人民币，在市场中的占比还是非常小的。集合理财目前和银行理财、公募基金一样，按照投资标的的不同，也分成货币型、债券型、混合型和股票型等种类。

所以集合理财和公募基金很像，两者都是以权益类和固定收益类产品为主，但是也有一些不同之处。

（1）起投门槛不同

集合理财的起投门槛更高，最低的资金门槛是 5 万元。对于募集资金规模在 50 亿元以下的小集合产品，要求单个客户参与金额不低于 100 万元，并且，单笔认购金额在 100 万 ~300 万元的客户人数不能超过 200 人。但单笔委托金额在 300 万元以上的客户数量不受限制。

除了起投门槛有要求之外，集合理财对客户的资质也有要求。个人合格投资者应满足：个人或者家庭金融资产合计不低于 100 万元人民币。

公募基金的认购起点最低是 1 元，没有人数上的要求。

（2）宣传方式不同

和私募基金一样，集合理财同样不能公开宣传，所以日常生活中很难看到有券商资管产品的海报，但是公募基金可以公开宣传。

（3）流动性不同

集合理财的流动性不如公募基金，因为集合理财的封闭期一般是数个月后才能开放赎回，而且赎回时间比较固定。而公募基金只要不是新基金都可以随时申购赎回。

所以大家看到了，券商集合理财产品在投资、管理、营销、宣传方面更接近于私募基金，部分产品起投门槛略微低于私募，但高于公募。所以，券商集合理财产品可以认为是一种介于公募基金与私募基金之间的产品。

券商集合理财业绩做得如何呢？2021年全年，所有的债券型集合理财的算术平均收益率是1.03%，货币型集合理财的算术平均收益率是1.11%。拿公募基金作对比，2021年债券型公募基金的算术平均收益率是4.3%，货币基金以余额宝作为代表，2021年的收益率是2.12%。看来，券商理财的业绩表现显然不够理想，所以规模做得一直不温不火也是有原因的。

2. 专项资产管理计划

专项资产管理计划是只有机构才能出资购买的一类资管产品，证券公司作为管理方通常将这笔委托资金投资到大型融资项目中，比如城建、基建、市政工程、大型企业专项融资等。现在主要做的企业资产证券化业务，如高速公路、水利电力等资产证券化产品，其实这种产品更接近于部分信托计划。

由于和个人投资者关系不大，这里不详细展开，我们了解一下就好。

3. 单一资产管理计划（专户理财）

单一资产管理计划是为单一客户进行定向资产管理的业务，俗称专户理财，具体投资范围和期限都要和客户通过合同约定。所以对资金量的要求也是非常高的，每家公司的规定有一定差别。

最后，我们来总结一下券商资管产品的一些特点。券商资管产品仍然是以机构客户为主导，对于个人投资者的普及度还远远不够。产品的流动性方面要弱于公募基金，封闭期设置和银行理财比较接近。但是，收费机制要比公募基金灵活，公募基金一般收取固定管理费，券商资管可以按照业绩计提管理费。

此外，券商资管还有一些不足之处。第一，产品创新不足，产品同质化比较严重；第二，由于我国证券公司在财富管理业务上起步较晚，虽然明确了从传统的经纪业务向财富管理转型，但对于投资者的个性化服务和定制化的产品推荐能力还不足。第三，券商行业的普遍短板是境外产品缺乏，目前在这一块能做好的券商非常少。第四，主动管理能力相较于公募基金仍有短板，中小券商自营能力较弱。第五，相对于银行理财和公募基金而言，投资门槛较高 [《资管新规》中对于券商合格投资者的认定为 30 万元（固收类）、40 万元（混合类）和 100 万元（权益类、商品、金融衍生品类及投资非标类）]。最后一点，券商集合理财产品的信息披露不够及时，相关法规只要求证券公司至少每 3 个月向客户提供一次管理报告。

除了资产管理计划以外，证券公司还有另外一种理财产品，叫作收益凭证，投资者买得比较多。

二、收益凭证

收益凭证是证券公司作为发行主体的债务性融资工具，性质上相当于证券公司发行的信用债。从《资管新规》角度看，收益凭证与银行发行的结构性存款，两者都不属于资管产品或理财产品，而是分别作为券商和银行的负债工具，属于表内业务。

收益凭证和资管计划的区别在于资管计划是证券公司募集投资者的钱去投资，至于赔了赚了投资者要承担投资风险；而收益凭证是证券公司用自有信用去向投资者借钱，承诺的收益率由券商信用做担保。

收益凭证的风险等级从 R1~R5 不等，一般以 R1、R2 为主。

1. 收益凭证的分类

收益凭证主要分为三类：本金保障型固定收益、本金保障型浮动收益、非本金保障型浮动收益。下面分别给大家简单介绍一下。

（1）本金保障型固定收益

挂钩存款利率，到期支付本金和利息。风险在三者中最低，风险等级划分为 R1——低风险等级。投资门槛是最低 5 万元人民币。目前的年化收益率为 2%~3%，有不同期限的封闭期供投资者选择。

（2）本金保障型浮动收益

挂钩股票、指数、基金等，到期除了保障投资者的本金和较低的固定收益不受影响之外，还有可能获得与标的资产表现挂钩的浮动收益。风险位于三者之间，风险等级划分为 R2——中低风险等级。

（3）非本金保障型浮动收益

挂钩指数，不保证本金及理财收益，产品收益来源于投资组合的回报，投资者需承担可能发生亏损的风险。风险在三者中最高，风险等级划分为 R5——高风险等级。起投金融不得低于人民币 100 万元，100 万元以上按 1 万元递增。

2. 收益凭证怎么选

上面讲了不同种类的收益凭证的风险等级不同，预期的风险和收益情况也不同。投资者可以根据自己的风险承受能力选择不同种类的收益凭证，并且关注一下所选产品过往的历史业绩。

既然是证券公司借钱，那么证券公司的评级和资质就非常重要了。我们先来看一下 2021 年证监会对证券公司最新的评级结果（见表 4-5）。最高级是 AA 级，目前有 15 家证券公司入围，最低级是 D 级。大家可以自行去选择。

表 4-5　2021 年证券公司评级

公司名	级别	公司名	级别	公司名	级别
安信证券	AA	渤海证券	BBB	爱建证券	CCC
东方证券	AA	财信证券	BBB	大通证券	CCC
光大证券	AA	长城国瑞	BBB	国盛证券	CCC
广发证券	AA	东北证券	BBB	恒泰证券	CCC
国泰君安	AA	高盛高华	BBB	宏信证券	CCC
国信证券	AA	国海证券	BBB	华融证券	CCC
华泰证券	AA	海通证券	BBB	江海证券	CCC
平安证券	AA	华金证券	BBB	太平洋证券	CCC
申万宏源	AA	华龙证券	BBB	新时代证券	CCC

兴业证券	AA	华兴证券	BBB	中山证券	CCC
银河证券	AA	汇丰前海	BBB	中邮证券	CCC
招商证券	AA	金元证券	BBB	国都证券	CC
中金公司	AA	联储证券	BBB	川财证券	C
中信建投	AA	摩根士丹利华鑫	BBB	网信证券	D
中信证券	AA	申港证券	BBB		
北京高华	A	信达证券	BBB		
财达证券	A	中天证券	BBB		
财通证券	A	中原证券	BBB		
长城证券	A	大同证券	BB		
长江证券	A	第一创业	BB		
东方财富	A	东亚前海	BB		
东莞证券	A	国联证券	BB		
东海证券	A	国融证券	BB		
东吴证券	A	红塔证券	BB		
东兴证券	A	华福证券	BB		
方正证券	A	九州证券	BB		
国金证券	A	民生证券	BB		
国开证券	A	世纪证券	BB		
国元证券	A	万联证券	BB		
华安证券	A	湘财证券	BB		
华宝证券	A	银泰证券	BB		
华创证券	A	英大证券	BB		
华林证券	A	甬兴证券	BB		
华西证券	A	粤开证券	BB		
华鑫证券	A	德邦证券	B		
开源证券	A	金圆统一	B		
南京证券	A	摩根大通（中国）	B		

瑞信方正	A	万和证券	B		
瑞银证券	A	野村东方	B		
山西证券	A				
首创证券	A				
天风证券	A				
五矿证券	A				
西部证券	A				
西南证券	A				
浙商证券	A				
中航证券	A				
中泰证券	A				
中天国富	A				
中银国际	A				

接下来，我们再看一下净资本的排名情况（表 4-6），全国证券公司共有 209 家，我们只展示了其中排名靠前的 20 家供大家参考。

表 4-6　2021 年净资本排名前 20 家的证券公司

证券公司	净资本金额 / 亿元
中信证券股份有限公司	893.40
国泰君安证券股份有限公司	877.14
海通证券股份有限公司	821.72
中国银河证券股份有限公司	746.04
华泰证券股份有限公司	740.32
国信证券股份有限公司	725.05
申万宏源证券有限公司	722.84
申万宏源集团股份有限公司	722.84
招商证券股份有限公司	676.05
中信建投证券股份有限公司	632.92

广发证券股份有限公司	610.82
中国国际金融股份有限公司	480.42
光大证券股份有限公司	436.63
东方证券股份有限公司	361.70
安信证券股份有限公司	310.37
中泰证券股份有限公司	272.10
兴业证券股份有限公司	246.94
西部证券股份有限公司	235.50
方正证券股份有限公司	229.19

　　净资本是证券公司资本充足和资产流动性状况的一个综合性监管指标，是证券公司净资产中流动性较高、可快速变现的部分，它表明证券公司可随时用于变现以满足支付需要的资金数额。通过这个指标可以看出哪些证券公司的信用担保能力更强。

信托产品

信托是一个舶来品，源自英国的一种财务管理制度，其本质是委托人将其财产权委托给受托人，由受托人按委托人的意愿，将获得的利益交付给受益人，是一种转移收益的工具。在国外信托常被用来作为家族财产传承，称之为家族信托。

举个例子，在邓文迪和默多克的婚姻中，默多克在新闻集团和21世纪福克斯的资产通过信托牢牢掌握在他和4个子女手中，并且设立了一个价值870万美元的基金信托，指定受益人是他与邓文迪的一双儿女，再通过婚前财产协议，设置了一个非常完备的家族财富传承架构——默多克、二位前妻、邓文迪和一共六位子女之间在财产上是相互独立的，形成了"财产隔离"，因此邓文迪无法通过婚姻染指默多克的家族财富。即使默多克的公司破产，因为信托的破产隔离功能，这笔留给子女的钱也不会受到影响。

但是在中国，信托主要没有用来转移收益，它的一个次要功能——"投融资功能"却被发挥得淋漓尽致，规模增长速度远远超过了前者。这也是我们的金融行业分业监管模式下，金融从业机构利用监管政策不一致而监管套利的一个典型。

信托公司作为正规的非银行类持牌金融机构，在行政上归银保监会直接监管，在法律上受"一法三规"约束及保护，在功能上成了帮助企业融资的重要通道和平台。信托与银行、保险、证券一起并称我国金融业四大支柱行业，构成中国现代金融的基础。

信托在中国的成立时间比证券公司和基金公司早多了。1979年，第一家信托公司——中国国际信托投资公司在北京成立，它由国家前副主席荣毅仁于1979年10月4日创办，也是中信集团的前身。

此后各类型的信托投资公司在短期内迅速膨胀，这些机构与银行抢资金、挤业务、争地盘，严重冲击了国家对金融业务的调控，加之我国金融市场与金融机构制度不完善，许多信托机构经营带有盲目性，最多的时候发展到了几千家。此后国家开始对信托行业进行了前后六轮的清理整顿，信托公司的存款与结算业务被叫停，证券经纪与承销业务被剥离，信托开启了"信托为本、分业经营"的发展模式。截至目前，信托公司仅剩 70 家，正常经营为 68 家，成为金融行业的稀缺牌照。

信托之所以"副业变主业"，投融资成了主要职能，是因为其牌照的特殊性，就是投资范围最广，啥都可以投。公募基金只能投公开发行的股票和债券；私募股权基金可以投非公开的一级市场企业股权；银行理财主要投高等级的债券，非标资产能投但比例不能太高，但信托，啥都可以干，而且限制也很少。这就使得信托成了一个"大杂烩"，放贷的有，投资的有；风险低的有，风险高的也有。

1. 信托通道业务登上历史舞台

在"银行理财产品"一节中，我提到了银行为了绕过监管，将理财资金从表内转到表外给房地产等企业放款，就得找一个"替身"，比如信托公司。由后者发起一个信托计划，再由银行认购该信托计划，实现间接贷款给融资企业的目的，通过嵌套通道的方式隐藏资金端和资产端。

信托公司的通道业务最初是在 2008 年以"银信合作"的形式出现的，成为银行进行监管套利的通道。而原本的功能如财富传承、税务筹划、风险隔离在我国还没有发挥出来。

在此背景下，信托公司的管理规模开始大踏步式增长，全行业管理的信托资产规模在 2010 年首次超过公募基金资产总额，2011 年底超过了证券公司，2012 年又超过了保险业资产总额。此时的信托管理规模仅次于银行理财，位于行业第二，在 2017 年高峰时行业规模高达 26 万亿元人民币。

再加上当时市场的资金面宽松，在大量资金催生下，信托项目的融资成本比较高，对应着信托的利息就高，信托一度还成为"刚兑"的代名词，很多人认为信托是一种收益又高又没风险的理财产品，所以成了高净值人士的首选理财方式。

信托的投资门槛很高——100万元起，让很多人望而却步，一些大公司的热销产品还将门槛提高到300万元。

2. 去通道、去嵌套之下信托规模下降，爆雷频发

在2018年4月《资管新规》落地后，信托作为非标资产的大户，在去通道、去嵌套的严监管氛围下，规模持续收缩。根据中国信托业协会发布的数据，截至2021年9月底，全国68家信托公司管理的信托资产规模为20.4万亿元，较2017年减少了5.8万亿元，已被公募基金赶超，而且后续产品规模很有可能会继续下降。

比规模下降更惨的是，信托产品违约事件不断。

数据显示，继2020年信托违约项目金额超过1600亿元之后，2021年前11个月，信托行业又发生了250起违约事件，涉及违约金额高达1250.72亿元。其中房地产信托涉及违约金额达707.43亿元，排名第一，成为行业违约的"重灾区"。

除了房地产信托爆雷以外，投资于城投类企业的信托违约风险也不可小觑。投向城投企业的信托在2018年首次爆出违约。

3. 信托产品的分类

如果按投资领域划分，可以分为工商企业信托、基础设施信托、房地产信托、金融机构信托和公益信托。

目前房地产信托仍然是占比最高的，截至2021年底，房地产信托占全部存量信托的56.69%。其次就是基础设施信托，也经常被称为政信类信托，占比21.64%。

什么是政信类信托呢？就是以国有城投融资平台为融资主体的信托项目，多以债权项目为主，债务人大多为当地重点城投公司，融资用于建设当地基础设施。

工商企业类信托顾名思义就是融资方是个别企业。公益信托也称作慈善信托，出于公共利益，为使社会公众受益而设立的信托。

金融机构信托主要是指和金融机构合作的信托产品，比如证券投资信托（阳光私募）就是投资到证券市场的信托产品。以前很多私募

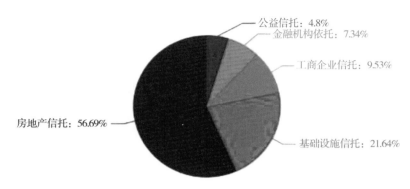

图 4-5　按投资领域划分各类信托的占比情况

基金管理人在没有产品发行资质前就是通过信托的通道来发行产品，投资到二级市场从事定增、打新、"固收 +"等业务。

4. 信托相比其他理财产品的优势和不足

优势主要体现在投资范围广，既可以投资融资类项目，比如房地产、基础设施建设等实业项目：又可以投资资本市场，比如股权、股票、债券、商品市场等多类别金融资产，还可以用作家庭资产配置的家族信托。横跨货币市场、资本市场和实业三大市场，同时还拥有投资范围灵活、财产风险隔离等制度优势。

缺陷主要在：

（1）传统业务难以为继

传统上，信托作为融资通道的业务，面临着高收益的风险大、风险低的收益率大幅下降的局面，信托"高收益低风险"的形象崩塌，业务难以为继。

（2）新方向上主动管理能力不足

在融资类信托规模压降下，信托公司的发展趋势将逐渐转到投资类信托上，以后信托公司将会发行更多的标品信托，主要投资于股票、债券、证券投资基金、REITS、期货、金融衍生品等。

这些资产价格都由公开市场价格决定，所以产品收益率要根据所投资产的表现而定，不像前几年的信托产品会给客户一个预期或者约定的年化收益率。而这些资产的投资都是信托公司之前不擅长的，想要与基金公司、证券公司等资产管理机构同台竞技，信托公司的主动管理能力就必须提高，但主动管理能力短期内快速提升的可能性较低，暂时不得不借力私募基金开展 FOF/TOF 等业务。

5. 信托产品如何筛选

（1）筛选投资领域和行业

不同类型的信托产品涉及的领域不同，投资风险也会存在差别。要关注信托投资项目所在领域未来的增长能否稳定持续，优选盈利能力稳定的行业。由于近些年融资类信托爆雷较多，应适当规避房地产融资类信托，谨慎选择欠发达地市级的政信类信托。

如果投资证券投资类信托，要看产品的主动管理人是哪家公司，基金经理过往业绩如何，产品长期业绩以及各个阶段业绩在行业排名是否始终保持在前 1/2 或者前 1/3 的位置。因为这类产品证券公司、基金公司也都有，所以选择的余地会更广，建议谨慎对比。

（2）优选过往业绩稳健、风险准备金充足的信托公司

查询一下信托公司的历史违约事件，出现一两只产品违约有可能是公司看走了眼，但是如果涉及的违约产品规模较大，数量较多，说明这家公司的风控能力不足。

表 4-7 是用益信托网根据信托公司已公布的信托资产、注册资本、固有资产、业务收入、净利润、清算收益等六个指标综合计算，得出的一个综合实力排名，大家可以参考。

表 4-7　2020—2021 年信托公司综合实力排名

信托公司	资本实力	盈利能力	业务能力	理财能力	抗风险能力	综合实力	
	得分	得分	得分	得分	得分	得分	排名
平安信托	95.51	76.04	74.84	23.85	37.01	307.25	1
重庆信托	80.41	97.07	37.17	20.02	41.38	276.05	2
中信信托	43.44	39.19	50.08	37.94	37.54	208.18	3
华能信托	28.31	51.21	53.62	28.35	34.25	195.64	4

华润信托	32.48	36.98	50.28	34.67	30.5	184.91	5
建信信托	32.71	34.74	57.66	28.34	27.72	181.17	6
光大信托	20.02	34.9	59.01	36.02	24.26	174.22	7
五矿信托	30.24	36.99	37.68	33.52	32.68	171.11	8
中融信托	29.46	22.19	31.4	38.96	30	152	9
外贸信托	23.91	23.39	35.71	36.74	30.6	150.35	10
上海信托	23.66	30.6	32.53	21.39	29.24	137.42	11
中航信托	17.45	32.44	29.47	33.32	24.72	137.39	12
江苏信托	28.8	35.26	17.6	23.83	31.59	137.08	13
兴业信托	34.79	26.59	27.03	19.5	27.71	135.62	14
交银信托	17.7	23.85	24.13	25.9	26.42	118	15
百瑞信托	13.07	25.59	25.2	23.31	21.94	109.1	16
英大信托	12.65	27.23	21.31	17.89	29.47	108.54	17
中诚信托	21.9	22.24	19.06	18.25	26.87	108.32	18
国投信托	12.85	29.45	20.83	21.35	22.25	106.73	19
中铁信托	15.3	23.77	23.37	17.53	26.45	106.42	20
华宝信托	14.88	20.82	19.73	21.16	24.92	101.51	21
昆仑信托	19.52	22.6	13.32	20.5	24.79	100.73	22
粤财信托	10.5	24.08	17.98	25.73	19.91	98,21	23
财信信托	10.46	21.02	25.78	16.29	22.61	96.15	24
北京信托	12.71	22.42	15.86	21.08	23.36	95.44	25
华鑫信托	12.86	20.16	19.37	21.87	19.83	94.1	26
山东信托	14.9	18.71	17.51	18.89	23.61	93.62	27
渤海信托	16.16	11.43	20.96	23.55	19.82	91.92	28
陆家嘴信托	10.09	25	19.88	21.49	15.32	91.78	29
爱建信托	11.33	25.48	16.11	16.1	20.92	89.95	30
中建投信托	12.31	15.79	18.23	20.87	17.09	84.28	31
长安信托	10.45	15.2	24.88	18.96	14.26	83.75	32
杭州信托	6.06	24.88	9.85	23.61	18.82	83.22	33

续表

西藏信托	6.69	15.13	12.9	26.93	18.78	81.43	34
天津信托	7.93	17.5	20.91	18.69	15.85	80.87	35
陕西国投	15.25	11.4	16.98	16.02	19.86	79.52	36
苏州信托	6.6	19.47	11.51	19.09	21.71	78.37	37
厦门信托	8.07	19.37	18.96	17.18	14.36	77.95	38
中海信托	7.97	11.65	19.22	16.85	21.91	77.61	39
国元信托	10.93	15.15	12.77	15.93	22.28	77.06	40
国联信托	6.75	20.46	8.91	16.63	22.64	75.39	41
东莞信托	6.91	17.62	9.04	20.24	20.8	74.6	42
紫金信托	6.03	19.55	12.85	19.99	16.07	74.5	43r
中原信托	11.61	8.9	14.58	18.79	20.52	74.39	44
万向信托	4.06	24.19	11.55	21.05	13.33	74.18	45
国通信托	9.04	12.68	14.83	19.59	17.85	73.99	46
民生信托	14.59	4.47	13.72	23.45	15.89	72.12	47
西部信托	7.15	11.17	15.76	20.44	16.76	71.28	48
中泰信托	5.33	12.46	4.88	17.49	30.56	70.73	49
云南信托	4.26	12.44	18.37	19.37	14.39	68.84	50
中粮信托	6.52	11.87	12.94	20.45	15.62	67.4	51
北方信托	5.97	13.63	11.06	16.25	20.1	67.01	52
华澳信托	6.11	15.83	8.75	16.42	14.23	61.35	53
华宸信托	1.37	6.86	3.28	18.06	30.81	60.38	54
国民信托	3.77	9.95	11.58	14.27	17.64	57.21	55
金谷信托	5.52	6.46	14.24	13.14	15.31	54.68	56
浙金信托	3.26	8.81	10.83	19.21	11.78	53.9	57
大业信托	3.14	8.3	11.28	14.22	15.21	52.15	58
吉林信托	5.71	3.91	6.49	20.44	12.04	48.59	59
山西信托	2.83	5.01	8,46	16.92	12.65	45.86	60
长城信托	1.3	−0.77	3.87	8.46	26.23	39.09	61
安信信托	7.51	−44.01	0.75	18.87	−34.48	−51.37	62

图片来源：用益信托网

如何确认一个理财机构的合法性

前面我们大略地介绍了一些除公募基金之外常见的理财产品，这些都是合法的理财产品。这些年，随着老百姓口袋里的钱越来越多，各种非法或灰色的所谓理财产品也越来越多。

合法的理财产品可能不适合你，但它不会出来就是奔着洗劫你的钱包来的。而非法的所谓理财产品，产生的唯一目标就是坑你的钱。所以，合法的理财产品我们可以挑选，但非法的理财产品则一定要远离。

那么，怎么来识别一个理财产品是合法还是非法呢？

合法的理财产品有正规的生产、销售机构。理财行业其实和医疗行业很类似，医疗是为了救人，理财的目的就是救钱包，两者的终极目的都是让你有尊严地活着。这两个行业除了目的相同外，组织的形式也非常类似。

1. 生产机构（资产管理人）要正规

医疗行业参与者有上游的制药厂、中下游的药品销售机构和医院，其中重要的制药厂不是随便建个厂子就能运作，生产药品要有严格的资质要求。

相对应的，理财行业也有这样的分工体系，生产理财产品的机构也要受严格监管，且必须有监管机构发放的牌照。否则，就不属于正规金融机构。

注意，这里面没有任何例外，不要相信任何从政府监管机构查不到名单的理财机构发行的产品，它们全都是非法的。个人投资者能接触到的理财产品，它们的质量监督管理机构（监管机构）就两个：中国银行保险监督管理委员会（简称"银保监会"）和中国证券监督管理委员会（简称"证监会"）。

银保监会的许可证信息查询网址：

https://xkz.cbirc.gov.cn

证监会的监管对象查询网址为：

http://www.csrc.gov.cn/csrc/c101969/zfxxgk_zdgk.shtml

所以，只要是这两个委员会官网的名录中查不到的，都是非法金融机构（私募基金是个例外，信息可以通过中国证券投资基金业协会官网查询，而基金业协会也是接受证监会指导和监管的机构）。

2. 购买渠道（基金销售机构）要正规

医疗行业上游的制药厂合法生产的药品，想要顺畅到达医院，还有重要的一环需要把控，就是销售环节。因此，医疗行业要求销售机构持牌上岗，一是保证销售的药品都是正规厂家的产品，不被来路不明的假药滥竽充数；二是保证药品价格的统一合理，不会哄抬价格恶意炒作。

理财行业也是一样，理财产品的销售机构也必须持牌经营。所有能公开合法销售理财产品的机构，都接受银保监会或证监会的监管，也都能在以上官网中查到相关信息。否则，也一样不是正规机构。

私募基金销售目前还没有限制，但一定要明白，销售虽然没有限制，但买的产品一定要是合

图4-6　理财魔方具有基金销售牌照和保险代理牌照

法的私募基金，意思是产品管理人一定在基金业协会官网中的"私募基金管理人分类查询公示"中。

所以，大家买产品，首先要确保产品的管理人有牌照，是正规机构；其次要确保产品的销售机构有牌照，受监管保护。两者都满足，才是正规的、受监管的理财产品。

下面我们通过举例，展示如何查询一家机构是否正规。

以理财魔方为例，我们展示一下如何判断理财魔方所在公司是否是正规销售机构。

1. 具有基金销售牌照

理财魔方的主体——玄元保险代理有限公司，是一家持牌的基金销售机构，证照齐全，经营合规。理财魔方销售的所有金融产品都是受监管保护的合法合规的金融产品。销售牌照截图如下，同时也可以在证监会官网查询到。

2021年4季度，基金代销机构公募基金保有规模前100家中，玄元保险代理有限公司位列第83位，成为代销规模前100名中的一员。

图4-7 证监会网址中可以查询到公募基金销售机构相关信息

2. 销售的产品以公募基金为主、安全可靠

理财机构提供的理财产品以公募基金和基金组合为主，每个组合都是由多只公募基金构成。前面我们介绍过，在中国，公募基金接受最严格的基金行业监管，有独立的第三方银行托管资金。理财魔方全程接触不到钱，从而保证资金划转的安全性。

而且，组合中的每一只公募基金，其管理人也都可以在证监会官网上查询得到，以"大成沪深300A"为例（见图4-8），可以在监管机构官网查询到基金的备案信息，公募基金产品的合法性无须怀疑。

3. 购买产品查询透明

成功购买组合后，投资者还可以直接去对应的公募基金管理人官网上查到成功购买基金的信息（见图4-9）。

因此，平台有牌照、产品合规、后续查询透明，这些都结合起来才是合法的金融产品投资。现在很多机构打着互联网金融之类的幌子，做的是非法金融甚至集资诈骗的事情。

大家一定要按照前面那个查询流程去确认你购买的任何理财产品的合法性，以防上当受骗、钱财受损。

图4-8　大成沪深300基金在证券业协会上的产品公示

好。到这里，关于产品筛选的部分我们就讲完了。筛选完产品是不是理财就完成了？显然不是。筛选好了东西，什么时候买？买多少？什么时候卖？卖多少？这是家庭理财中第二层次的问题。我们在下一篇"资金进出结构篇"里详细给大家讲。

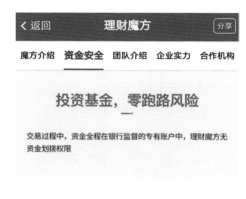

图 4-9　在理财魔方购买的基金查询流程

资金进出结构篇

我国的公募基金行业有个怪事：基金的收益率并不低，成立以来年化收益超过了 15%，但基民盈利的并不多。按照基金业协会的统计，大约不超过 3 成。

导致这个差异的原因是什么呢？

基金的收益率是按照最开始的 1 块钱到最后涨或跌到多少钱来计算的。比如说，一只基金，开始投入 1 元，一年后变成 2 元，收益率就是 $(2-1)/1 \times 100\%=100\%$，1 年收益率为 100%。再一年后变成 1.5 元，那这一年里的收益率就是 $(1.5-2)/2 \times 100\%=-25\%$，当年收益率为 −25%。如果算 2 年收益率的话，则是 $(1.5-1)/1 \times 100\%=50\%$，2 年收益率为 50%。

但是我们实际投资的时候，资金是在变动的，一般不会开始就"一把梭"，把所有的钱都投入进去。典型的方式是什么呢？

以前面那个基金为例子。开始投入 100 元，结果第一年涨得挺好，年底算账很开心，觉得找到了发财之路，一把投了 10000 元。这个投资 2 年结束的时候是啥结果呢？

第一年投了 100 元，基金收益率 100%，挣了 100 元，本金合计 200 元；第二年投入 10000 元，本金合计 10200 元，但第二年基金收益率 −25%，当年直接亏损 2550 元，扣减掉前一年挣的 100 元，两年投资合计亏损 2450 元。

　　你看，基金的两年收益率是 50%，我们的实际投资收益是 −2450 元。导致这个差距的"罪魁祸首"，就是中间的那个资金进出结构，或者直白地说，就是买卖时机的选择。

　　投资收益 = 基金的收益率 × 投入的资金。选对好的产品，只能说做对了这个事情的一半，而做好基金的投入退出，才是做好了另一半。两半的好合成一个好，投资收益才能好。前面例子里那个错误的资金进出结构，叫"倒三角形资金进入，正三角形资金退出"，即俗称的"追涨杀跌"，是这个基金投资者亏损的主要原因。

　　除了追涨杀跌，还有哪些错误的资金进出结构呢？什么是正确的资金进出结构呢？本篇我们就来解决这两个问题。

第五章　错误的资金进出结构

2017 年诺贝尔经济学奖得主理查德·泰勒写了一本关于行为经济学的书叫作《"错误"的行为》，书中提到了一段作者当年在教授微观经济学时的经历。当时在上这门课的时候，班上很多学生对他很不满，原因不在于他的授课内容，而是因为一次考试。

他将班上的学生分为三组，分别是优等生、中等生和后进生。考试的内容被设定为只有优等生才能回答出来的问题，也就是说考试很难，结果班上学生的分数差异很大，全班平均分只有 72 分。为了防止学生不满，作者刻意不提供具体分数，而是用 ABCD 来代替分数的区间，但这并没有什么用，学生们还是很不满。

之后，作者又做了一个实验，他将总分从 100 分提高到 137 分，难度则比上次略微提高了一些，全班的平均分最终为 96 分，学生们则表现得十分开心。所以从那时开始，作者在每一次考试时都将总分定为 137 分。他这么做的目的有两个：第一，这样的分数会让学生们很开心；第二，把分数还原回百分制是一件麻烦的事情，学生们也不会这么做。从此以后，学生们再也没有抱怨过考试难的问题了。

第一次考试总分 100 分，均分为 72 分；第二次考试总分为 137 分，均分为 96 分，但是把这个成绩转为百分制时，实际上均分只有 70 分，还不如第一次。按理说学生们不应该感到高兴才对，但为什么只是改动了一个分数标准就可以让事情的结果截然相反呢？这其实就是人类的非理性行为在作祟。

　　人类与《星际迷航》中斯波克那样不懂情感的理性人完全不同，不管是超市购物、商业谈判，还是申请抵押贷款，我们都会存在某种偏见。换句话说，我们的行为并不理性，甚至在传统经济学家看来是"错误"的。更重要的是，这种"错误"的行为会导致严重的后果。

　　投资也是一样，即便我们选到了好股票或者好基金，但是由于错误的交易习惯导致赔钱的案例却比比皆是，我们自认为对的投资方式往往让我们输得很惨。如果不直视这些行为背后的原因，可能我们永远也跳脱不出这个怪圈。

　　本章我们就一起来分析大多数人习以为常的资金进出结构为什么很难帮我们赚到钱。

没有计划的频繁交易

一、频繁交易容易亏钱

在很多投资者看来，频繁交易才能让他们实现财务自由的梦想。频繁交易者希望通过少而多次的收益，日积月累后获得可观的复利收益，比如每交易一次只要有 0.5% 的收益，那一年（按 100 次交易）下来就会有超过 60% 的收益。

但是现实情况真的如此吗？

曾经有一组数据统计，说 10 万元以下的 A 股账户，平均的持仓周期是 14 个交易日。

如果按交易日来看的话，大约是 3 周的时间，而很多散户觉得自己的持仓根本不可能有那么久，通常在几个交易日内就会有很多的变化。之所以平均持仓的周期会如此之久，主要原因是跌的时候，会被动地延长时间周期。有一部分"僵尸"账户，是从交易最频繁的历史高点，被迫持仓数年之久，才拉长了整个散户的持仓周期。现实交易中，绝大多数的散户，持仓周期在 3~5 个交易日，有一些甚至更短，1~2 个交易日就会出现交易的举动。

而机构投资者则持股半年以上，机构往往是做中长线交易的。令人感到奇怪的是，在股市中频繁交易的股民很难赚到钱。

对于基金投资，其实跟股票投资一样，也是遵循只有少数人赚钱的原则，而不是一些人认为的买了基金就能稳稳赚钱。最近一份基金研究数据，就很好地说明了基民亏钱的一个原因。

2021 年，景顺长城、交银施罗德、富国基金三家公司联合发布了《公募权益类基金投资者盈利洞察报告》（以下简称《报告》），统计了 4682 万个主动权益类基金客户账户的 5.65 亿笔交易数据。其中，有三个基金的长期收益数据，"景顺长城内需增长"自 2004 年成立至今 17 年，累计收益 2414%，"交银精选"成立 16 年累计收益 1356%，还有大家熟知的朱少醒的"富国天惠精选成长"，成立 16 年累计收益 2034%。这三只基金如果能长期持有下来，绝对可以走上人生巅峰，比投资房子还要赚钱。但买过它们的基民赚钱情况却并不理想，能在它们身上赚钱的基民比例只有 61.74%~65.76%，也就是只有三分之二的基民在它们身上赚了钱，而赚钱基民中的平均收益只有 8.63%~22.28%，相比基金 13~24 倍的收益差远了；如果算上三只基金全部的基民客户，平均收益只有 8.85%，连它们收益的零头都不够，还不如存银行呢。这就是典型的基金赚钱而基民不赚钱。

《报告》中还统计了基民盈利的分布情况。截至 2021 年 3 月 31 日，持仓时长小于 3 个月的平均收益率为 –1.47%，持仓时间 6~12 个月的基民平均收益率为 10.94%，而持仓时间在 120 个月以上的基民平均收益率实现翻倍，为 117.38%。

而且，持仓时长越短，盈利人数占比越少；持仓时长小于 3 个月的基民盈利占比只有 39.10%，而持仓超 120 个月的基民盈利人数占比为 98.41%。可见基民盈利水平与持仓时间有很大关系。

还有一个指标可以衡量基民的真实赚钱能力，就是"加权平均净值利润率"，即持有人在某个期间的平均持有收益，结合持有人每天的申购赎回情况，得到的一个平均利润率。一般在基金披露的定期报告中可以看到这个指标。我们统计了 2021 年全市场的 9882 只基金，发现 2021 年只有 3068 只基金的加权平均净值利润率高于基金的年度收益率，占比近三成，也就是说有 70% 左右的基金，基民是跑不赢基金的。这里面还包括了货币基金、债券基金，如果只统计偏股型基金的话，这个比例会更低。

二、频繁交易的缺点

第一，交易是要有成本的，不管股票涨与跌，散户买卖股票都是要交税的，由于频繁交易，单次收益率不高的情况下，成本就构成了很大的一部分。房产由于交易成本高，交易手续麻烦，几乎没有人去频繁做交易。因此，能够长久持有。但股票投资者，总是忍不住去操作，如此一来，很容易犯前面那个错误。

我认识一个股龄近 10 年的朋友，几十万的账户却能够在一年里，创造近千万的交易量，换手率相当高。我们算一笔账，5000 万元的交易量，一年要交 2.5 万元的印花税和 1.25 万元的佣金，这加起来就有 3.75 万元了。几十万元的账户一年能赚 10 万元就非常了不起了，但是成本就要付出 3 万多元，更何况大多数人也不大可能在一年中用几十万赚上 10 万元。那如果换成买基金呢？这个成本恐怕就更高了。

表 5-1　某只公募基金赎回费率标准

适用金额	适用期限	赎回费率
——	小于 7 天	1.50%
——	大于等于 7 天，小于 30 天	0.75%
——	大于等于 30 天，小于 1 年	0.50%
——	大于等于 1 年，小于 2 年	0.30%
——	大于等于 2 年	0.00%

第二，频繁交易会投入大量的精力，这对交易者的要求非常高，这既要交易者及时发现异动个股，迅速抓捕，而且还要有极强的执行力，果断止盈。同时，还要有交易系统支持你，方便快进快出，就好像量化交易的模型一样。每一个环节都要保持参与市场，不能离场，否则只要有一个环节出问题，频繁炒股就可能带来判断失误。

第三，频繁交易会影响心态，导致投资者进行情绪化交易，让人陷入重复性循环中，而没有时间去提高投资能力，没精力去研究股票上涨的根本原因，既浪费了时间，又损失了大量的金钱。

第四，频繁交易可能会导致踏空市场。在市场上涨时，基民的平均收益率往往跑不赢基金，因为市场行情好时，大部分人倾向后半场进入，从而错失市场底部反弹的机会。而一般市场大涨不是在牛市而是在底部反弹时发生。投资里有句著名的话：大跌时你不在，上涨时

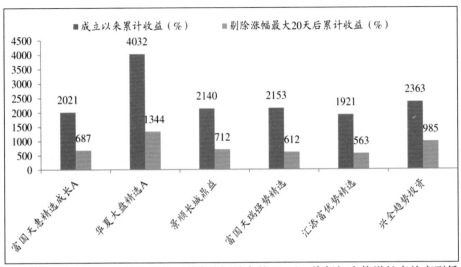

数据来源：Wind, 东吴证券。剔除涨幅最大的 20 天，将复权净值增长率从高到低排序，将前 20 名假设为零增长，根据调整后的净值增长率计算得出累计净值增长率。截至 2021 年 11 月 15 日。

图 5-1　基金投资大部分的收益由少数上涨阶段贡献

你也会缺席。基金投资的大部分收益由少数上涨阶段贡献，剔除历史上涨幅最大的 20 天，基金收益将大幅缩水（见图 5-1）。

每个人都希望通过频繁交易，能够让自己的财富快速升值。但是，在经过几轮牛熊市洗礼之后，我们发现股民越是频繁交易，越是亏损惨重。因为多做多错，少做少错，不做才不错。

三、没有计划的频繁交易更容易亏钱

理论上，持仓的周期本身并没有对错一说，如果每天买入，次日卖出，你赚钱的概率更高，那持仓 1 天也是对的。如果买入后等了 5 年，结果还是亏了，那持仓再久都是错的。所以，我们这里说到的频繁交易，更多的是讨论一个盈利概率的问题。

股市就像个巫师，最擅长的就是利用行情的上下波动误导你做出错误的决策。用感觉来指导投资的人，都亏得挺惨的。如果你之前炒股亏过钱，你可以回忆一下，自己之前是不是都是跟着感觉走。买卖股票并没有严谨的逻辑和纪律，仅仅是感觉跌多了就买，感觉涨多了就卖。

如果你没有明确的交易计划，很容易导致交易节奏被打乱，一会是这个想法，一会又是另一想法，那么就变成了情绪主导的交易，赔钱的概率会更大。

什么是有计划的频繁交易呢？

基金投资方法中有一个叫网格交易。简单说，就是先把你的钱，分成相等的两部分：一部分买入你看好的股票或者基金，一部分放在口袋里备用。如果你买的股票或基金不断地下跌，你就把口袋里的钱拿出来加仓；相反，如果你买的股票或者基金涨了，就把它们卖掉一部分，换成钱放进口袋。

就像图 5-2 一样，一个格子代表 10% 的波动，价格每波动 10%，就相应买卖 10% 的仓位。

相比没有计划的频繁交易，在震荡市中，网格交易通过严格的投资纪律帮助投资者做高抛低吸，保住了部分利润，它的亏损肯定要比跟着感觉走小。

但是，当市场持续上涨时，不论是不是有计划的交易，频繁操作都可能会错失大牛市。比如，我们在大盘 1000 点的时候建仓，然后大盘一路上涨到 6000 点。使用网格交易，当大盘涨到 2000 多点的时候，按照交易指令的话，可能早已经把持仓卖光了。2000 点到 6000 点的

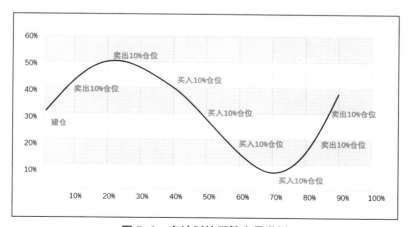

图 5-2　有计划的频繁交易举例

获利，可能和你就没有关系了，这就是所谓的丢了西瓜捡了芝麻。

现实生活中，大部分人很难做到执行严格的交易纪律，所以频繁交易只能增加犯错的概率，减少我们投资的胜率。而且，还会消耗我们大量的时间和精力去盯盘，可谓得不偿失。那么正确的资金进出结构应该是什么样的呢？我们接着往下看。

波段操作式的追涨杀跌

为何要做波段，是因为投资者认为可以通过择时判断来挣钱。而择时是很受争议的，支持和否定其作用的各种正反面研究都有。越是管理规模大、越注重单纯价值投资和长期持有的机构，可能越不喜欢择时。在它们看来，择时能提供的超额收益有限且不稳定，且可能混淆自身的投资风格。比如，巴菲特就表示不喜欢择时。

但本质上，价值高低的动态判断需要以时间为依托。从理论上来讲，无论大盘、行业还是企业，都存在一定的景气度周期，因此如果能够对周期规律有所预判和把握，就可以比不计时点一味死守收益要好。纵观每年的基金业绩领跑者，几乎都是在准确的时点选择了好赛道和好股票。但是，基金业素有"冠军魔咒"一说，意思是没有哪一只基金可以连续获得单年度的业绩冠军，这就证明虽然踩准时机可以获得短期的可观利润，但是人很难每次都踩准节奏，这里面不排除有运气和孤注一掷的押注之嫌。

一、追涨杀跌是最常见的波段操作

追涨杀跌在金融学中叫动量交易，是一种投资策略。20世纪90年代，美国金融学者研究发现，如果某个月的月末，将市场上所有的股票按照当月的收益率排序，按收益率分成几组（比如10组），然后买入收益率最高的那一组（相当于买入涨幅为前10%分位的股票），卖出收益率最低的那一组（相当于卖出涨幅为后10%分位的股票，这些基本是负数，在亏损）。这个简单交易策略会在接下来的3~6个月中带来很高的收益率。这个研究引起很大轰动。很多基金经理纷纷采用这个方法套利。那么这个策略的长期业绩如何呢？

易方达基金曾经做了一个测算，用美国第一只开放式股票基金——马萨诸塞投资信托基金（MIT）（见图 5-3），模拟一个追涨杀跌买基金的策略——净值上涨超过 10% 就全仓买入该基金，净值下跌超过 10% 则全仓卖出。从 1986 年有日频数据以来，到 2021 年 6 月底，这个"追涨杀跌"的策略实现了不错的回报，可以取得本金 24 倍的收益。

我们再来看看，使用"买入持有"策略的收益情况会如何？同样从 1986 年有日频数据开始，如果我们买入后不进行任何交易，一直持有到 2021 年 6 月底，可以拿到 30 倍的收益，高于"追涨杀跌"策略。

就连机构投资者通过追涨杀跌都跑不赢长期持有的收益，那么对个人投资者而言，收益率恐怕更惨不忍睹。

这种情况 A 股同样适用。易方达基金以中证主动式股票型基金指数为例（见图 5-4），同样上涨 10% 全仓买入该基金指数，下跌 10% 则全仓卖出该基金指数。2016 年以来，按照这个"追涨杀跌"的策略买卖股票基金指数，仅实现 41% 的收益率，而 2016 年第一个交易日买入并持有该指数岿然不动，可以获得 68% 的收益率，可见"追涨杀跌"比买入持有的收益率低 27 个百分点。

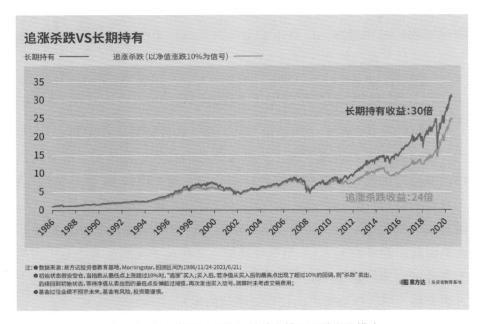

图 5-3　以马萨诸塞投资信托基金模拟两种交易模式

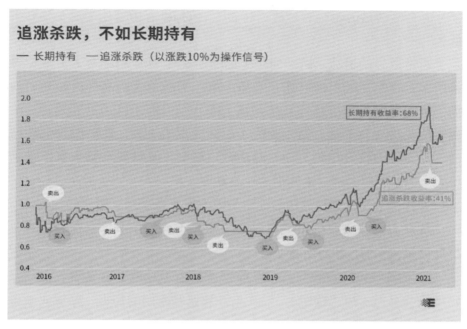

图5-4　以中证主动股基指数模拟两种交易模式

注：①回测标的为中证主动股基指数（930890.CSI），追涨杀跌阈值设定为10%。
　　②数据来源：易方达互联网投教基地，Wind，回测区间为2016年1月4日—2021年4月16日。
　　③初始状态假设空仓，当指数从最低点上涨超过10%时，"追涨"买入指数；买入指数后，若指数从买入后的最高点出现超过10%的回调，则"杀跌"卖出指数。后续回到初始状态，等待指数从卖出后的最低点反弹超过阈值，再次发出买入信号。测算时，假设在一次完整的买入卖出交易中，总交易费用为0.7%，并在买入时统一扣除。
　　④基金过往业绩不预示未来，我国基金运作时间较短，不能反映证券市场发展所有阶段。

二、追涨杀跌为何演变成"高买低卖"

　　追涨杀跌本身而言并没有错，错的是不确定因素太多。在投资中投资者往往采取追涨杀跌策略，是因为他们认为价格会持续上涨或者持续下跌一段时间，他们理想的状态是"低点买，高点卖"。但是，上涨或下跌到底会持续多久、幅度多大，其实是很难预测的。之所以大部分人会亏钱是因为想着"低买高卖",但是做着做着就变成了"高买低卖"。

通常散户的追涨杀跌画面是（见图 5-5）：在股票第一天上涨觉得是诱多,在第二天上涨时还在观望,第三天股价大幅高开已经开始动摇,第四天股价不出意外又是大幅上涨开始后悔不已,第五天封涨停板无法买进着急上火,第六天终于不计成本追进去,此时股价上涨已经乏力,主力拉升出货完毕,然后散户被套。杀跌呢？第一次下跌觉得是假的,幻想会涨,谁知道会一直跌呢？最终安心当了股东。

为什么会改变交易的初心呢？是因为投资者受到了情绪的控制。

从众心理：股票价格越高成交量越大。也就是说,投资者在高位投资更多,在低位投资更少。

心理账户和持亏倾向：一旦股票（基金）亏钱了就拿着,一旦开始赚钱就马上卖掉（赎回）。损失 1 万块钱对人们的伤害,要远大于得到 1 万块钱获得的喜悦。

失控的恐惧：当股票下跌后的价格低于自己的成本价时,恐惧情绪就会打败理性占据上方,认为股价还会继续下跌,未来上涨的可能性已经不存在了,长痛不如短痛,于是开始以低于买入的价格卖出。

所以,追涨杀跌的时点很难把握,影响价格涨跌的因素太复杂了,而投资者不可能也没有办法将所有的影响因素都考虑进去。再加上没有严格的交易纪律,既可能导致"买在高点、卖在低点",也会因频繁交易而增加交易成本,降低收益。想减少亏钱的概率就要做到减少犯错的概率,这就不得不提到另一种交易模式——"买入并持有",具体请详见第六章。

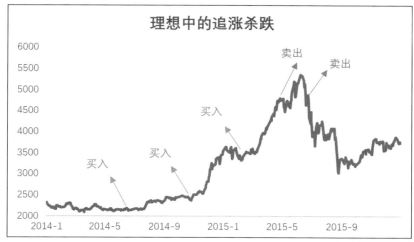

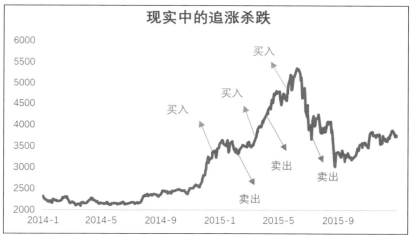

图 5-5 理想和现实中的追涨杀跌存在差异

第六章　几种正确的资金投入方式

　　前面我们介绍了错误的资金进出结构是什么样的，也证明了为什么波段操作式的追涨杀跌大多数人难以把握。虽然本质上都是遵循"低买高卖"，但是频繁做短线交易，意味着就要经常做决策。做的决策越多，失误的概率就越大，亏钱的概率也就越大。因为没有人可以精确判断未来的涨跌，拥有一只股票，期待它下个星期就上涨，是十分愚蠢的。如果你过于注重短期收益，你就会错失很多赚大钱的机会，而你赚的每一笔，都是高风险的小钱。

　　本章我将介绍几种被证明长期有效的资金投资方式，这将帮助我们在挑选风险匹配、收益适中的产品的基础上，增加盈利的胜率。

买入并长期持有

蚂蚁基金曾经做了一个统计，在该平台上的用户按照资金进出结构分成两种。第一种是追涨杀跌型用户。这类用户是单只基金每年交易 5 次以上，且追涨或杀跌的行为占总交易频次的 40% 以上。第二种是懒型用户，就是买入并长期持有。对比发现，对于同一只基金，两种用户的收益情况差别非常大，懒型用户收益率是 47%，他的交易摩擦、择时的行为只给收益带来 3% 的负面影响；而追涨杀跌的用户行为却带来了 28% 的负面影响，最终导致收益率只有 24%，远低于买入并长期持有的 47%。

99% 的人都是普通人，都有自己的能力圈。但在投资的时候，大部分人忘了我们是普通人这个"事实"。当市场上行的时候，人人都是"投资大师"，认为自己可以驰骋市场，然而市场会回归，潮水退去时"裸泳"的人在市场暴露无遗。而真正优秀的投资者，基本上是注重长期收益的。

买入并长期持有包含两个环节，第一个是买入，也是决定能否长期持有的关键。巴菲特认为买入股票应注意两点：买什么股票和买入的价格。巴菲特常引用传奇棒球击球手特德·威廉斯的话："要做一个好的击球手，你必须有好球可打。"如果没有好的投资对象，那么他宁可持有现金。据晨星公司统计，现金在伯克希尔·哈撒韦公司的投资配比中占 18% 以上，而大多数基金公司只有 4% 的现金。

"会买的是徒弟，会卖的是师傅"，虽有道理，但颠倒了主次，是投机者的思维。只有买好的、买得好，才有最终的利润来源。

第二个就是长期持有，不要随便因蝇头小利而去卖。如果股价已经到了你认为合理的价格，可以卖掉。但如果仅仅是因为股价涨了 30%、50%，别人劝你锁定利润，那就更像是波段操作。买入持有策略至少要在卖之前重新评估一下公司，是否因为当时市场的情绪对股价构成短暂影响。只要该公司仍然表现出色，管理层稳定，就应该继续持有。

巴菲特说过："如果你拥有很差的企业，应该马上出售，因为丢弃它才能长期拥有更好的企业。但如果你拥有的是一家好公司的股票，千万不要把它出售。"

一、买入并长期持有的优劣势

优势在于在长期上涨的趋势下全程参与，不会因为频繁操作而错失部分收益。并且可以节省很多不必要的交易成本。

有时候即便是好公司，买完之后也不见得立马上涨，你要做的就是耐心等待。就股市的发展局部与阶段而言，股价呈随机波动，但从5~10年来看，是长期向上的。长线投资的优势在于可以利用股市的长期向上性特征获利，短线投机是无法利用这种长期向上性特征的。

劣势在于在长期处于区间震荡的市场行情下，盈利不可持续，往往受到行业经营周期的影响，长期持有的收益可能并不大，需要做止盈操作。这就是为什么长期持有之前要对所投资的品种有充分的了解，大多数人因为做不到这一点导致缺乏信心而半途而废，所以买入并长期持有对很多人而言很难做到。

芒格在2021年1季度、3季度和4季度分别买入阿里巴巴的股票，基本上是跌了买、继续跌继续买的节奏。

我们回顾一下芒格买入阿里股票的操作：

2021年第1季度，芒格首次买入阿里股票，持有165320股阿里股票。平均收盘价为245.62美元，投入资金约4061万美元。

2021年第3季度，阿里股价继续大跌。芒格当季买入136740股阿里股票，平均收盘价约181.93美元，投入资金约2488万美元。持股总数上升为302060股。

2021年第4季度，阿里股价继续大跌，当季平均收盘价145.63美元。芒格翻倍加仓阿里，买入30万股，投入资金约4360万美元。

以此计算，芒格共计买入阿里60.206万ADR（美国存托凭证），耗资 1.09 亿美元，平均成本大约 181 美元。

芒格评价这次投资时说道："如果你投资有价证券，就将面临下跌的风险。但是持有一种正在贬值的货币风险更大。总的来说，我们更喜欢承担一定风险，我们不介意用一点点杠杆。阿里巴巴，我觉得是合理投资，至少目前来看，这种风险对我来说并不那么大。"

再比如伯克希尔买入比亚迪，背后也是芒格推动的结果。从 2008 年 9 月买入一直持有至今，拿了 14 年。投资大师一般的投资时间是非常长的，对于大部分普通人确实是很难做到的。

很多人抄底只看到大师的动作，没有看到大师的持有逻辑，所以投资结果一般不太好。大部分人坚持不住的根本原因在于：对买入品种没有信心，而且不具备忍耐的品格。大师买入时，也会遇到继续下跌的情况，但人家敢一直拿着，你却因为没有信心割肉卖出。

二、为什么明知道"买入并持有"有效但却很难坚持

1. 逆势投资需要理性、理智与忍耐

巴菲特远离那些自己能力所无法把握的投资品种。在 1969 年 5 月，巴菲特当年在人声鼎沸时解散了他的合伙公司，理由是买不到他认为合适的股票。投资大咖们往往在市场大跌时比较兴奋，而在市场大涨后往往更加警惕。因为越是下跌时越能找到被超卖的好股票，而价格涨上去后估值往往高于合理区间，股票价格绝对不可能无限期地超出公司本身的价值。

事实上，大部分股票经纪人不愿意推荐正在下跌的股票，因为客户从心理上厌恶下跌的股票。如果客户 30 美元买了股票，然后跌到 25 美元，经纪人不会打电话问客户想不想在 25 美元再买一些。接着，股票又跌到了 20 美元。经纪人一般不会让你继续买入，尽管这其实是好事，但是许多外行会非常紧张。所以能坚定选择在越跌时越买的人是非常少的，个人投资者很难做到。

2. 难在分清对错和确认自己的能力圈

每个人都有可能看错，如果股票运动趋势与自己的预期不一致，

要能辨认是当时自己看错了还是时间的原因。如果看错了，应及时止损。如果只是时间原因，那就坚持对的，耐心等待。

巴菲特投资成功与失败的比率是99：1。如此高的成功率背后，"能力范围"概念起到至关重要的作用。巴菲特形象地把"能力范围"比喻为棒球的"击球区"。能力范围使人产生一种控制感，控制感可以产生安全感，能够客观地评价机会的好坏，消除不确定性，极大地提高击球的命中率。

3. 难在目光长远而不急功近利

1957—2015年间，标准普尔500指数有12年的年度收益率是负的，而伯克希尔·哈撒韦除了2个下跌年份外，其他所有年份的投资均超过该指数的表现。长期下来，伯克希尔·哈撒韦的年化回报率超过了20%，实现了资金的复利增长。虽然普通人可能做不到这么高的年化收益率，但是只要我们保证每年投资跌得少一些，获得正收益的概率大一些，那么时间拉长，你会发现你的财富体量会成倍增长。

有一个办法可以实现这一目标，那就是持有多样化的资产组合，这些组合能够创造稳定的现金流，并且持续提供高于市场平均水平的资产回报。普通投资者要想做到买入并长期持有，最理想的状态是：选择一个自己和专业人士都认可的、长期业绩稳健的、专业机构管理的基金组合，这样我们就可以更好地坚持长期主义，摈弃短期交易。

当然，买入并持有不是说只能买一次，一次用掉全部钱。也有可能是多次买入，但是每次买入后都可以持有，这和波段操作是不同的。下面我们就讲讲如何实现分批买入并持有这一操作方式。

分批买入的定投模式

分析判断不能十拿九稳，阶段性的波动存在不确定性，所以要想长期投资，我们需要做好风险管理。最稳妥的方式是分批买入，基金定投就是典型代表。

"选股"与"择时"，是通过投资盈利最重要的两个因素，也是让我们亏钱的主要原因。通过选出合适的基金，一揽子打包优秀的股票，帮我们解决了"选股"的问题。所谓的择时，实际上是指投资者力图对市场的波动加以利用，通过判断未来走势涨跌，选择买入和卖出的时机。而定投，可以通过多次买入，摊平成本，帮我们避免"择时"的难题。

一、为什么说投资是反人性的

我们回顾一下散户心态图（图6-1，同图1-2），这张图讲的是股市中典型的散户投资心态。

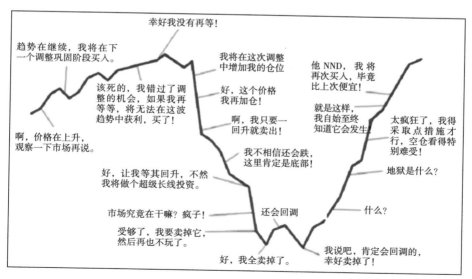

图6-1 经典散户投资心态图

仔细看这张图，你会发现大多数时候，亏损是在牛市发生的。这一点和很多人的想象正相反。不信你回想一下，在2014—2015年的牛市中，刚开始是不是没人关心股市？是不是等到股市已经明显涨起来了，身边的人才开始不停地谈论起股票、基金？

在股市涨起来后才开始投资，在价格高的时候买入，这是投资失败的开始。

导致投资失败的另一个原因是，在错误的时机补仓。

随着股市的上涨，最初买入的股票开始赚钱了，尝到了甜头，很多人会后悔买得太少了，赶紧追加投资，生怕错过赚大钱的好机会。和无法预判牛市的来临一样，几乎也没有人能预见到牛市的结束。你在价格高的时候已经投入了自己大部分资金，当熊市来临时既没有钱加仓，也没有胆量继续投入。很多人选择在底部割肉，或者干脆放着装死，不再看股海浮沉。

相反，等价格真的跌倒"便宜"的区间，大家却已经对股市心灰意冷，不敢再买了。

"低买高卖"的道理说起来人人都懂，但是真的做到却很难。想要克服贪婪与恐惧，不仅仅是普通投资者，其实是很多专业投资者也很难做到的事情。

可以说，投资失败的背后，体现的是人性的弱点。

二、定投的优势

1. 什么是定投

什么是定投呢？其实，定投只是一种买入的方法。是指定期拿出一笔钱，进行投资。

比如有些人习惯发了工资先存起来一部分作为储蓄，又如我们每个月扣掉的社保公积金，都是在做定投。而基金定投，无非就是把投资的对象换成了基金——比如每个月，买入固定份额/金额的某只基金。

2. 定投的好处

没有人希望自己"追涨杀跌"，但在实际行动中又很难做到。而定投，则是一定程度上能帮我们克服"人性的弱点"的投资方式。

具体怎么做到的呢？我们来举个例子帮助理解：

假设今天基金的价格为 1 元 / 份，你买了 100 份，也就是投资了 100 元。

假如明天股市突然暴跌，这个基金跌到只有 0.5 元 / 份，昨天你投资的 100 份基金，这时就只值 50 元了。但这时假如你再投资 100 元，因为此时基金价格非常便宜，只要 0.5 元 / 份，同样投资 100 元却可以买到 200 份基金。

结果就是你一共投资 200 元买回 300 份基金，你持有 1 份基金的成本就是 200÷300=0.66 元。只要第三天这个基金从 0.5 元涨回到 0.66 元，你就解套了，而等它涨回到 1 元时，你就赚翻了。

但如果我在最初基金净值 1 元的时候就把所有钱都投了进去，手里没有更多的弹药可以补仓。或者虽然手上还有钱，但因为看到这个基金跌了，自己之前投进去的钱亏了，就害怕不敢再买了，那就算这个基金将来涨回到 1 元，也只是刚刚解套而已。

但反过来说，如果现在正好是牛市，你在基金价格只有 1 块钱的时候没有全仓杀入，而是采取定投策略，一点点买，结果看着它从 1 块钱一点点涨到 1.5 元、1.8 元、2 元，定投的结果反而是你用相同的资金，在更高的价格买入了更少的基金份额，你实际上赚到的钱还不如你在 1 块钱的时候一次性买入来得多。

由此可见，基金定投的效果不是让你赚更多的钱，而是通过不停的分批次小额买入，使基金的收益曲线走势变得更平滑，也就是让基金的盈亏变得更加稳定，波动更小，从而在大幅降低基金投资风险的前提下，依然能获得较为可观的投资回报。

投资不光要看收益有多高，更要看你承担的风险有多高，也就是要综合评价收益和风险之间的性价比，从这个角度看，基金定投的性价比要比一次性买入基金高得多。

三、关于定投的误区

1. 定投不需要择时

听到这里，你可能会说："哦！我明白了，既然市场未来走势无法预期，我们普通投资者更是没有能力做择时判断，只要用基金定投的方式机械性地持续买入，做长期投资，未来就一定能赚钱。"

这话只说对了一部分，定投的确需要长期投资，但并不是完全不去挑选投资时机。基金定投只是放弃对市场短期波动进行判断，而不是放弃对市场长期大趋势进行判断。

6000 点的时候和你 3000 点的时候进场开始的定投，持有的成本肯定不一样，所以"解套"的时间也会有所区别。虽然从长期来看，这种收益相差不是特别大，但是在高位进场确实需要更长的时间解套。

如果你在亏损阶段选择退出，那么你可能面临着金钱与时间的亏损。

2. 基金定投一定能摊薄成本

我们在上面讲定投的好处时，举了一个例子，讲了通过小额分批次买入，是如何摊薄每份基金的成本的。但是，如果你每次投入的金额不变，定投的时间越长，摊薄成本的效果其实就越差。

举个例子给你看。

情况 A：

假设你刚开始定投，每次买入 1000 元，现在的初始价格为 2 元 / 份。那么在第 1 个月你可以买到 500 份基金。

第 2 个月，基金跌到了 1 元 / 份，同样定投 1000 元，你买到了 1000 份基金。

2 个月下来你买到了 1500 份基金，平均成本为 1.33 元 / 份。摊薄成本的效果非常明显。

情况 B：

假设你已经连续定投 20 次，同样每期投入 1000 元，20 次的平均成本为 2 元 / 份，那么 20 次下来，你已经累积了 10000 份基金，投入 20000 元。

第 21 次，基金忽然暴跌到 1 元 / 份，你花 1000 元买到了 1000 份。那么 21 次下来，你一共投入了 21000 元，买到 11000 份基金，平均每份成本为 1.91 元。相比之前 2 元的成本，摊薄成本的效果非常微弱。

情况 C：

第三种情况，假设第 1 个月基金价格是 2 元 / 份，但第 2 个月基金价格涨到了 3 元 / 份，第 3 个月甚至涨到了 4 元 / 份。

你会发现，虽然你在底部开始定投，但是由于基金价格涨得太快，你还没有来得及累积多少份额，每个月投入的 1000 元能买到的份额反而越来越少了。这样，还不如在第 1 个月一次性投入成本来得低。

所以说，定投不是万能药，它只是一种买入方式，它的作用是使基金的收益曲线走势变得更加平滑，让基金的盈亏变得更加稳定。

但是最终能不能赚到钱，还要看我们选的基金长期来看是否有投资价值，你有没有在合适的价格区间开始定投，以及坚持的时间是否足够长。

四、该拿多少钱出来定投

在开始定投之前，还有一件必须做的事情，就是做好定投规划——每个月该拿出多少钱来进行投资。

很多人在定投一开始比较随意，把每个月结余的资金放到定投里，当作强制储蓄了。但如果在开始定投时，设置的期望值太高，金额比较大，那么到后期，累积的份额比较大的时候，可能一天的波动就会造成几位数的浮亏浮盈，很有可能因为风险太高，承受不住而放弃。

另外，我们也不建议大家把每个月的大部分工资盈余都用作定投，因为定投是一个长期投资的过程，至少要保证这笔钱 3~5 年不被用到。如果把大部分盈余都用作定投而没有其他储蓄，那么到用钱的时候你可能就不得不打断自己的定投计划，中止定投，甚至提前赎回了。

我们为大家提供了 3 条参考标准。

1. 短期的钱不适合定投高风险的品种

原因我们在上面说过了，大家可以结合自己的人生阶段具体分析。

举个例子，如果这笔钱是准备明年用来装修房子的 20 万元，那么投资期限最长也就 1 年左右，而且这笔钱也承受不了什么风险，如果钱少了，装修水平就可能降级甚至计划搁浅。所以，要用到的短期资金，不适合做定投，日常消费支出的钱，也不适合做定投。

对于一些刚参加工作的人，除去日常消费支出之外，还会有一些结余，要积攒起来用来结婚、买房、买车等，这种叫中期资金。很多人选基金时，只是聚焦在基金本身的业绩上，却很少从自身出发，没有去想这只基金和自己的投资目标是否匹配。中期资金可以定投，但适合定投风险比较低的资产，比如债券基金。所以，因为投资目标不同，基金有时更应该作为理财工具而不是投机工具。

如果是收入稳定，钱的使用期限略长，那么就可以定投一些高风险的品种，比如沪深 300 指数等。多长的钱算是长期？建议以 1 年为界，1 年内要用到的，叫短期资金；1 年以上 3 年以下用到的，叫中期资金；3 年以上才用到的，叫长期资金。

2. 突如其来的大笔资金

除了每个月的固定工资，我们还会有年终奖这样的大额收入。这笔钱该如何分配到投资中呢。如果要做定投的话，建议大家把单笔的大额收入分成 10 份或者更多的份数，分批投入。

有时，投资者定投赚不到钱，其实是败在了单笔投入上，经常在高位大笔购入，导致定投的效果很低，有可能被套半年或者更长的时间，等到在底部区间的时候，却没有过多的资金购入，眼睁睁地错过它走出一条完美的微笑曲线。

3. 考虑自己的风险承受能力

定投这种投资方式，虽然在一定程度上使投资波动变得平滑一些，但是别忘了，我们依旧是把资金投入股市这类高风险资产中。

当我们投资了 1 年、2 年、3 年，本金已经累积了不小的数目。问问自己是否能够承受每日 2%、3% 甚至 5% 的波动？这笔钱最多亏损多大比例，你也不会很焦虑，依旧可以坚持定投呢？

在考虑到这些问题的基础上，再倒推，给自己设定一个"能睡得着觉"的定投金额。

以上就是我们关于定投金额的一些建议。总之，基金定投不是越多越好，还要和我们的投资目标、资金使用期限和风险承受能力相匹配，才能获得一个更安心的持续收益。

但是买基金前的这些考量，一般的基金销售机构是不会替你考虑的。对于有些传统的基金代销机构而言，由于基金销售任务往往是阶段性地集中销售某几只重点基金，加上对销售人员的绩效考核是和销售规模挂钩的，所以很容易推荐你一次性用大笔钱购买基金。

五、什么样的基金适合定投

最后，要嘱咐大家的一点是，既然基金定投的作用是平滑投资波动，那么适合做基金定投的基金类型当然也是要有波动的基金，在考虑资金使用期限的情况下，尽可能定投波动较大的资产。比如，短期资金的定投，不能选货币基金，至少要选择债券基金；长期资金的定投，优选指数基金，其次是主动型基金，因为主动型基金的波动大部分时候比指数基金要小，而且指数基金更易跟踪。

因为，基金波动越大，越能够通过时间平滑掉风险，降低持有成本，从而在牛市到来时获得一个相对满意的收益。如果选择货币基金或者债券基金，因其波动小，往往达不到我们定投的目的。

基金定投进阶之路（上）

前文中，我们讲解了最常见的定投方法——定时定额。也就是说，每次投入的本金是一样的，第一个月 10000 元，第二个月 10000 元，第三个月还是 10000 元，本金恒定不变。

这里我们将给大家介绍一种定投更高级的玩法——定时不定额。也就是跌了多投、涨了少投。长期看，这种定投模式能获得更好的投资回报。

但在具体操作的时候，怎样才能用科学的算法，做到"跌了多投，涨了少投"呢？或者说，我知道现在跌了应该多投，但具体应该多投多少呢？这就需要用到"价值平均策略"了。

一、价值平均策略

价值平均策略，英文叫 Value Averaging，最早是美国著名经济学家 Michael Edleson 在他 1991 年出版的《价值平均策略——获得高投资收益的安全简便方法》一书里提出的。你可以把它理解为一种升级版的定投策略。

这种策略关注的不是每月固定投入多少金额，而是每月基金市值固定增加多少。

举个例子：

假设第 1 个月，定投 10000 元，到了第 2 个月，假如运气不错，涨了 20%，市值变成了 12000 元。这时按照传统定投策略，还需要投入 10000 元本金，用现在比较贵的价格去买入更少的份额。

但按照价值平均策略，我们不再要求每月投入的本金恒定增长 10000 元，而只要求每月定投账户里的基金市值恒定增长 10000 元就可以了。也就是说，到了第 2 个月我的目标是市值增长到 20000 元，而不是投入的本金增长到20000元。

所以在这个案例中，第二个月需要定投的本金就是目标市值20000元减去第1个月投入的10000元涨了20%以后变成的12000元，等于8000元。

但如果第1个月投入的10000元跌了10%，变成了9000元市值，那第2个月就需要投入20000-9000元=11000元。

到了第3个月也一样，如果之前的20000元市值又涨了，变成了23000元，那就只需要再投7000元。如果跌了，变成了18000元，那就需要再投12000元。总之，就是要保证第3个月定投之后的市值在30000元就可以了。第4个月，保证市值到40000元；第5个月、第6个月以此类推。

针对卖出的情况，我们再来做个假设。

假如第1个月投了10000元后，股市在接下来的1个月里突然暴涨，到第2个月定投时，市值已涨到22000元，已经超过了我的目标市值20000元，怎么办呢？

为了保证我的目标定投市值是20000元，这时候我不但不需要再往里面投钱，反而要把比目标定投市值20000元多出来的这2000元卖掉。

这也是"价值平均策略"最特别的一点——当所投资产大幅上涨时可能导致卖出，而不是像定额定投那样一味买入，"价值平均策略"增加了卖出的指导原则。

这两条原则的核心在于，这个策略机械地逼迫我们必须进行高卖低买，从而克服人性的弱点，实现比定额定投更高的收益。

我们可以在表5-2中看到一张不同策略的收益对比：

表5-2　币值成本平均策略与价值平均策略1年期收益率的比较

年份	币值成本平均策略	价值平均策略	年份	币值成本平均策略	价值平均策略
1926	18.07%	18.31%	1960	12.03%	12.42%
1927	36.41%	37.30%	1961	20.95%	21.33%

1928	48.37%	48.91%	1962	4.63%	5.66%
1929	−32.31%	−30.92%	1963	17.48%	17.88%
1930	**−45.46%**	−45.82%	1964	13.04%	13.19%
1931	−60.22%	−58.23%	1965	15.52%	15.67%
1932	11.25%	25.86%	1966	−5.71%	−5.20%
1933	51.30%	67.51%	1967	19.55%	20.17%
1934	3.11%	4.47%	1968	19.62%	20.51%
1935	**66.43%**	65.37%	1969	−9.71%	−8.84%
1936	34.34%	34.81%	1970	**22.45%**	22.13%
1937	−47.67%	−48.21%	1971	13.09%	13.97%
1938	43.06%	49.02%	1972	17.11%	17.21%
1939	16.72%	19.64%	1973	−15.64%	−14.28%
1940	0.77%	2.79%	1974	−26.84%	−24.12%
1941	−11.89%	−11.73%	1975	15.74%	16.83%
1942	**33.65%**	32.97%	1976	18.44%	18.83%
1943	12.00%	13.15%	1977	1.45%	1.84%
1944	22.49%	22.74%	1978	7.46%	9.01%
1945	41.75%	42.06%	1979	21.67%	22.93%
1946	−13.22%	−12.20%	1980	39.30%	40.85%
1947	8.12%	8.41%	1981	−3.63%	−2.72%
1948	−0.73%	0.75%	1982	**44.85%**	44.30%
1949	**33.07%**	32.39%	1983	12.45%	12.93%
1950	35.61%	35.64%	1984	13.03%	13.73%
1951	18.73%	19.32%	1985	30.73%	30.86%
1952	15.13%	18.39%	1986	6.83%	8.32%
1953	6.30%	6.50%	1987	−21.14%	−18.38%
1954	53.14%	53.30%	1988	12.74%	13.14%
1955	25.71%	26.31%	1989	22.71%	23.52%
1956	6.41%	7.10%	1990	0.12%	1.28%
1957	−16.65%	−16.62%	1991	26.07%	27.23%
1958	**49.72%**	49.26%	平均内部收益率	12.61%	13.77%
1959	11.93%	12.25%			

（注：投资频率为月度。收益率为年化内部收益率。粗体字是币值成本平均策略超过价值平均策略的年份。）

表 5-2 来自《价值平均策略——获得高投资收益的安全简便方法》一书，表格中比较了两种策略在美国股票市场 1926 年到 1991 年间每一年中的收益率。

我们详细研究图中的数据，发现"价值平均策略"在 66 年中有 58 年收益率较高，最高时比"币值成本平均策略"高出 16.21%，平均要高 1.24%；另外 8 年中低于"币值成本平均策略"的百分比不超过 1.06%，平均仅低 0.58%，无论在数量和频率上，"价值平均策略"的优势明显。

二、2 个小计算

与定额定投相比，用价值平均策略进行定投略显麻烦。首先它无法像定额定投那样设置每月自动扣款，需要你自己手动购买；其次，每次购买时，还需要计算一下当期应该购入多少。

不过这个计算并不难，只需要两步。

第一步：计算定投市值。用目标定投市值减去目前的真实定投市值即可。

比如这次的目标定投市值是 2 万元，而当前的实际定投市值是 11800 元，你这次需要定投的金额就是 20000-11800=8200 元。

第二步：计算份额。用第一步算出来的定投市值除以你要定投的基金最新的成交价。

比如最新价格是 1.2 元 / 份，那么 8200/1.2=6833 份基金。这就是理论上我们当期应当购入的份额。

这时候，场内基金定投就会出现一个问题，场外基金是以 100 元为最小单位申购的，而场内基金则是以 100 份基金为最小单位买入的。这时就需要四舍五入，把买入份额精确到百位数就行了。

在定投刚开始的时候，尤其是你的资金量比较小的情况下，四舍五入后的定投难免会产生误差，但不用在意，随着定投时间拉长和定投总额的提高，这点误差会越来越小，对长期定投收益的影响也几乎可以忽略不计。

三、适用范围

价值平均策略当然也不是万能的，它同样有自己的局限性和适用范围。

1. 更加适合场内基金

首先，它更适合用于定投像股票一样可以实时交易的场内基金。

我们知道，场外基金申购采取未知定价法，每天股市收盘后，到晚上基金公司才会公布当天的基金净值，因此我们获得的基金市值信息都是滞后的。如果我们等晚上基金净值公布后再去做相应的申购赎回，基金公司会默认为你是第2天提交的申购，自然会按照第2天股市收盘后的基金净值计算，我们仍然不能在白天获取。因为这样的时间差存在，就会导致我们无法精确地算出当期应该买入多少市值。

所以这种定投策略更适合像股票一样可以实时交易的场内基金，比如 ETF 基金和 LOF 基金。另外，场内基金的买卖只需要支付最低 0.01% 的券商交易佣金，相比场外基金，买卖一次的手续费最高可以节省 97%，交易成本大幅降低。

2. 更加适合熊市、震荡市

价值平均策略这种方法虽好，但是如果在定投初期就赶上了大牛市，其实就不太适用了。

原因也很好理解。按照价值平均策略，市场不断上涨，当市值增加一些，就有可能赎回基金。到头来，就会遇到手里拿着钱，但是投不出去的情况，不利于本金积累。如果碰上 2005—2007 年那一波大牛市，价值平均策略的投资收益仅为普通定投的一半。

但是在熊市和震荡市中，这个策略的效果却很好。我们以震荡市为例，通过数据对比可以更直观地看到优势。

下面两张表，表中基金的净值都是从1到1，均属于震荡市。从这两张表的结果来看效果。

表6-2 波动小的市场下定期定额策略和价值平均策略收益率比较

月份	净值	定期定额				价值平均			
		当月投入	当月份额	累计份额	累计价值	当月投入	当月份额	累计份额	累计价值
1	1	1000	1000	1000	1000	1000	1000	1000	1000
2	1.2	1000	833.33	1833.33	2200.00	800	666.67	2000	1666.67
3	0.8	1000	1250	3083.33	2466.66	1666.664	2083.33	3000	3750
4	1	1000	1000	4083.33	4083.33	250	250	4000	4000
合计		4000				3716.664		4000	
收益率		2.08%				7.62%			
当月份额 = 当月收入 / 当月净值 累计价值 = 累计份额 + 当月净值 累计份额 = 当月份额 + 上月累计份额 收益率 =（累计价值 – 总投入）/ 总投入									

第一张表中（表6-2），波动小的震荡市中，定期定额收益率为2.08%，价值平均收益率为7.62%。

表6-3 波动大的市场下定期定额策略和价值平均策略收益率比较

月份	净值	定期定额				价值平均			
		当月投入	当月份额	累计份额	累计价值	当月投入	当月份额	累计份额	累计价值
1	1	1000	1000	1000	1000	1000	1000	1000	1000
2	1.3	1000	769.23	1769.23	2300	699.998	538.46	2000	1538.46
3	0.6	1000	1666.67	3435.90	2061.54	2076.924	3461.54	3000	5000
4	1	1000	1000	4435.90	4435.90	–1000	–1000	4000	4000
合计		4000				2776.922		4000	
收益率		10.90%				44.04%			
当月份额 = 当月收入 / 当月净值 累计价值 = 累计份额 + 当月净值 累计份额 = 当月份额 + 上月累计份额 收益率 =（累计价值 – 总投入）/ 总投入									

第二张表中（表6-3），波动相对更大的震荡市中，定期定额收益率为10.90%，价值平均收益率为44.04%。

所以，价值平均策略在震荡市中，相比定期定额策略有着非常明显的超额收益，并且，波动越大，超额收益越多。

另外还有一点，当资金积累得越来越多时，一旦发生较大幅度下跌，对现金流的要求可能非常大，对普通投资者来说，需要提前做好资金的规划，以备不时之需。

3. 几条小建议

综合这个策略以上的不足之处，我们提出三条小建议，可以适当增加策略的可行性。

（1）在市场走势较好时，基金的每月目标市值适当上浮。

（2）赎回、闲置的资金单独储存，可以放在货币基金中，作为下跌月份资金的补充。

（3）市场估值位于高估区间时，及时止盈见好就收。

基金定投进阶之路（下）

前文我们介绍了一种基金定投的操作思路，按照价值平均策略来做定投，在熊市和震荡市中，这个策略的效果要比定时定额的资金分配方式好。

接下来，我们聊一聊基金定投的另一种方法：按照估值高低来做定投，我们可以简单称之为"低估值定投"。生活中，我们买东西常常会货比三家，挑选性价比更高的商品。同样，投资也需要比较性价比。那么如何比较呢？

"估值"是股市中绕不开的话题，常被作为投资中的"锚"。低估值定投简单说就是根据估值水平调整定投金额，即每期定投金额根据跟踪指数的估值指标进行动态调整。在指数估值相对低位的时候增加定投金额，以获取更多的便宜筹码；估值相对适中，持续定投或减少定投金额；估值相对高位则考虑逐步卖出止盈。

低估值定投的好处在于：与普通定投相比，通过对市场估值水平的大致判断给出了明确的资金进出时点，辅助投资者抓住买卖时机，利用指数波动周期，低买高卖，获取盈利。

那么有哪些可以衡量估值的指标呢？

一、衡量估值的指标

1. PE 估值法

PE 是指企业以目前的盈利水平，持有该标的多少年能完全回本。

计算公式：PE（市盈率）=P（股价）/E（每股收益）

举例来说，买入 5.35 元 / 股的工商银行，目前每股收益率为 0.79 元，PE 为 6.77 倍，意味着要 6.77 年才能回本。

如果进一步细分，市盈率包括三种不同形式：

（1）静态市盈率：使用公司上一年度的盈利数据。

（2）滚动市盈率：使用公司最近4个季度的盈利数据。

（3）动态市盈率：使用预测的公司未来一年的盈利数据，一般较为常用。

从PE估值法的计算公式我们可以看出，里面没有考虑企业的净资产，没有考虑业绩增速，只假设了企业一直这样平稳经营下去。什么样的企业才符合这样的条件呢？那就是经营已经非常稳定的成熟型企业，比如目前的国有银行、家电巨头、医药巨头、基建巨头等成熟型企业。

2. PB 估值法

PB是指目前的股价与公司真实的每股净资产的比率。

计算公式：PB（市净率）= P(股价) / B(每股净资产)

举例来说，你以34.67元/股的价格买入每股净资产只有8.52元的陕西煤业，目前陕西煤业的PB为4.07。一般情况下，PB越小，安全边际越高。如果PB小于1，甚至低于0.8，是非常划算的。

从PB估值法的计算公式可以看出，里面没有考虑企业的盈利，也没有考虑公司的业绩增速，单纯就是从公司清算的角度出发，以现在的价格买下这家公司，然后退市清盘，到底划不划算。什么样的企业符合这样的条件呢？未来的盈利能力不稳定的企业就适合用PB估值法，比如传统行业钢铁、建材、制造业、地产、金融、有色金属、石油等。

3.PEG 估值法

PEG是由上市公司的市盈率除以盈利增长速度得到的数值。

计算公式为：PEG(市盈率相对盈利增长比率)= PE(市盈率) / G(企业年盈利增长率 ×100)

一般而言，0 < PEG < 1，表示公司业绩的增速超过了估值的增速，股价相对低估；PEG=1，表示公司业绩的增速等于估值的增速，股价正常；而PEG > 1，则表示公司业绩增速赶不上估值增速，股价相对高估。

举例来说，假设某只股票的市盈率为20，通过相关计算之后某投资者预测该企业的每年盈利增长速度为 10%，则该股票的 PEG 为 20÷10=2；如果盈利增长速度为 20%，则 PEG 为 20÷20=1。显然，PEG 值越低，说明该股要么市盈率低，要么盈利增长率高，从而越具有投资价值。

PEG 考虑到了企业的盈利、市值以及业绩增速，没有考虑到净资产。那什么样的企业比较适合这样的估值方法呢？一般行业或者企业处于上升阶段时，比较适合用 PEG 估值法，比如目前的医疗设备、5G、芯片、光伏等成长行业，对于这样的行业，其实它们的盈利不一定十分稳定，业绩增速也不一定能准确预测，所以在对企业进行估值时，还要参考一下其他估值指标。

在基金定投中，我们一般使用的是指数的估值而不是个股的估值。指数的估值当前是多少倍并不能看出来它是高还是低，只有放在历史中纵向对比才能知道当前估值在历史中的相对位置。这就需要用到估值的百分位，这里我们一般用的是 PE 估值的百分位。比如沪深 300 指数当前的 PE 是 10 倍，PE 估值百分位是 20%，意思是当前估值在历史中按从小到大排列，正好排在了前 20%，有 20% 的时间 PE 估值低于10 倍，剩余 80% 的时间超过了 10 倍，所以处于低估位置。

二、低估值定投策略的测算

我们从 2014 年 1 月 1 日开始，模拟定投华泰柏瑞沪深 300ETF 基金，跟踪的指数为沪深 300 指数，定投截止时间为 2021 年 12 月 31 日。

为了方便计算，我们设立一个定投规则（见表 6-4）。

表 6-4　定投规则

指数估值分位	估值位置	每月定投金额 / 元
X < 20%	显著低估	15000
20% ≤ X < 50%	相对低估	10000
50% ≤ X < 80%	相对高估	5000
X ≥ 80%	显著高估	0

　　图 6-2 为沪深 300 指数的估值百分位分布情况，我们按照定投规则，从 2014 年第一个交易日，即 2014 年 1 月 2 日开始定投，每个月默认 2 日定投一次，如果 2 日当天是非交易日，则自动顺延至下一个交易日。

图 6-2　2014—2021 年沪深 300 指数的估值百分位

　　我们按照定投规则，列出了低估值定投的交易记录，详情见表 6-5。

表 6-5　低估值定投的交易记录

定投日期	复权单位净值	当月投入金额/元	当月份额	累计份额	累计价值
2014.1.2	0.8915	15000	16825.57	16825.57	15000.00
2014.2.7	0.8489	15000	17669.93	34495.50	29283.23
2014.3.3	0.8403	15000	17850.77	52346.27	43986.57
2014.4.2	0.8361	15000	17940.44	70286.71	58766.71
2014.5.5	0.8266	15000	18146.62	88433.33	73098.99

2014.6.3	0.8263	15000	18153.21	106586.54	88072.46
2014.7.2	0.8416	15000	17823.19	124409.74	104703.24
2014.8.4	0.9299	15000	16130.77	140540.50	130688.62
2014.9.2	0.9341	15000	16058.24	156598.74	146278.89
2014.10.8	0.969	15000	15479.88	172078.62	166744.18
2014.11.3	0.9807	15000	15295.20	187373.82	183757.50
2014.12.2	1.1356	10000	8805.92	196179.73	222781.71
2015.1.5	1.4141	5000	3535.82	199715.55	282417.76
2015.2.2	1.2998	10000	7693.49	207409.04	269590.27
2015.3.2	1.3945	5000	3585.51	210994.56	294231.91
2015.4.2	1.5933	0	0.00	210994.56	336177.63
2015.5.4	1.852	0	0.00	210994.56	390761.92
2015.6.2	1.9931	0	0.00	210994.56	420533.25
2015.7.2	1.5997	0	0.00	210994.56	337527.99
2015.8.3	1.5033	0	0.00	210994.56	317188.12
2015.9.2	1.324	5000	3776.44	214770.99	284356.79
2015.10.8	1.299	10000	7698.23	222469.22	288987.52
2015.11.2	1.3701	5000	3649.37	226118.59	309805.08
2015.12.2	1.4664	5000	3409.71	229528.30	336580.30
2016.1.4	1.3671	5000	3657.38	233185.68	318788.14
2016.2.2	1.1667	10000	8571.18	241756.86	282057.73
2016.3.2	1.202	10000	8319.47	250076.33	300591.75
2016.4.5	1.2856	10000	7778.47	257854.80	331498.13
2016.5.3	1.2657	10000	7900.77	265755.56	336366.82
2016.6.2	1.2496	10000	8002.56	273758.13	342088.15
2016.7.4	1.2737	10000	7851.14	281609.27	358685.72
2016.8.2	1.2793	5000	3908.39	285517.66	365262.74
2016.9.2	1.3308	5000	3757.14	289274.79	384966.90
2016.10.10	1.3238	5000	3777.01	293051.80	387941.97

2016.11.2	1.339	5000	3734.13	296785.93	397396.36
2016.12.2	1.417	5000	3528.58	300314.51	425545.66
2017.1.3	1.341	5000	3728.56	304043.07	407721.76
2017.2.3	1.3492	5000	3705.90	307748.97	415214.91
2017.3.2	1.3769	5000	3631.35	311380.32	428739.56
2017.4.5	1.405	5000	3558.72	314939.04	442489.35
2017.5.2	1.3738	5000	3639.54	318578.58	437663.25
2017.6.2	1.4006	5000	3569.90	322148.47	451201.15
2017.7.3	1.4744	5000	3391.21	325539.68	479975.71
2017.8.2	1.5309	0	0.00	325539.68	498368.70
2017.9.4	1.5677	0	0.00	325539.68	510348.56
2017.10.9	1.5816	0	0.00	325539.68	514873.57
2017.11.2	1.6278	0	0.00	325539.68	529913.50
2017.12.4	1.6366	0	0.00	325539.68	532778.25
2018.1.2	1.6585	0	0.00	325539.68	539907.57
2018.2.2	1.7327	0	0.00	325539.68	564062.61
2018.3.2	1.6295	0	0.00	325539.68	530466.92
2018.4.2	1.5759	5000	3172.79	328712.47	518017.99
2018.5.2	1.5255	5000	3277.61	331990.09	506450.88
2018.6.4	1.546	5000	3234.15	335224.24	518256.68
2018.7.2	1.3937	10000	7175.15	342399.39	477202.03
2018.8.2	1.3901	10000	7193.73	349593.11	485969.39
2018.9.3	1.3723	10000	7287.04	356880.15	489746.63
2018.10.8	1.3603	10000	7351.32	364231.47	495464.07
2018.11.2	1.3596	10000	7355.10	371586.57	505209.11
2018.12.3	1.3472	10000	7422.80	379009.38	510601.43
2019.1.2	1.2274	15000	12220.95	391230.33	480196.11
2019.2.11	1.3653	10000	7324.40	398554.73	544146.77
2019.3.4	1.5652	5000	3194.48	401749.21	628817.86

2019.4.2	1.637	5000	3054.37	404803.58	662663.46
2019.5.6	1.5186	10000	6585.01	411388.59	624734.71
2019.6.3	1.5029	10000	6653.80	418042.39	628275.91
2019.7.2	1.638	5000	3052.50	421094.90	689753.44
2019.8.2	1.5716	10000	6362.94	427457.84	671792.74
2019.9.2	1.6162	10000	6187.35	433645.19	700857.36
2019.10.8	1.6119	10000	6203.86	439849.05	708992.68
2019.11.4	1.6701	10000	5987.67	445836.71	744591.90
2019.12.2	1.61	10000	6211.18	452047.89	727797.11
2020.1.2	1.7408	5000	2872.24	454920.14	791924.98
2020.2.3	1.5447	10000	6473.75	461393.89	712715.14
2020.3.2	1.7037	10000	5869.58	467263.46	796076.76
2020.4.2	1.5625	10000	6400.00	473663.46	740099.16
2020.5.6	1.6467	10000	6072.75	479736.22	789981.63
2020.6.2	1.6718	10000	5981.58	485717.79	812023.01
2020.7.2	1.8296	5000	2732.84	488450.63	893669.27
2020.8.3	2.0266	0	0.00	488450.63	989894.05
2020.9.2	2.0599	0	0.00	488450.63	1006159.45
2020.10.9	1.9912	0	0.00	488450.63	972602.90
2020.11.2	2.0084	0	0.00	488450.63	981004.25
2020.12.2	2.1562	0	0.00	488450.63	1053197.25
2021.1.4	2.2411	0	0.00	488450.63	1094666.71
2021.2.2	2.3387	0	0.00	488450.63	1142339.49
2021.3.2	2.2742	0	0.00	488450.63	1110834.42
2021.4.2	2.1946	0	0.00	488450.63	1071953.75
2021.5.6	2.1544	5000	2320.83	490771.46	1057318.04
2021.6.2	2.2542	0	0.00	490771.46	1106297.03
2021.7.2	2.1771	0	0.00	490771.46	1068458.55
2021.8.2	2.1263	5000	2351.50	493122.97	1048527.36

2021.9.2	2.1023	5000	2378.35	495501.31	1041692.41
2021.10.8	2.1285	5000	2349.07	497850.38	1059674.54
2021.11.2	2.0905	5000	2391.77	500242.16	1045756.23
2021.12.2	2.0978	5000	2383.45	502625.61	1054408.00
赎回日期	复权单位净值	总计投入成本/元	累计份额	累计价值	累计收益率
2021.12.31	2.1325	620000	502625.61	1071849.11	72.88%

可以看到，从 2014 年 1 月开始定投，截至 2021 年年末，共定投了 96 次，总计投入的金额是 62 万元，期末基金的累计价值为 107.18 万元，8 年时间累计的收益率达到 72.88%，平均年化收益率为 9.11%。

我们如果按照定期定额的方式，即每月固定金额进行定投，不考虑指数估值分位的话，也按照总投入金额 62 万元来计算，那么定投 96 次，平均每次定投金额为 6458.3 元。截至 2021 年年末的累计收益率是 48.96%，平均年化收益率为 6.12%。相比低估值定投的 72.88% 少了 23.92% 的收益率。

表 6-6　定期定额定投方式累计收益率

赎回日期	复权单位净值	总计投入成本/元	累计份额	累计价值	累计收益率
2021.12.31	2.1325	620000	433077.42	923537.59	48.96%

综上分析，将估值策略和定投相结合的"低估值定投"，可以获得更好的投资体验。

既然我们的参照指标是指数的估值，所以在选择基金时，我们优选跟踪指数的指数型基金，比如我们选择参照沪深 300 指数的估值，那我们就可以选择沪深 300ETF 基金来定投，这是最严格的"低估值定投"。

三、主动型基金如何做低估值定投

可能有的朋友会说："如果我不喜欢买指数型基金，我只习惯于买主动投资型基金，那么'低估值定投'是不是就不适合我了？"其实也可以"曲线救国"。指数基金除了宽基指数以外，还包括行业指数、风格指数。如果我们知道一只基金的行业主题风格，也可以通过对应的行业指数或者风格指数来进行跟踪，这里就不展开了。

方法中的估值指标的选择、具体比例和数字的选择，需要投资者根据自身实际情况进行调整，这里只提供大致思路给大家。既然选择定投，就要做好长期投资的心理准备，一般要 3~5 年，甚至更长。所以无论是哪种定投方式，都要有足够的耐心。

基金何时该赎回

该不该赎回，需要满足以下四个条件之一：

● 买入时的投资逻辑还成立吗？

● 现在的价格是不是特别贵了？

● 卖掉手里的，有更好的投资选择吗？

● 我能承受现在的风险吗？

在前文中，我们讲了不同种类的基金该怎么挑选、怎样配置，以及投资基金的方法。本文中，我们将要解决一个很现实的问题——买了之后什么时候卖呢？

其实这也是我日常听到用户问得最多的一类问题："马老师，我的基金跌了 15%，要不要割肉啊？""我的基金已经涨了 30%，该不该卖掉呢？""定投 2 年了，收益跟银行理财差不多，我还要不要继续投？""股市涨得这么好，现在是不是该把'温吞吞'的债基卖掉，都换仓到股票基金上？"

要提前说明的是，本书不能给你一个万能公式，明确告诉你什么时候卖掉你手上的基金。我们能为你做的是，在你投资之路的开始，为你提供一次作为长期投资者的心理建设。当你面对风云变幻的市场时，可以更加坚定地做出选择。

一、投资的赚钱原理

基金何时该赎回，其实就是投资中该不该止盈止损。在回答这个问题前，请你先想一想，投资中怎样才能赚到钱？

我们在最开始其实就回答了这个问题：找到正确的资产，在正确的价格买入，持有并享受复利带来的奇迹。也就是巴菲特的滚雪球理论。

拿股票来说，很多人经常会把关注点放在大盘点数上：3000 点能不能定投？3500 点了该不该卖掉？跌到 2500 点了要不要清仓？

这其实是一个典型的错误认知，相当于你把注意力都放在上蹿下跳的价格上，而不是这只股票背后的企业未来持续盈利的能力如何，还有没有价值增长的空间。

如果你看好一家公司和它所在的行业，看好它未来的盈利空间，那为什么要因为大盘短期波动就卖掉，而不是趁着价格便宜趁机扫货呢？

作为投资者，在投资之后我们应当关注的是：你投资的资产无论是股票、基金还是债券，是不是可以源源不断地产生现金流。

二、止盈止损线有没有效

很多人会在投资基金时给自己画一个止盈线、止损线，比如赚到 20% 就卖出，赔了 10% 就清仓等。

看似十分有投资纪律，但这样的方式不一定有效。

比如在熊市底部，给自己设置了 20% 的止盈线，往往就会错过大部分上涨空间——股市刚刚启动，你已经卖出离场了，后面再怎么涨都和你没关系了；假如在牛市的时候，你给自己设置了再翻 1 倍的止盈线，那你的"严守投资纪律"就变成了"高危动作"。

止盈止损线，一定不是刻舟求剑，没有理由随便给自己画一个 10%、20%、30% 的线，还是要回到资产的价值本身去思考。

三、什么情况下要卖出

那么，在什么情况下可以卖出也就是赎回基金呢？我认为可以简单总结为以下四点。

1. 投资逻辑不再成立

举个例子，我们讲指数基金的时候有一个说法，买指数就是买国运。因为指数基金是买入一揽子上市公司的股票，再加上随着经济的发展，这一揽子上市公司留存下来的都是越来越优质的公司，也会不断产生收益，因此指数的长期走势一定是向上的。这就是我们投资指数基金的基本逻辑之一。

但这句话也有个前提，就是在国家经济基本面没出现问题的情况下。如果国家的基本面出现问题，比如遇到战争动乱、金融危机等，那么此时就要对指数基金的投资逻辑打个问号了。

回到主动型基金也是一样，我们讲主动型基金时说要看四点：看公司、看基金经理、看业绩、看规模，一旦其中一点不再符合你当初买入时筛选的条件，此时你就需要对这只基金进行重新评估。

比如曾经的明星基金经理王亚伟，其掌管着华夏大盘精选基金，在其掌舵的 6 年多时间里，累计收益将近 1200%，年化收益率高达 49.8%，远高于同期上证指数的年化收益率 12.62%，期间排名也在所有基金的前 1%。但是 2012 年王亚伟卸任后，该基金更换了 7 位基金经理，基金业绩开始下滑，神话业绩不再持续，新基金经理们累计收益的排名还不到行业的前 30%。

当然举这个例子，不是说明更换基金经理后，基金的业绩一定会受影响。但是如果当初选择基金重点考虑的因素，比如基金经理的操作风格和投资逻辑发生了变化，还是提醒大家要提高警惕，重新进行风险评估。

2. 极度高估

这个也很好理解，就是你手中的资产太贵了。比如在牛市中，整体市场都非常狂热，这个时候你可能很难再按照价值投资的逻辑，在这个市场找到被低估的好公司。不断上涨的股价，代表着有人愿意出更多的钱，买你手中的资产。如果这个时候我们投资的股票、基金已经处于非常高估的区间，我们也可以选择卖出获利，落袋为安。

因为极度高估的市场，也意味着极度危险。关于基金何时被高估了，可以回头看看我们在指数基金实操课程中的知识点。

3. 出现性价比更高的投资机会

有时，我们投资的基本逻辑依然成立，资产的估值也没有极度高估，但是当我们发现了更好的投资机会时，也可以卖出手中的资产，换仓到性价比更高的投资机会上。

注意，这里我们用的是"性价比更高"而不是"收益更高"。风险和收益要同时考虑，相同的风险等级下，比较谁的收益高；相同的预期收益下，比较谁的风险低。

不过这一条规则，我们并不建议新手如此操作，因为没有十足的把握，风险就会非常大。毕竟买入时也是千挑万选的，除非十分确定，否则不要轻易操作。要理性分析，切忌这山望着那山高。

4. 考虑自己的风险承受能力

即便我们在开始投资时已经考虑了自己的风险承受能力，做了合理的配置。但是在投资过程中依然要定期测评自己的风险承受能力，复盘自己的投资组合是否符合最新的状态。

看看自己的投资组合是否与最初的目标偏离，随着市场的不断波动，现在的组合是否已经超过了自己的风险承受能力。

从单身到结婚生子，到上有老下有小，每个人在不同的阶段，风险承受能力不一样。

根据实际情况调整自己投资的风险水平，始终让自己可以"舒服"地投资。

资产配置篇

1994 年，赵丹阳从厦门大学计算机专业毕业，在开办电子厂之余，他喜欢炒炒股。1998 年，因为出色的投资能力受到亲友们的认可，被邀请赴香港专业为他们打理资产。2002 年，赵丹阳正式进入资产管理行业。他先是出任赤子之心中国成长投资基金（香港）的基金经理，后在深圳创立赤子之心资产管理公司。

2004 年，赵丹阳的深圳赤子之心资产管理公司和深国投成立了"赤子之心（中国）集合资金信托"，成为中国第一只阳光私募，赵丹阳因此得到了"私募教父"的称号。这个模式使得私募资产管理人得以曲线获得一个"阳光"的身份，光明正大地从事这个行业。这一举动改变了此前民间资产管理业十多年徘徊于地下的灰色境遇。

作为一名巴菲特价值投资的追随者，在当时整个市场还处在 "庄股思维"中时，赵丹阳就旗帜鲜明地提出"以实业眼光看待投资""寻找长期确定的投资机会"等投资理念，成为业内价值投资策略的倡导者之一。那时的赵丹阳认为自己实际上持一种极端保守的投资风格，他觉得风险的控制不在于投资目标的分散程度，而取决于投资目标的真正内在价值。

2008 年，赵丹阳以 211 万美元的天价拍下了 2009 年的巴菲特午餐约会，创下了"巴菲特午餐约会"价格的新高。

午餐前，赵丹阳给巴菲特带来了贵州茅台酒和东阿阿胶。2004 年，赵丹阳就买了茅台、五粮酒、汾酒等白酒股，如果一直持有，当然回报是非常丰厚的，但是和绝大多数人一样，赵丹阳也并没有坚持到最后。在价值投资中他渐渐发现任何产业都有兴衰期，即使像茅台这样的企业，在 2013 年也遇到了塑化剂事件，当时很多人选择卖出茅台避险。经历得多了，就会发现即便再好的公司，也不可能独立于所处的行业兴衰变革和国运起伏。

中国股票市场在 1996—1997 年那一波大牛市里，四川长虹、康佳、TCL、海尔、深发展等，是最好的龙头股。再看 2004—2007 年这一轮牛市，金融和地产是表现最好的板块。2000 年那段时间，诺基亚、摩托罗拉是多么强大，谁能想到诺基亚会倒闭！诺基亚曾说，他们的研发费用是苹果的 4 倍，花了那么多钱，却不知道自己犯了什么错误，就被淘汰了。所以说，产业有兴衰。

2008 年之后近 6 年的时间里，赵丹阳从 A 股市场消失，转而投资海外市场。但是在印度股市折损近 30% 的投资经历，让赵丹阳更深刻地反思和完善自己的投资体系。在 2016 年《致投资者的一封信》中，赵丹阳表示："随着投资经验的丰富，我们越来越认同资产配置决定了投资结果的 80% 的理念。"并且在采访中强调:"在不同阶段、不同地点，投资不同的行业。行业衰退时，很难说公司还会变得很强大。大部分企业的成功和行业形势、产业形势相关，在早期研究的时候，我们把更多的时间放在对公司的调研上，但是在今天，我们会把时间更多地放在资产配置上，研究国家、行业形势。"

在投资体系慢慢成熟之后，2021 年，他管理的两只海外宏观策略基金因业绩亮眼再一次得到内地投资者的关注，如今他对投资的理解恰恰证明了资产配置是投资成功的必经之路。

一个曾经以选股并持有且在其中挣到大钱的投资人，为什么会有这么大的转变？他从个股投资走向资产配置的"升维"之路，给我们什么启示？他在市场中沉浮多年后最终选择皈依的资产配置之路，究竟有什么魅力呢？

本篇，我们就讲讲什么是资产配置，怎么做资产配置以及如何选择资产配置等方法。

第七章　迷人的资产配置

为什么要做资产配置？因为单一资产波动太大了。

以美国为例，1980—1997 年，有 58% 的股票，跌幅一度超过50%；只有 6 只股票，最大回撤在 10% 以内。1998—2015 年，由于美国经历了 2 次系统性的危机，有超过 86% 的股票曾经跌幅一度超过50%；只有 2 只股票，最大回撤在 15% 以内。

A 股市场同样如此，再加上牛短熊长的特点，每当经济结构发生转型时，股市的波动幅度就会非常大。

之前看到一个股民（化名小王）分享的投资心得，正好就验证了从技术投资到价值投资再到资产配置的成长之路。这位股民大概是从2010 年开始接触投资，理工科出身，思维理性，并没有着急开户，而是开始学习研究 K 线和技术指标，最后得出结论：技术指标是必要条件，而不是充分条件。正当他迷茫无解之时，2011 年看到八个字"买股票就是买公司"，顿感醍醐灌顶，自此皈依价值投资。

他发现当时的银行和保险业绩优秀又被严重低估，之后的两三年时间里集中持有几只自己看好的股票，赚了一些钱。后来又开始买入股票指数基金，当时的恒生指数 PE 只有 7 倍，分红率在 4%。持有半年多时间，获得了几十个点的收益率。一路下来虽没亏过钱，但不代表过程一帆风顺。

随着投入的资金越来越多，个人精力受限，小王并不能把很多股票研究清楚，其实有些股票走势也并不与预期一致。其中买的一只港股虽有利好但却持续下跌，随即割肉止损，损失超过 25%。但是小王当时买的是一个股票组合，共有 6 只股票，除此之外还有指数型基金和债券基金，算下来这只股票只占总仓位的 5.3%，即便亏损 25%，对总市值也只有 1.32% 的影响。

在这件事上的教训让小王意识到"低估分散平均赢"的投资理念，也实实在在体会到了好处。试想如果当时重仓会是什么后果？自认为对一家企业研究得再深入再有把握又能保证什么呢？盈利概率才是投资者忠实的朋友。他后来分享他一直在读的大卫·斯文森的《机构投资的创新之路》彻底将他带上了资产配置之路。他说："资产配置是资金量变大后的必然选择，现在我的理念完善为'穷则低估分散平均赢，达则资产配置穿牛熊'。"

与小王相比，另一位股民分享的经历就没这么幸运了。

这位股民来自广东的一个县城，他拿着每年近 20 万元的工资，日常结余不少，所以一直有炒股挣闲钱的习惯。因为性格谨慎又隐忍，所以喜欢专买下跌股票，并且可以做到持有一两年不动，到合适的价位再卖出。几年的牛市下来，他靠着几万元几十万元的本金，以及融资加杠杆，最终成为千万富翁。看来，每一个投资成功的案例背后都有常人无法比拟的悟性或勇气。

股市十年风雨，赢得财富自由，本来是一个颇为励志的故事。可惜故事没有在这里画句号。转眼到了 2021 年，当年新能源股票大涨，而地产股、保险股一跌再跌。该股民还是按照过去的投资方法越跌越买，不但用自己的钱买，还融资加了杠杆。过去的成功经验让他更加有胆量放手一搏。结果天不遂人愿，转眼间千万资产只剩下 300 万元。

为什么资产价格总是涨涨跌跌？

任何一种资产都不可能一直上涨或者一直下跌。从过去 10 年各类资产的表现情况来看（图 7-1），在某一年收益排名第一的资产在之后的年份也可能排名垫底，反之亦然。

为什么不同资产在不同的时间段会涨跌不一呢？这背后的原因就是周期。万事万物都有周期规律，一年四季，潮涨潮落，周而复始。在投资领域，不同的资产同样有自己的波动周期，而且同一个资产还有长周期、中长期、短周期、超短周期。不同的周期影响因素是不一样的。

往长了说，苏联学者尼古拉·康德拉季耶夫（Nikolai D. Kondratieff）发表的《经济生活中的长波》一文中首先提出了康德拉季耶夫周期理论，具体指在资本主义经济中存在着 50~60 年的经济长周期波动，资源品价格从上涨到衰退，直到技术革命带来新一轮投资的井喷才能推

	2012	2013	2014	2015	2016	2017	2018	2019	2020	2021
投资表现好	房地产 31.7%	全球股票 20.3%	房地产 74.1%	房地产 53.3%	商品 11.4%	新兴市场 34.3%	中国债券 8.8%	中国股票 33.0%	中国股票 25.6%	商品 40.4%
	新兴市场 15.1%	中国股票 5.4%	中国股票 52.4%	中国股票 38.5%	新兴市场 8.6%	全球股票 21.6%	全球股票 -11.2%	房地产 25.9%	新兴市场 15.8%	全球股票 16.8%
	全球股票 13.4%	商品 -0.9%	中国债券 10.8%	中国债券 8.7%	全球股票 5.6%	商品 5.8%	商品 -13.8%	全球股票 24.1%	全球股票 14.3%	中国股票 9.2%
	中国股票 4.7%	中国债券 -1.1%	全球股票 2.1%	全球股票 -4.3%	中国债券 2.0%	中国股票 4.9%	新兴市场 -16.6%	商品 17.6%	中国债券 3.0%	中国债券 5.6%
投资表现差	中国债券 3.5%	新兴市场 -5.0%	新兴市场 -4.6%	新兴市场 -17.0%	中国股票 -12.9%	房地产 3.6%	房地产 -26.7%	新兴市场 15.4%	房地产 -8.6%	新兴市场 -4.6%
	商品 -0.3%	房地产 -11.9%	商品 -33.1%	商品 -32.9%	房地产 -19.1%	中国债券 -0.3%	中国股票 -28.3%	中国债券 5.0%	商品 -23.7%	房地产 -9.2%

图 7-1　近 10 年大类资产表现排名情况

动经济进入下一个周期，这就是所谓的"康波周期"。

康波周期其实是技术周期。例如，从较长的历史来看，全球的技术革命主要有蒸汽机时代（1782—1845年）、铁路时代（1845—1892年）、电气时代（1892—1948年）、自动化时代（1948—1990年）以及信息时代（1990年至今）。相应的，康波周期也是同步的。所以，康波周期的主要影响因素是社会经济运行的关键核心技术的更替。

中周期有朱格拉周期，又叫资本开支周期。这是以社会的设备投资占 GDP 比值来衡量的一个周期。本质上是投入—生产—过剩—衰退的一个产业投资循环周期。一般一个周期 9~10 年。朱格拉周期的主要因素是产业的兴衰。

短周期有基钦周期。基钦周期只有 3~4 年，驱动因素是企业的生产周期，企业生产开始有备货，中间要生产，最后产成品销售出去。这样的过程受到市场供求关系的影响，缺货了价格开始涨，有利可图了企业增加库存备货，产品生产多了、供应量增加了价格开始回落，回落了企业开始降低生产量连带着降低了原料库存。所以，基钦周期驱动因素是市场的供需关系。

任何一个资产都同时受着上面这些长中短周期的影响，此外，凡是在市场上公开交易的资产，都还受到一个超短周期的影响，那就是人心。人心易变，所以资产的价格就更容易波动。

不同的资产在同一个周期下表现是不同的。比如有名的"美林投资时钟理论"，通过对经济增长（GDP）和通胀（CPI）两个指标的分析，将经济周期分为衰退、复苏、过热、滞胀四个阶段。每个阶段的领涨资产不同，简单总结成：复苏期投股票、过热期投商品、滞涨期持有现金、衰退期投债券。

似乎这个过程很完美——我们只需要挑好不同的资产，按照每个周期的优势资产进行投资就可以了。

但是，资产的价格变动不是钟表：它不会按照精确的时间来临，也不会按照固定的涨跌幅度来临。每一次的时间长短和幅度大小都不确定，而这个不确定，往往就成了导致我们亏损的元凶。

为什么我们总会在涨跌里迷失？——我们不挣钱的根源

我们回忆一下"产品篇"第一章那个散户的心态图就会发现，我们往往是在底部忍不住卖掉了，而在顶部又忍不住买回来。

是一开始就打算这么做吗？显然不是。没有谁进市场是为了"追涨杀跌"、给别人当"韭菜"。大部分人进来的时候是想着要长期持有的。那为什么长期拿不住呢？

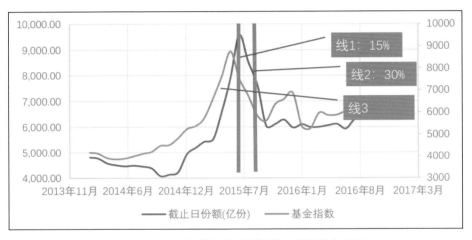

图 7-2　2015 年股灾前后股票基金的份额变化图

图 7-2 是 2015 年股灾前后股票基金的份额变化图。从中我们可以看到，投资者确实随着市场的上涨逐渐加大买入的量，但并不是一下跌马上就跑。投资者开始赎回的点，是资产回撤到近 15% 的时候。投资者开始恐慌性地巨额赎回，大量赎回产生在回撤到约 30% 的时候。

这说明，我们每个人对涨跌还是有一定的耐受度的，只是当涨跌大大超过了耐受度，才恐慌出逃。

根据我的观察，如果一个人在某个理财产品里放了比较多的钱（比如超过家庭可投资资产的 30%），95% 的人是承担不了超过 15% 的亏损的。在图 7-2 "2015 年股灾前后股票基金的份额变化图"里可以看到，由于大多数人的大多数资金是上涨后期追进去的，盈利有限，当基金净值高点往下降 15% 的时候，挣的钱基本就赔光了，开始赔本金，这时候投资者开始有一波赎回。但更大的赎回为什么会产生在净值高点往下掉 30% 的时候呢？因为这时候大部分的本金亏损接近 15% 了。

现在我们看一看常见的各类资产，最多的时候可能会亏多少（这个在金融上叫最大回撤）。

表 7-1　近五年各主要理财品种的最大回撤（2017—2021 年）

资产名称	近 5 年历史回撤
货币基金	0.00%
银行理财	−5.00%
偏债基金	−3.71%
偏股基金	−28.16%
股票（万得全 A）	−33.34%
信托	−100.00%
黄金	−19.34%

我们发现了什么呢？凡是收益率高的，最大回撤都远远超过了 15%，也就是超出了我们能承担的底线，所以，奔着高收益率去，往往结局是以失败收场。而不会越线的，收益率普遍不高。

如何解决这个问题，让风险不要太高，而收益不要太低？答案就是资产配置。

什么是资产配置？

简单来说，资产配置就是鸡蛋不能放到同一个篮子里。

但是这里有个误区，如果你把鸡蛋分散放到了 5 个篮子中，却用同一根扁担挑着这 5 个篮子，我们说这样的分散风险其实是无效的。

在投资这件事上，很多新手会犯这样的错误。经常有用户拿着他买的基金来给我看，让我帮忙分析分析。我一看，买了五六只基金，但是投资方向都集中在大盘股上，风格非常相似，几只基金往往同涨同跌。

这就是典型的无效配置，本质上还是把鸡蛋放在了同一个篮子中，没有降低风险。

那怎样才能做到有效配置呢？

我们要找到同一时间内，市场表现不一样的资产。对于基金组合投资而言，就是钱不能放在单只基金上，而是分散投资到不同类型的基金中。

这里面的投资关键就在于"不同的篮子"的关联度和相关性要比较低，譬如股票类基金和债券类基金就表现出了低相关性。所以，理解资产配置，先要了解一个关键指标。我们放到下一节再讲。

资产配置的关键指标——资产相关性

一、相关性和相关系数

刚才我们说，要想做到有效的资产配置，就要找到同一时间内市场表现不一样的资产。如何找到呢？这里有个关键指标，叫作"相关性"。

什么叫相关性呢？我们先来看图7-3。

图7-3是过去18年中，沪深300指数和上证50指数的走势图。从图中我们可以发现，两只指数除了涨跌幅度不相同，走势几乎是同涨同跌。

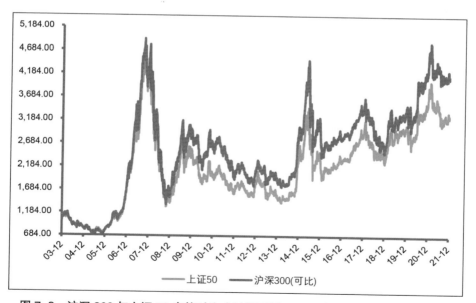

图7-3　沪深300与上证50走势对比（时间区间：2003年12月31日—2021年12月31日）

再来看图 7-4。

图 7-4 是沪深 300 指数和中证国债指数过去 18 年的走势图，你会发现两只指数之间好像并没有什么关联。任凭沪深 300 指数怎么上蹿下跳，中证国债走得都是缓缓的稳稳的，几乎没有波动。

如果你是投资者，你觉得这两种资产组合哪种配置更加有效呢？

答案肯定是沪深 300 指数和中证国债指数的组合。不难理解，因为当沪深 300 指数下跌时，国债指数并不会受到影响，甚至还在缓缓上涨。把钱放到这两种资产中，可以有效帮我们降低组合的整体波动性，达到分散风险的目的。

这就是资产的相关性原理。

怎样判断两种资产的相关性呢？这里要引入一个概念——相关系数。

"相关系数"是一个统计学的概念，被大量运用在投资中，用来平衡各种投资品种之间的风险和收益。相关系数越低的资产，越适合组合在一起。

相关系数的范围是 -1 到 1。

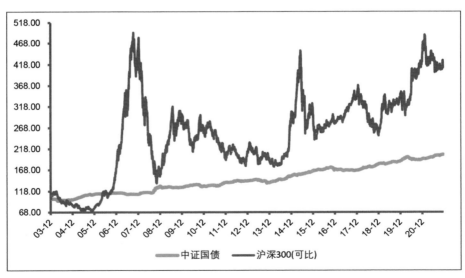

图 7-4　沪深 300 与中证国债走势对比（时间区间：2003 年 12 月 31 日—2021 年
12 月 31 日）

1代表完全正相关，波动方向完全一致，一旦发生了某些极端事件，可能导致所有资产同时大规模下跌，也就意味着更大的风险。

–1则代表完全负相关，两只产品之间波动完全相反，A涨的时候B跌，B涨的时候A跌。组合到一起，可以降低整体的风险。

二、资产相关系数查询表

我们为大家准备了一张直接可以查询各类资产相关系数的表格（参见图7–5），红色表示负相关。这个表格中包含了截至2021年，近10年国内主要资产代表指数之间的相关系数。

	沪深300	中证500	创业板指	债券	恒生指数	标普500	商品	黄金
沪深300	1	0.785	0.857	0.844	0.662	0.86	-0.757	0.275
中证500	0.785	1	0.89	0.551	0.418	0.523	-0.712	-0.189
创业板指	0.857	0.89	1	0.707	0.392	0.74	-0.676	0.086
债券	0.844	0.551	0.707	1	0.596	0.927	-0.845	0.265
恒生指数	0.662	0.418	0.392	0.596	1	0.662	-0.48	-0.065
标普500	0.86	0.523	0.74	0.927	0.662	1	-0.661	0.327
商品	-0.757	-0.712	-0.676	-0.845	-0.48	-0.661	1	0.096
黄金	0.275	-0.189	0.086	0.265	-0.065	0.327	0.096	1

数据来源：Wind（黄金用"标普高盛黄金全收益指数"代表，商品用"标普高盛商品全收益指数"代表，债券用"中证全债"代表。时间区间2011.11.30–2021.11.30。）

图7–5　资产相关性（周线）

使用方法是：任意选取两个你关心的品类，分别在第一行和第一列找到他们，横纵相交的表格中的数值便是他们的相关系数。

在表格中会发现，现实投资中，我们很难找到完全负相关的产品，只要把握相关系数越低越好的原则进行配置就好了。

除此之外，还可以通过观察两种资产的长期产品走势曲线图来判断相关性，走势越一致，相关性越高，反之亦然。

资产配置是如何做到降低了波动但不降低长期收益的？

资产配置就是把涨跌时间不同的一组资产搭配起来，有的涨的时候有的跌，这样，就把那个波动给抵消掉了。

那你会问了，涨跌都抵消掉了，不跌了，可也不涨了呀。

大部分资产都有个长期上涨的趋势，这个就带来资产的长期收益率。比如，股票后面的公司在运营，业绩会有增长；债券会有固定的利息；房子会有租金回报，等等。这就是资产长期上涨的来源。短期的价格则围绕着长期趋势起起伏伏。

所以，资产的走势 = 长期收益率 + 波动。

资产走势 – 长期收益率 = 波动

比如沪深 300 指数：

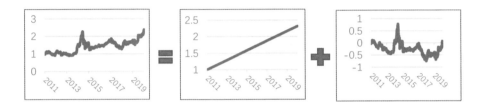

我们把各个市场的指数都这么分析，再简单加起来：

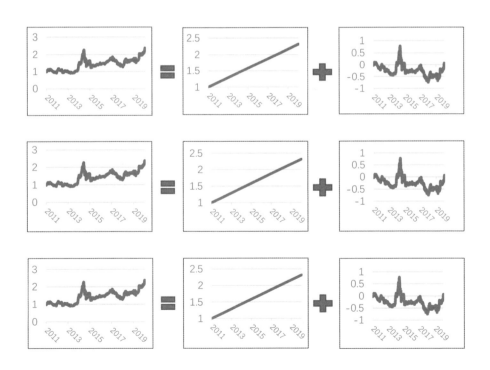

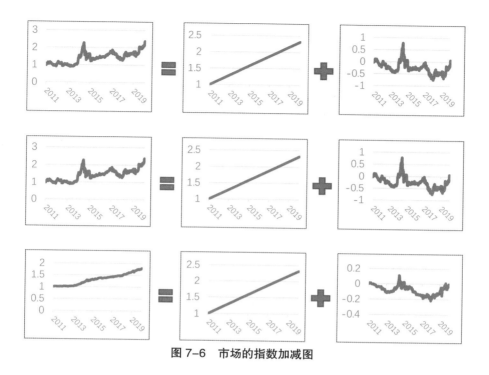

图 7-6　市场的指数加减图

可以看到：

把资产加起来，资产的长期收益率还是在的，这个长期收益率＝所有资产的长期收益率的平均值。

理论上，这个资产的波动＝所有资产的波动的平均值

但是这里面有个很重要的，就是咱们前面说的"相关性"。如果资产之间的相关性低，那它们虽然各有波动，但"步调不一"，你向上的时候我向下，你向下的时候我向上。如果比例配置适当，各资产的波动会在不同程度上形成抵消，这种抵消在金融上就叫"对冲"。

这就是资产配置的秘密，也是资产配置的迷人之处：既降低了短期波动，又不损害长期收益。所以，1990 年诺贝尔经济学奖获得者马科维茨曾经说过一句话："资产配置多元化是投资的唯一免费午餐"。

常用的资产配置方法

本节我将给大家介绍几种经典的资产配置方法，这也是目前投资界使用较多的策略。由于难易程度不同，有些配置理解起来可能稍微有些难度。我们就从容易理解的开始讲起，我会用比较通俗的语言去阐述这些金融理论。不过理解和实操还是有区别的，所以，如果个人要做资产配置仍然需要借助于专业机构。

一、股债平衡法

这是一个非常简单且有效的配置方法，顾名思义，就是始终保持股票和债券配置比例接近最初设定的比例。它的发明者，是巴菲特的老师格雷厄姆，他给这个配置起了个简单的名字，叫作"50-50 配置"，即股、债各占 50%。

传统股债配置模式的代表就是挪威政府养老金（GPFG）。挪威为储存石油财富，于 1990 年建立了挪威政府养老金，后来发展成为稳健投资和纪律性投资的典范。GPFG 采取的资产配置模式就是 50-50 动态再平衡，也就是永远保持股权资产和债券资产的配置比例为 50%：50%。并且每当配置组合的比例出现 5% ~ 10% 的偏差时，就进行一次再平衡操作，使股权资产和债券资产的配置比例重新回到 50%:50% 的状态。这样即使指数经过一轮牛熊又回到了原点，但是在采用了 50-50 动态再平衡策略之后，总资产依然有 31% 的增长。

为什么 50-50 动态再平衡策略从长期来看可以战胜指数？

1. 股权资产和债券资产的低相关性

股权资产和债券资产的相关性很低甚至为负。只有在这种情况下，资产再平衡才会有意义，两类资产的相关性越低，资产再平衡所带来的收益越高。

2. 永远的逆市场操作

资本市场永远是 7 亏 2 平 1 赚的地方，也就是说 90% 的人注定是无法战胜市场的。要想战胜市场，必须成为少数派。但是，人性的贪婪和恐惧是很难克服的，追涨杀跌也必然是大众的行为。

而动态再平衡策略就是通过自律来克服人性的弱点——在牛市的时候，不断卖出已经上涨较多的股权类资产，买入防守型的债券类资产；在熊市的时候则相反。它永远是一个逆市场的操作。而许多股民、基民亏钱就是因为总是追涨杀跌。

股债平衡法现在已经从 50:50 衍生出了更多的形式，如果你愿意承担的风险更高一些，可以选择 60% 的股 40% 的债的 60:40 策略，反过来你也可以选择风险更低的 40:60 策略，甚至更激进一些的 70:30 策略和更保守的 30:70 策略，其差异主要在于股债的比例，但基本的逻辑

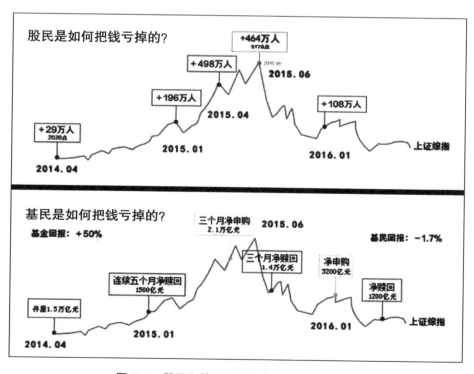

图 7-7　股民和基民往往在牛市的后半段入市

和思想是一样的，所以即便"不平衡"了，我们也还是管这些策略叫"股债平衡策略"。

二、风险平价法

假如你有 2 万元，分别购买 1 万元的股票和 1 万元的债券。虽然配置比例是 50–50，但是股票的风险贡献度要远高于债券，当股票下跌时，组合将受到较大冲击。基于此，风险平价策略就应运而生了，它的目的是使各类资产的风险贡献度保持一致水平，实现投资组合风险结构优化。

风险平价策略的核心投资思想是配置风险，避免因为单一资产的风险过大而对组合整体产生影响。所以它关注的是不同资产在组合中的风险贡献度，通过相对均衡分配不同资产在投资组合的风险贡献度，来实现投资的风险分散。

随着市场环境的变化，当某种资产的风险高于其他资产，则考虑降低其权重，同时提高其他资产权重，直至投资组合的整体风险保持在一定的范围内。反之，当某资产风险降低时就多配置。

风险平价法模型表达式：

资产 i 的边际风险贡献：

$$MRC = \partial x_i \, \sigma(x) = \frac{x_i \sigma_i^2 + \sum_{j \neq i} x_j \sigma_{ij}}{\sigma(x)}$$

其中，$x=(x_1, x_2, \cdots, x_n)$ 为组合中 n 个资产的权重，x_i 即为资产 i 的权重，σ_i^2 为资产 i 的方差，σ_{ij} 为资产 i 及资产 j 的协方差，Σ 为组合资产的协方差矩阵。

资产 i 的总体风险贡献：

$$TRC = MRC * x_i = \frac{x_i^2 \sigma_i^2 + \sum_{j \neq i} x_i x_j \sigma_{ij}}{\sigma(x)}$$

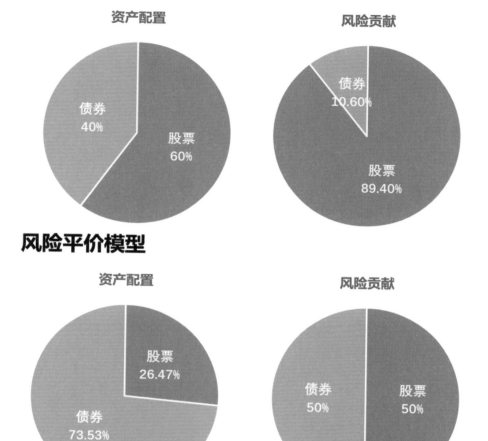

图 7–8 按照风险平价模型对 60–40 股债配置法进行了优化

举个例子。股票风险天然就比债券大，假如债券风险是 1，股票风险是 4，怎么配平呢？债券配置 80%，1 × 80%=0.8，股票配置 20%，4 × 20% 也等于 0.8。即每个资产配置后的风险都相等。

风险平价方法的优势在于通过多元化配置，在各种市场环境下均具有更好的适应性。当然从另一角度来讲，风险平价方法的风险分散属性，使得风险平价方法相较于传统投资方法拥有更低的股票配置比例，因而在保持较低波动率的时候，也在一定程度上降低了组合的预期收益率。所以行业中会对这个配置策略进行很多主动增强。

全天候策略

在风险平价策略的基础上，全球著名的对冲基金公司——桥水基金（Bridgewater Associates）的创始人瑞·达里奥（Ray Dalio）提出了全天候策略。简单地说，全天候策略就是在全球股票、债券、货币和商品市场上寻求长期的趋势来获取利润，在各种市场环境下均能有效配置资产的策略。这个名字很形象，意思是东方不亮西方亮，不管天气如何，投资总有收获。

以美国市场为例，各类资产的涨跌情况如图 7-9 所示，可以看到，不同的环境下资产短期涨跌是不同的甚至相反的，这就保证了资产的低相关性。从长期来看，各资产都有持续的向上的收益率。

桥水基金的全天候策略并非一蹴而就，而是在其漫长的投资过程中逐渐积累而成的。1996 年，桥水基金最终形成了全天候策略的框架，即经典的"四宫格"，如图 7-10。

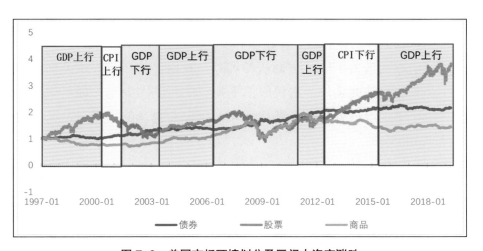

图 7-9 美国市场环境划分及区间内资产涨跌

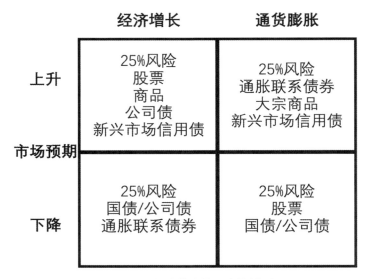

图 7-10　桥水基金的四宫格模型

全天候策略将资产类别与其适应的市场环境一一对应：

在经济上升期，股票、大宗商品、公司债、新兴市场信用债有较好的表现；

在经济下降期，普通债券和通胀联系债券表现较好；

在通胀上升期，通胀联系债券、大宗商品、新兴市场信用债表现较好；

在通胀下降期，股票、普通债券表现较好。

这个方法借鉴了股债平衡法的优点，股票、债券这些相关性小的资产都买些。除此之外，它将股债平衡法中产品的固定比例替换为更灵活的比例。通过分析市场环境变化，在投资规律的指导下，灵活地选择产品的比例。

三、全天候组合的业绩如何

达里奥的这个策略取得了巨大的成功。在过去的 20 年里，其业绩收益可与巴菲特媲美。大家可以比较一下他的配置策略与巴菲特在 2000—2018 年间的投资收益，如图 7-11。

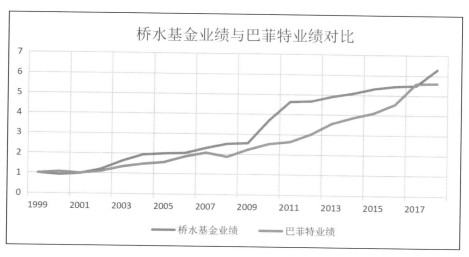

图 7-11　2000—2018 年桥水基金与伯克希尔·哈撒韦基金业绩对比

从 2000 年到 2018 年，全天候配置策略的收益是 6.3 倍，而巴菲特的基金收益只有 5.6 倍。

我之前提到过的全天候组合，就是按照全天候配置法来进行投资的。全天候组合就是配置了全球几大类标准资产，比如债券、股票、黄金等。其中，A 股中我们又划分为四个细分板块。每个板块再去优选彼此相关性弱、业绩好的基金进行配置。这其实在每一步都实践了全天候策略。这种产品的特点，就是能够相对较好地去抵抗市场的波动。

图 7-12 是各种资产代表的指数的走势图，我们将这八类资产按照等比例配置构成一个组合，它的走势图就是红色的那根线，相对而言这根线更加平滑。所以，通过一定比例的搭配，资产的波动会不同程度地相互抵消，所以风险分散了，波动变小了。

聪明的投资者马上就会发现一个问题——任何时候你的组合里都有好资产和差资产，风险倒是确实被控制住了，可收益是不是也抵消了呀？

这里就涉及一个新的概念，叫资产的内部收益率。

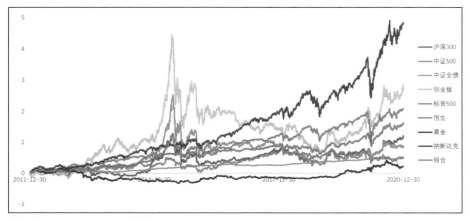

数据来源：Wind，理财魔方

图 7-12　等比例配置资产构建的组合走势更平滑

拿股票做比方，股票的价值其实就是上市公司的价值；而上市公司的价值，是这个公司所有有形资产和无形资产的总和。单个资产价值会有涨跌，但总体上，整体公司的总资产是在增加的，因为企业在生产，资产在积累。

所以，不同资产此消彼长抵补的部分，其实是价格的变动，但是它抵消不了资产的内部收益率。全天候配置本质上就是把价格的波动带来的风险给抵消掉，让你能相对稳妥地赚到这个内部收益率。

四、资产风险配平

下面拿普通投资者所能买到的资产做个全天候配置，按照图 7-13 的资产配比去构建组合，业绩怎么样呢？

七年时间，收益率是 134%，同期上证指数只涨了 45%。

如果仔细观察，你可能会从图中发现一个问题：不是说全天候策略里各资产均衡配置的吗？怎么配置比例一点都不均衡，还经常变来变去的呢？

这涉及全天候策略的第二个原则，它配平的其实不是资产本身，

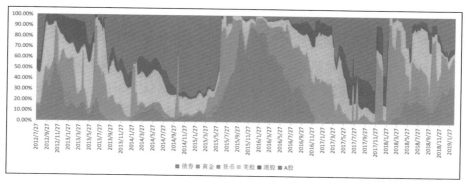

图 7-13 2012—2019 年间在我国做全天候配置的各类资产比例变化图

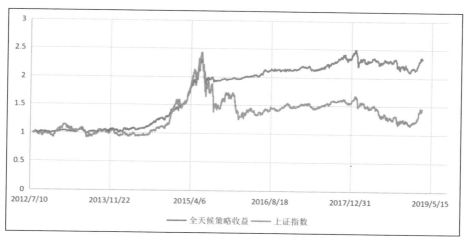

图 7-14 构建的全天候策略收益走势情况

而是资产的风险。让各类资产的风险配平是什么意思呢？这部分涉及一点简单的计算，大家理解即可。

资产的风险有大有小，比如股票风险天然就比债券大。现在假如有两个资产，一个风险是 2，一个风险是 3，怎么配平呢？第一类资产配置 60%，第二类资产配置 40%，$2 \times 60\%=1.2$，$3 \times 40\%$ 也等于 1.2，这才是配平了。

如果简单地把两类资产在数量上配平，各配置 50%，那其实后面的风险是不平的：第一类资产的风险是 $2 \times 50\%=1$，而第二类资产的风险是 $3 \times 50\%=1.5$，两者的风险比是 2:3，这显然不平衡。

这个做法的好处是什么呢？因为是按照风险大小配置的，当一类资产的风险在提高的时候，它的配置比例自然就会下降。还是按照前面的例子，假如第二类资产的风险不是 3，现在变成 8，那么配置比例怎么变呢？第一类资产变成 80%，$2 \times 80\%=1.6$，第二类资产变成 20%，$8 \times 20\%=1.6$。

随着第二类资产的风险提高，它的配置比例就要被降下来。这就实现了对市场风险变化的应对，而不像 50–50 配置，不管市场怎么变，都不做任何反应。

所以全天候配置比 50–50 配置更安全。过去 15 年，这个配置的年收益率大约在 13%，最极端的情况下最大亏损没有超过 15%。前面提到的 50–50 策略，15 年的年收益率大约为 11.3%，最大亏损虽然已经比市场低了很多，但也有 26% 的亏损。

你是愿意承担最多 15% 亏损的风险去挣 13% 的年收益呢，还是愿意承担最多 26% 的亏损的风险去挣 11.3% 的年收益呢？答案是显然的。所以全天候配置比 50–50 配置更安全。

因为不是简单地基于资产的价值进行比例计算，而是根据风险，所以全天候配置策略比 50–50 策略要复杂一些。

如果大家要计算的话，我可以给大家一个简单的计算公式作为参考。但在实际操作中，我们用到的模型策略要复杂得多。

把过去一年各资产的周收益率的数据拉成一个 excel 表格，计算每周收益率数据的波动率，波动率在 excel 表格中的公式是"STDEV"，这个波动率就是资产的风险。各类资产配置的比值，就是这个波动率的倒数之比，比如，A 资产波动率为 2，B 资产波动率为 4，C 资产波动率为 8，那么三者配置比例就是 1/2 ： 1/4 ： 1/8，换算下来就是 4 ： 2 ： 1 的样子。

五、动态再平衡

为了持续保持这个配比结构，在组合持有期内，要定期做好"动态再平衡"。通俗地说，我们不仅不能把鸡蛋放在同一个篮子里，还要在不同的市场环境中，决定要不要把鸡蛋从篮子 A 挪到篮子 B 中，这才是获得超额回报的秘诀。

决定我们最终资产的永远有两个方面：一是多赚；二是少亏。虽然从短期来看，动态再平衡策略并不是最优的选择——它在牛市时不能全力进攻，在熊市时无法全力防守。

但是从一个完整的牛熊周期来看，动态再平衡是一种最佳的策略。当股市处于牛市时，我们不断卖出股票、买入债券来兑现利润；当股市处于熊市时，我们增配股票，减持部分债券等防守型资产，实现低位捡筹。

动态再平衡通常有两种方法：时间再平衡和比例再平衡。

1. 时间再平衡

时间再平衡就是到了固定时间间隔，将组合的各类资产配置比例恢复到期初。可以 3 个月调整一次，可以半年调整一次，也可以 1 年调整一次。

2. 比例再平衡

比例再平衡的意思就是某一资产超过期初比例一定限度的时候，再平衡一次。这个比例一般设定为 15%~20%。

拿股债比为 20% ： 80% 的组合举例。随着市场的波动，股市大涨，股票资产的比例越来越大。有一天，我们突然发现股债比变成了40% ： 60%。这时候，我们就可以进行动态再平衡了，卖出股票，买入债券，使股债比恢复到期初的 20% ： 80%。

六、全天候组合的局限性

全天候策略有没有局限性呢？以 2020 年新冠疫情对金融市场的冲击为例，以风险平价方法闻名的全天候基金全年下跌了 14%。下跌的原因在于：当发生黑天鹅事件时，金融市场遭受短期巨大冲击，导致各类资产的正相关性在短期内快速提升。如果组合单一做多的话，资产之间的相关性变高，组合的风险快速提升。

另一方面，风险平价方法作为主流的长期资产配置方法之一，全球采用该方法构建组合的产品众多，从而导致了大量的同质化操作。当美股大幅下跌时，各类风险平价产品均因资产波动率上涨而不得不减持美股，而这种卖出会进一步加剧下跌和波动率抬升。

所以，任何资产配置策略都不可能是完美无瑕、毫无缺陷的，关键是要结合自己的投资时间安排和风险收益目标来选择适合自己的投资方法。

第八章　自己构建一个资产配置组合

资产配置的方法很多，每一类方法又可以构建出千千万万种组合。怎么构建一个适合自己的资产配置组合呢？

不同的投资者会有不同的风险承受能力，这与年龄、投资认知度、可投资资金、消费习惯、家庭状况等有关。在买组合前，投资者应首先结合自身的风险承受能力，设定合理的投资目标。

一、寻找自己的"底线"

之前我们讲过为什么很多人买基金赚不到钱，除了不会买不会卖的原因外，还有一个重要原因就是拿不住，一有风吹草动就跑了，后面即便上涨也和他没有关系了。为什么拿不住呢？一是不够了解自己买的是啥，你不了解它，所以它一有波动，你就觉得不在你的掌握之中。还有很重要的一点，就是你的风险承受能力有可能并不像你想的那么高，有的人基金跌10%都觉得没啥，有的人跌3%都会怀疑自己。

所以符合自己的投资目标的，才是适合自己的资产配置组合。

所以在构建自己的基金组合之前，必须做的就是衡量自己的风险承受能力。大家可以通过扫描图8-1的二维码来登录"魔方专业风险测评"的小程序，评测一下自己能承担多大的风险。

魔方专业风险测评

专业的风险测评小程序，让您可以模拟在基金购买之前了解清楚您是什么样的投资者。使用微信扫码打开小程序

图 8-1　魔方专业风险测评链接

如果您的风险承受能力较强，可以考虑风险较高的产品组合来博取更高的潜在收益，如偏股型的基金组合；如果风险承受能力较弱，则可考虑稳健型的基金组合来获取一个相对稳健的收益，如债券基金比例超过 80% 的组合。

明确了最大风险承受能力后，选择一个基金组合。这样即便市场大跌时，只要基金组合的历史最大回撤始终没有跌破你的底线（可承受的最大亏损幅度），你都会坦然面对。因为每次当基金组合下跌到这个底线附近，之后都会反弹，市场再下跌时你还会害怕吗？不但不会害怕，理性的投资者还会在每次大跌时逆势加仓买入。

二、构建一个简单的基金组合

确定了风险水平，现在，我们给自己做一个简单的资产配置组合。这里我们就采用"股债平衡法"来构建。假定我们的风险承受能力测评表明能承受经典的 50:50 策略的风险。

我们用一只股票基金和一只债券基金来做个简单的测试，股票基金和债券基金的选择按照前文介绍的方法进行，选择到的股票基金是最早的沪深 300 指数基金"博时沪深 300 指数（050002）"，债券基金是最早的纯债基金"华夏债券（001001）"（以上两只基金只作为举例，并不作买入推荐，不构成基金投资的依据，投资者需要根据自己的判断来挑选基金）。

按照 50-50 配置方式建立的组合，与分别投资这两只基金有什么样的差异呢？我们可以看一下它们的收益对比表，见表 8-1。

表 8-1　50-50 配置收益测算表（2005—2019 年）

年份	股票基金收益率	债券基金收益率	50-50 配置收益率
2005	−4.09%	9.07%	2.49%
2006	120.79%	10.46%	65.63%
2007	121.56%	17.24%	69.40%
2008	−63.88%	11.53%	−26.18%
2009	88.61%	2.19%	45.40%
2010	−11.98%	5.81%	−3.08%
2011	−23.55%	−1.99%	−12.77%
2012	8.25%	7.82%	8.03%
2013	−6.30%	1.08%	−2.61%
2014	57.76%	10.00%	33.88%
2015	18.70%	9.14%	13.92%
2016	−3.71%	0.17%	−1.77%
2017	27.03%	0.58%	13.80%
2018	−21.46%	2.81%	−9.32%
2019	26.75%	6.94%	16.85%
总收益率	397.53%	141.98%	396.00%
年化收益率	11.29%	6.07%	11.27%
历史最大亏损	−63.88%	−1.99%	−26.18%

可以看到，15 年下来，50-50 配置的收益率和直接投资沪深 300 指数基金很接近，直接投资沪深 300 指数收益率为 397%，50-50 配置收益率为 396%，年化收益率大约都是 11.3%。但是，这个策略让持有期最大的亏损，从直接持有沪深 300 指数基金的 −64%，下降到了 −26%。亏损 64%，账面上的钱直接少 2/3，估计没几个人能撑得住；要是跌去 1/4，大部分人可能还扛得住。

三、最后不要忘记动态再平衡

仔细的投资者可能看出来了，股票基金的收益是 397%，债券基金的收益是 142%，两者各 50% 的话，收益应该是 270%，不是我们上面这张表里的 396%，这是怎么回事儿呢？秘密就隐藏在动态平衡里。

1. 何为动态平衡？

动态平衡就是每隔一段时间，将你的投资组合中各类资产调整为最初设定的某个固定比例。

举个例子：

在刚才讲解的案例中，你拿出 1000 元，按照 1：1 的比例，各投了 500 元到债券基金和股票基金中。

1 年之后，股票基金账户涨到了 680 元，债券基金账户涨到了 520 元，不再是各占 50% 了。在不考虑交易费用的情况下，我们要卖出 80 元股票基金，再用这 80 元买入债券基金，这样两种产品各 600 元，再次回到了 1：1 的比例。

这个过程，我们就叫作"动态平衡"。

2. 动态平衡有什么好处？

在刚才的例子中，当我们做动态再平衡时，"一买一卖"两个动作，其实就是一个"低买高卖""低吸高抛"的过程。

任何资产，涨到一定程度往往就会有下跌的风险；反之，跌到一定程度又会上涨。在刚才的例子中，我们卖出一部分涨得比较快的股票基金，就是在做"止盈"，落袋为安。再用这部分钱买入涨势较慢，甚至下跌的资产，便是低位买入。

动态再平衡方法让我们在股市中被动地实现了"低吸高抛"。

"50-50"配置的好处是，历史数据证明按照这么一个比例做配置，长期来看收益不错，风险也不算很高。当然，大家也可以根据自己的风险收益偏好，适当地调整这个分配比例。比如，40-60，也就是股票 40%、债券 60%，风险降低一些，收益当然也略低一些；又或者 "60-40"，股票 60%、债券 40%，风险略高些，收益也略高些。

但是，随着产品价格波动，资产比例偏离初始设置过于严重，配置的价值就会大打折扣。

拿前面的例子来说，假如我们在2005年初按照"50-50"的配置各投资了500元的博时裕富和500元的华夏债券，中间不做再平衡，持有到2007年末，那么这时候500元的博时裕富变成了2345.87元，500元的华夏债券变成了706.25元，总资产3052.12元。其中股债的比例已经严重偏离了50-50，变成了77-23。2008年是股灾年，股票跌了64%。

当年年末这个组合如何呢？股票变成了847.33元，债券变成了787.68元，总资产降为1635元，相对于年初的3052.12元跌幅46%，基本上没有发挥配置降低损失的价值。

3. 多久做一次再平衡呢？

根据学术界的研究发现，1个月、3个月、6个月或者12个月进行再平衡操作，产生的差别都不是很大。作为普通投资者，每12个月再平衡操作一次即可，同时可以降低交易成本。

以上只是给大家列举了一种简单的基金组合，更多资产配置的方法我们会在配置篇详细介绍。

第九章　一些主要的资产配置类理财产品介绍

　　除了自己做资产配置，目前市场上也有很多基于资产配置理论的理财产品，比如 FOF 和基金投顾组合。这两类产品本质上来说都是基金组合，都属于资产配置理论的实践成果。对于投资者来说，选择以组合的方式进行基金投资，其根本目的是通过降低组合中基金的相关性，保证在获取相对稳健收益的基础上，尽可能地降低组合风险。

　　下面我们来分别介绍一下。

FOF 母基金

一、什么是 FOF 基金

FOF（Fund of Funds，即基金中的基金），一般我们管它叫"母基金"。母基金也是一种基金，和我们之前讲的基金产品不同的是，它主要投资的不是某个底层资产（股票、债券、商品、黄金、现金等），而是投资一揽子基金，即一个基金组合。所以，它既是一种专门投资基金的金融工具，也是一种利用投资组合二次分散风险的投资策略。

由于 FOF 基金在投资上主要关注资产种类的选择和各资产比例的配置，所以 FOF 基金成了资产配置产品的主要代表。

2017 年，公募 FOF 基金正式进入国内市场。什么样的产品才能算公募 FOF 呢？证监会规定 80% 以上的基金资产要投资于公募基金，才能算是公募 FOF。经过 4 年多的发展，截至 2021 年末，公募 FOF 的规模为 2222.4 亿元，已经有超过 65 家的基金公司发行过公募 FOF 产品。当然，公募 FOF 基金的规模在整个基金市场中还处于很小的比例。

在公募 FOF 基金诞生之前，市场上已经有其他的 FOF 产品，主要是私募 FOF 基金和券商集合理财类 FOF 产品。但是私募 FOF 基金的门槛较高，按照私募基金的要求起购仍然需要 100 万元以上，而公募 FOF 基金的起购金额只有 1 元。券商集合理财类 FOF 大部分属于"类固收"产品，并且在回报率上并没有明显优势，业绩表现平平。

所以比较来看，公募 FOF 基金无论是投资门槛还是投资范围都更适合我们普通投资者。

二、公募 FOF 基金的起源和发展现状

1969 年 11 月，罗斯柴尔德家族推出第一只私募 FOF 基金——Leveraged Capital Holdings。20 世纪 70 年代，私募 FOF 基金在美国逐渐兴起。然而公募 FOF 基金产品一直未推出，直至 1985 年，Vanguard 公司推出第一只公募 FOF 基金并吸引了众多投资者。其配置的底层基金均是 Vanguard 旗下的指数基金，备选品种多达上千只，覆盖海内外各种类型的资产。截至 2021 年 11 月 30 日，Vanguard 旗下共有 31 只公募 FOF 基金，规模合计 7223.41 亿美元，市场份额约为 1/3。现如今，FOF 已成为美国公募基金市场最重要的产品之一。截至 2021 年 11 月 30 日，美国公募 FOF 基金产品存续数量超 1000 只，总规模约 2.44 万亿美元。近 10 年来，除了 2018 年因中美贸易摩擦导致增长陷入停滞外，美国公募 FOF 基金产品保持着高达 13% 的年化复合增长率——这主要得益于雇主发起式退休计划〔如 401(K) 计划〕和个人养老账户。

1978 年，美国开启了 401(K) 计划，该计划主要使用雇员与雇主共同缴纳养老金的模式。由于养老金资金对风险敏感度极高，FOF 自有的分散风险、追求稳健收益的属性与其需求不谋而合。对于美国投资者来说，FOF 产品的亮点不在于追求更高的绝对收益，而在于稳定的风险收益特征。从年化收益率的中位数来看，美国所有策略类型的 FOF 产品均在短 / 中 / 长期维度下，实现了 4% 以上的正收益。

与此同时，美国市场上还诞生了一批新型的基于互联网的投资顾问公司。这些机构或面向 401(K) 的发起企业，或直接面向投资者个人，提供个人"定制版"的资产配置及 FOF 基金配置，收取基于受托资产的管理费。最近几年，随着大数据和人工智能的发展，智能投顾在 FOF 投资中开始扮演重要角色。

回到国内，FOF 基金本质上属于一个基金组合，虽然我国第一只公募 FOF 基金在 2017 年才正式成立，但是基金组合的投资却早有涉及。2005 年，招商证券设计了一款券商资管产品"招商基金宝"，属于国内最早的 FOF 性质的理财产品，产品现已到期。2009 年 9 月，光大

银行和外贸信托合作推出首只私募性质组合基金"外贸信托—光大阳光宝"。其后这类型产品发展较为缓慢，产品发行数量及规模均未出现明显提升。直至 2013 年 4 月，证监会发布《公开募集证券投资基金运作管理办法》，明确提出公募 FOF 基金概念，并于 2016 年 9 月发布《基金中基金指引》，才奠定了公募 FOF 基金的法律基础。

2017 年 9 月，国内首批公募 FOF 基金获批，组合基金的发展迎来了新时代。2019 年之后，具有明确需求指向的养老 FOF 产品受到重视和鼓励，此后新发的 FOF 产品多为养老型 FOF。由此可见，我国的 FOF 基金发展路径和美国十分类似。截至 2021 年 11 月 30 日，我国公募 FOF 基金的市场规模为 2100 亿元人民币，而同期美国的公募 FOF 规模已达到 2 万多亿美元，所以，未来国内公募 FOF 的规模增长潜力会很大。

2021 年以来，震荡加剧和风格轮动的市场让投资者充分认识到控制回撤和资产配置的重要性，让攻守兼备的公募 FOF 基金有了更大的用武之地。

其中，有超过一半的 FOF 是偏债混合型 FOF 基金，其次是目标日期型 FOF 基金。从管理人来看，目前管理规模最大的前三名分别是交银施罗德基金、兴证全球基金和民生加银基金。

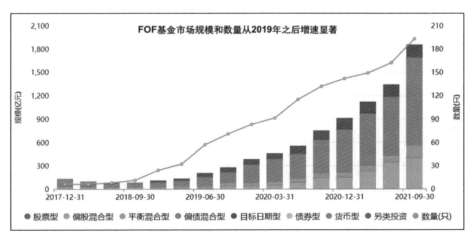

图 9-1 公募 FOF 基金的规模和数量逐年增长

FOF 基金目前都配置哪类基金或者资产呢？如图 9-2 所示，全市场的 FOF 基金主要配置了债券型基金和混合型基金，而股票型基金配置得较少。

从期限上来讲，目前市场上持有期为 3 年的 FOF 基金是最多的，但是，1 年期的产品最受青睐。

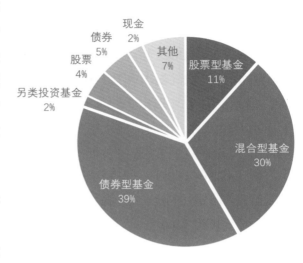

图 9-2　FOF 基金资产配置 (2021-6-30)

三、公募 FOF 基金的分类

公募 FOF 基金按投资策略的不同主要分为：目标日期策略基金、目标风险策略基金、指数增强型 Smart Beta 策略基金、基于核心—卫星的全天候多策略基金。

1. 目标日期策略基金

目标日期策略，又称生命周期策略，一般会预先设定一个日期，例如退休年份，然后按照投资者各个生命阶段的风险收益特征，自动调整资产配置比例。早期主要投资于股票型基金，风险收益水平高，随着时间推移，投资于固定收益类基金比例增加，风险收益水平逐步降低。以美国为例，目标日期策略是 FOF 的主流策略。

目标日期策略力求长期获得较为稳定的收益，缺点是无法规避短期市场波动风险。另一个缺点是没有考虑投资人的风险偏好差异，对于相同投资期限的投资人，不管其风险偏好是否一样，其给出的投资方案都是一样的。

2. 目标风险策略基金

目标风险策略在成立时会设定不同的风险水平 / 等级，比如分成保守型、稳健型和积极型等不同风险等级，并根据风险水平（市场波动率等指标）动态调整不同资产间的配置比例，将风险控制在预设的水平之下，同时追求更高的市场收益。投资人可以根据自身的风险偏好，选择适合自己的目标风险产品。

目标风险策略的一大优势是风险水平明确，缺点是没有考虑投资期限，对于相同风险偏好的投资人，不管年龄大小，其给出的投资方案都是一样的，但由于年轻人投资期间比较长，其往往可以承受较高的风险。

3. 指数增强型 Smart Beta 策略基金

传统的指数型基金（ETF）通常保证持仓与跟踪标的指数相一致，通过控制跟踪误差来获得指数收益，属于被动投资。根据 Morning Star 的定义，ETF 组合基金指将超过 50% 的基金资产投资于 ETF 的基金。而 Smart Beta 在传统的指数投资中加入了主动投资的优势，不再追求对指数的紧密跟踪，而是通过调整投资标的和权重来获取超额收益。

指数增强型 Smart Beta 策略的优势是规避了主动管理型基金可能存在的风险漂移、风格漂移、策略转换等风险。缺点是无论是数量还是种类，指数型基金都不够丰富，定制化程度不高，部分指数型基金的规模和成交量比较低，难以承载较大的资金量。

4. 基于核心—卫星的全天候多策略基金

全天候策略我们在前面已经给大家介绍过了，在此不再赘述。"核心—卫星"策略意思是把资产进行分类，主要的资金放在"核心"资产里，获取稳健的长期收益，而把少部分资金放在"卫星"资产里，以期投资风险较高的资产来博取更好的收益机会。即便出现大幅波动，由于卫星资产的配比较小，对整体组合的下跌影响较小，所以"核心—卫星"策略显著降低了投资风险。

四、如何筛选公募 FOF 基金

如果决定自己选基金，买一个基金组合有难度，那么可以将大部分资产配置为 FOF 产品，借助 FOF 管理人的专业模型和操作享受更好的风险控制和更低的费率成本，从而帮助自己更有纪律性地管理资产，获得长期市场增长的合理收益。那么，该如何挑选公募 FOF 产品呢？

1. 看封闭期

根据自己的资金安排选择合适的期限，目前公募 FOF 的封闭期有 3 个月、6 个月、1 年、2 年、3 年各种期限。如果这笔钱长期用不到，不妨选择 1 年以上的产品，因为期限越长，获得理想收益的可能性越高，而且也不用担心它的波动率会很大。投资者应理性确认自身的长期风险偏好，当投资者可以长期投资时，风险偏好可以适当提高。

如果只准备持有几个月，那么我个人不建议您买 FOF 基金，在市场好的时候，短期的收益率可能不如单只的偏股型基金；在市场不好的时候，与其买 FOF 基金不如直接买偏债型基金或者货币型基金。

2. 看大类资产配置的比例限制

不同产品权益资产的比例限制不同，在产品说明书里面有的写明最高 30% 的权益资产，有的写明股票型基金和混合型基金占比为 70%~95%。根据大类资产配置的比例限制，权益类资产占比较高的产品更适合风险偏好较高的投资者；对于稳健型的投资者，应该选择权益资产占比适中的产品。

还要注意一点，由于部分 FOF 的"重仓基金"全部投向自家基金产品，相比之下，在选基金时只看业绩不看出身的 FOF 往往表现优秀，所以除了资产比例还要看对基金选择范围有没有限制。

3. 看投资策略

比如同样是养老 FOF 基金，有的是目标风险型，有的是目标日期型，前面已经介绍了两者的区别。如果打算长期持有，年轻时可以经受得起一些波动回撤，越往后则希望越稳健，那就选择目标日期型 FOF 基金。如果不论年纪大小，要求基金管理人严格按照自己的风险承受能力来投资，任何时间都不希望波动太大，则可以选择目标风险型 FOF 基金。

4. 看基金经理的从业经历

看基金经理的从业经历主要看基金经理是否做过基金研究，对基金筛选是否有完整的投资框架，过往披露的投后报告里是怎么阐述他／她的投资思路的。

除了人以外，也要看一下产品的表现情况。由于 FOF 基金的成立运作时间都不算长，所以没有过多历史业绩可以供参考。我们统计了截至 2021 年 12 月 31 日，市场存续的 312 只公募 FOF 基金成立以来的平均收益率为 17.86%，总体来看收益还不错。但如果比较来看，收益差距还是很大的，比如同样是成立满 3 年的基金，近 3 年的总回报表现最好的收益率为 115%，而表现最差的收益率为 15.91%。所以，选产品时，要留意在特定时间段，比如市场短期大跌时，该产品抗跌能力如何，产品的净值走势曲线是平滑还是有较大波动。这些都可以作为产品管理能力的一个佐证。

基金投顾组合

前文讲了 FOF 基金，本小节咱们来认识另一个资产配置的产品——基金投顾组合。在了解基金投顾组合前，我们先要知道什么是"基金投顾"。

在"基金投顾"出现之前，我们主要接触到的"投资顾问"是来自证券公司和银行的理财顾问，他们负责代销公募基金，这种销售模式俗称"卖方投顾"。很多人不知道，投资顾问这个职业在 2000 多年前就已经产生。那时候，良马是一种重要资产，会相马的九方皋就是秦穆公的"投资顾问"。现在，电视上的股评老师、手机里的股票基金分析师、身边的投资高手就自然而然地成了大家心目中的投资顾问。卖方投顾的部分收入来自基金公司支付的产品代销费用，所以卖的产品越多赚得越多，后续基金业绩如何和卖方投顾的收入没有直接因果关系。而且，越是新基金，提成或者奖金越高。

这就引发了一种现象，就是卖方投顾更有动力让投资者卖掉老基金去认购新基金，也可能诱使投资者隔段时间就赎回基金去买其他基金。这一现象间接导致了投资者不能坚持长期持有，"追涨杀跌"又被复制到了基金投资中。

基金投顾的出现，主要是为了解决"基金赚钱，投资者不赚钱"的问题，核心是希望能够帮助投资者做好资产分散配置，协助投资者改正频繁交易、追涨杀跌的不良习惯。基金投顾作为"买方投顾"，其收入来源于投资顾问费，而这笔费用是由投资者直接支付的，所以在一定程度上来说，基金投顾的利益是和投资者捆绑在一起的。

什么是基金组合呢？

基金组合是基金主理人（基金经理）通过专业能力从全市场挑选一揽子基金构建的一个投资理财组合，帮助投资者从市场近万只基金中筛选出优秀的基金，并进行大类资产的配置，然后根据市场情况及时调整和优化基金组合。由此可以看出，基金组合和我们之前讲的 FOF 基金都是管理一揽子基金，核心也都是资产配置和基金优选。

有的读者可能会问，我自己难道不可以构建一个基金组合吗？为什么非要机构帮我构建呢？这里举一个用户亲身分享的例子。这个用户打开他的基金 APP 着实把我惊呆了，我数了数，他一共买了 60 只基金。你没看错，整整 60 只。但是购买每只基金的金额都不是很大，这只买了 50 份，那只买了 200 元，琳琅满目，物产丰富。从消费到新能源到周期，应有尽有，感觉中国经济都包括在内了。我问他为啥买这些基金？他的回答也让我大受震撼。"有的因为名字好听，有的因为基金经理颜值比较高，有的因为看评论区骂的比较多，想参与一下……"看到这些理由，您觉得这样买基金靠谱吗？所以说，选基金不是一个主观判断的活儿，而是要对历史业绩、基金规模、成立时间、风险收益指标、基金经理投资风格等多个定性＋定量的因素综合判断的结果。如果买的基金多，而且份额又很分散的话，还不如买个指数基金省时省力。除了基金挑选之外，每类基金应该配置多少的比例也很有讲究，这个就涉及资产配置策略问题，在后面具体的基金组合介绍里我会详细讲一讲。

一、基金组合和 FOF 基金有什么区别

1. 公布持仓时间不一样

FOF 基金根据监管的规则，每 3 个月公布一次持仓，所以我们看到的 FOF 基金的持仓并不是实时持仓；而基金组合则会每天公布基金的持仓情况，投资者看到的也是基金的实时持仓。

2. 资金管理方式不同

FOF 基金本质上是一只基金，投资者通过购买基金份额把资金归结起来交给基金管理人统一运作，基金经理再统一将资金投向其他基金。而基金组合在基金主理人构建之后，投资者自主选择是否跟投，也就是投资者自己直接买入组合中的基金。

3. 交易费用不一样

FOF 基金收取的是申购赎回费和管理费等运作费用。基金组合除了每只基金的交易费用以外，基金管理人收的是投资顾问费。

最后做个总结。FOF 基金是在证监会发行的基金，是一种专门投资基金的基金，所以投资者买的就是一只基金，FOF 基金的管理人收取管理费而不是投资顾问费，涉及的交易清算环节也都直接由 FOF 基金管理人和托管人负责。

基金组合不需要在证监会发行备案，只需要取得基金投顾牌照后就可以自己创建组合。投资者购买的是服务，这个服务帮助用户筛选了一揽子基金，基金的交易清算仍是各个基金管理人和托管人来负责，基金投顾只收取一定的投资顾问费，不参与具体基金的投资运作。

至于 FOF 基金和基金组合谁好谁坏并没有高下之分，投资者根据自己的实际情况投资就可以，并且两者在投资上也并不冲突。

二、基金组合的发展现状

目前，可以提供基金组合服务的机构主要包括基金及基金子公司、券商、银行和第三方独立销售机构。

从基金投顾组合的风险等级分布来看，中风险的组合策略最多，中低风险次之，多集中在波动率 5% 以下，收益率范围为 [0%, 6%]。我国公募 FOF 基金在 15% 波动率水平以下的收益率范围为 [-10% ,10%]。

总的来看，基金投顾组合与 FOF 的风险结构相对一致，但基金投顾组合在低风险区域占比更多，中高风险的组合占比更少。

三、如何选择基金组合

又回到了老生常谈的问题，如何选择基金组合没有绝对正确的投资方案，只有适合自己的投资方案。

1. 首先明确自己的投资需求

最大的可投时间是多久，这笔钱有没有什么特殊的目的，是用作养老还是子女教育金，还是单纯就是为了市场投机……不同需求意味着基金组合的风险类型不同，投资策略也不同。

2. 其次需要明确自己的风险承受能力（最大回撤的底线）

因为一旦超过你的风险底线，就很容易引起情绪的焦虑和波动，尤其在投资的资金比较大，而且之前没有类似经历的情况下，往往会导致不理性的投资决策行为，比如底部割肉。最终既没有赚到钱，自己的情绪还受到了影响。只有选择在自己预期之内的基金组合，投资过程中的体验才会好，才能坚持下去，最终享受到投资的收益。

对于稳健理财组合，最大回撤应该控制在 5% 以内。

对于高风险组合，投资者一般最大的风险承受底线在亏损 15% 以内，如一个组合从成立至今最大回撤始终没有超过 15%，那么它就是一个值得长期持有的产品。

3. 再看回正概率

如果买入一个组合，不幸买在了高点，之后发生亏损，那么就会被动拉长这个组合的持有时间。回正概率就是任意时间买入持有到一定期限（3 个月、半年、1 年、2 年）后，有多大概率投资收益可以由负转正。

回正概率越高的组合，证明下跌时它更抗跌，上涨时又恢复得快，长期持有更安心。当然回正概率看长期比看短期更有效。

对于稳健组合，1 年的回正概率在 95% 以上，2 年的回正概率在 100%，那么这个组合就是非常出色的。

对于中高风险等级的组合，比如积极型 / 成长型，1 年的回正概率在 80% 以上，2 年的回正概率在 95% 以上，那么这个组合就是非常出色的。

4. 最后看收益

对于稳健组合，我认为年化收益率预期在 6%~8% 是比较合理的，因为稳健组合中债券的配置比例较高，所以收益为负的概率比较小。如果遇到年化是负收益的稳健组合，就不符合产品的定位。

对于中高风险等级的组合，由于配置了一定比例的权益类资产，波动性肯定要比稳健组合大，收益的高低更取决于市场的行情。所以我们更多考察的是相对收益而不是绝对收益，主要和基准指数去比，成立至今跑赢基准指数的概率越高，说明组合的业绩越优异。

另外需要注意：偏好自家基金 VS 全市场选基。

和 FOF 基金类似，有的投顾组合只选择自己公司发行的基金，这种多常见于公募基金公司的基金组合产品。

虽然偏好选择自家基金存在夹带私货的嫌疑，但其实偏好自家的基金也有一个好处，就是对于基金有更加深入的了解，对于产品线比较全、投资能力强的公司更适合。

如果全市场选基，肯定能够把握更多的机会，有机会选到更加优秀的基金，这就取决于管理人的基金选择和择时能力了。从统计的数据来看，全市场选基的表现整体优于偏好只选择自家基金的。

第十章　代表性基金投顾组合介绍

　　基金投顾组合，是基金投顾机构根据与客户协议约定的投资组合策略，代表客户作出具体的基金投资决策，比如买什么基金、买多少只基金、买卖时机的选择，等等，并代客户执行基金产品申购、赎回、转换等交易申请。

　　截至 2021 年末，共有 61 家机构获得基金投顾牌照，试点机构服务客户约 367 万，服务资产约 980 亿元。目前基金投顾组合种类已经非常丰富了，可以涵盖多种类型的资产、满足不同的风险偏好和投资目的。

　　接下来，我主要给大家介绍几个我们用户持有比较多的产品，一个是基于主动风险平价策略的全天候组合，一个是主要投资债券资产的稳健组合，还有一个是基于股债平衡策略的股债平衡组合。

　　通过了解不同组合的投资策略和投资复盘，帮助大家更深入地了解基金投顾组合的运作流程。里面会涉及一些投资策略和模型的介绍，大家了解一下即可，毕竟基金组合投资是个比较专业的活儿，还是应该交给投顾机构来代为打理。

全天候组合

全天候组合采用的是以均衡配置、长期持有为目标的主动风险平价策略"主动全天候"。因为股票、债券、原油、黄金、货币等资产彼此之间呈现出弱相关性甚至部分资产呈现出一定的负相关性，通过资产的优势互补可以降低风险，通过均衡的资产配置，有望实现对冲波动、穿越不同周期、获取长期平均收益的投资目标。

适合人群：有过股票、基金投资经验，但是收益不佳的投资者；渴望尝试浮动收益的投资者；期望资产可以长期稳健增值，但不追求暴利或大涨大跌的投资者；有大笔闲置资金且能坚持长期投资的投资者。

主动全天候策略的核心思想是什么呢？

1. 多资产配置，降低风险，获取内在收益

大部分资产长期是向右上方上涨的，这个向右上方的斜率叫内在收益率，也就是资产的内在价值。但是资产价格本身不可能以45度角的趋势直线上涨，而是长期上下波动。就好比人遛狗一样，狗相当于资产价格，人相当于资产的内在价值，狗可能会跑前跑后，但是由于遛狗绳的长度制约，狗终究会回到主人身边。价格也是一样，价格大于或者小于内在价值后，都会有一个均值回归的过程，但是在这个过程中涨涨跌跌的波动其实就是我们俗称的波动性风险。

但是不同资产的波动方向又是不一样的，有的可能高于内在价值，有的可能低于内在价值。把不同资产配置在一起，就可以实现波动方向上的互补与对冲，降低风险，但这个并不影响各类资产的内在收益率。

2. 按照极限环境下资产不破底线的要求构建组合，确保底线

以最大回撤在极端情况下不超过15%，各资产的基础配置比例如表10-1所示。

表 10-1　最大回撤不超过 15% 的情况下预设的各资产的基础配置比例

资产	基础比例
沪深 300	25.17%
中证 500	2.51%
中证全债	19.24%
创业板	22.58%
标普 500	0.15%
恒生	0.13%
黄金	11.05%
纳斯达克	19.17%

（1）2015 年股灾期间

在 2015 年 6 月 15 日—2015 年 8 月 26 日期间，上证指数期间下跌 43.34%，上证指数的最大回撤为 43.34%。而全天候标杆智能组合等级 10 下跌 11.82%，最大回撤仅为 11.84% 。

图 10-1　2015 年股灾期间上证指数与智能组合收益率比较

（2）中美"贸易战"升级期间

在 2018 年 6 月 15 日—2018 年 9 月 18 日期间，上证指数下跌 11.31%，上证指数的最大回撤为 12.89%。而全天候标杆智能组合等级 10 上涨 0.09%，最大回撤仅为 3.66%。

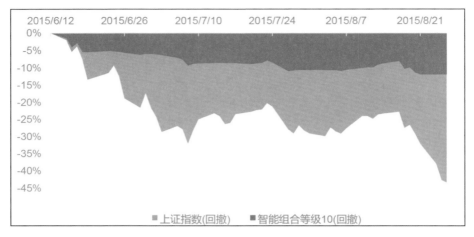

图 10-2 2015 年股灾期间上证指数与智能组合最大回撤比较

图 10-3 中美"贸易战"升级期间上证指数与智能组合收益率比较

3. 依据市场变动，主动对基础比例进行适当调整，进一步降低风险，提升收益

如果一个资产在基础配置之上增加了配置比例，要么使收益增加了，增配可以增加整个组合的收益率；要么使风险降低了，增配可以降低整个组合的风险；要么使它相对于其他资产的涨跌互补性增加了

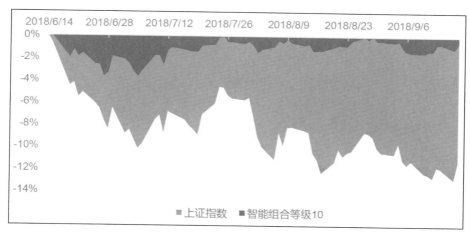

图 10-4　中美"贸易战"升级期间上证指数与智能组合最大回撤比较

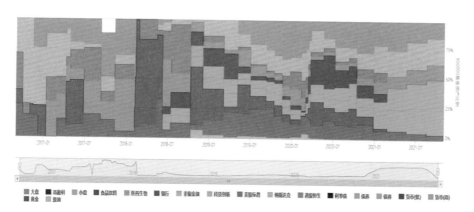

图 10-5　全天候标杆组合风险等级 10 历史调仓比例变动情况部分展示

（相关性减小了），可以帮助抚平其他资产的波动。

　　全天候组合通过跟踪和量化评估全部市场中基金的综合表现，甄选出不同资产类型中最优质的基金进行动态调仓配置，并持续进行监控和管理。当遇到市场变化和有更优质基金出现时，会进行调仓操作。

　　系统会触发调仓操作的指令，用户只需要一键操作就可以轻松完成调仓。

　　以 2021 年为例，"全天候标杆组合风险等级 10"经过调仓后，2021年的平均收益率为 7.26%，而未调仓的组合平均收益率是 4.86%。从业

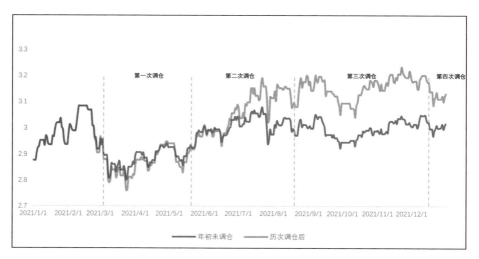

图 10-6　2021 年全天候标杆组合等级 10 调仓前和调仓后的净值走势情况

数据来源：基金投顾机构（时间区间：2016 年 9 月 1 日—2021 年 11 月 30 日）

图 10-7　全天候标杆组合 10 个等级的历史净值曲线

绩上证明了资产调整的及时性和准确性。

全天候组合在选取资产方面，目前选择了 7 种适合不同经济周期环境的资产：黄金、货币基金、利率债、信用债、美股、港股和 A 股。

再通过调整"高风险资产"和"低风险资产"的比例，组成了 10 个不同风险等级的全天候策略组合，满足不同风险承受能力的用户。那么全天候组合的业绩怎么样呢？

图 10-7 所示，全天候组合各等级成立至今（截至 2021 年 11 月底），净值曲线都高于上证指数（最下方），并且组合的曲线相比上证指数更加平滑，波动幅度更小。

表 10-2 展示的是从 2016 年 9 月至 2021 年 12 月末的实盘业绩。我们先看一下收益情况，风险越低的组合收益也越低，等级 1 的累计收益率是 21.36%，等级 10 的累计收益率是 34.65%。对比上证指数，累计收益率是 18.82%。

从收益回正概率来看，任意时间内买入持有 2 年的话，全天候组合 1 ~ 8 等级的回正概率均为 100%，等级 9 的回正概率是 99.87%，等级 10 的回正概率是 94.86%。对比上证指数，持有上证指数近 2 年的话，回正概率仅为 46.62%。

表 10-2　全天候标杆组合 10 个等级的阶段收益和最大回撤

组合等级	收益率		最大回撤	收益回正概率				
	累计收益率	年化收益率		1 个月	3 个月	半年	1 年	2 年
全天候组合等级 1	21.36%	3.80%	2.37%	80.56%	86.27%	94.99%	98.47%	100.00%
全天候组合等级 2	25.27%	4.44%	4.00%	80.02%	85.30%	98.64%	100.00%	100.00%
全天候组合等级 3	25.88%	4.54%	6.09%	73.67%	80.53%	96.77%	100.00%	100.00%
全天候组合等级 4	27.89%	4.86%	7.92%	68.73%	75.53%	93.12%	99.90%	100.00%
全天候组合等级 5	27.43%	4.78%	9.32%	65.60%	70.76%	86.33%	97.33%	100.00%

全天候组合等级6	30.31%	5.23%	11.12%	64.34%	67.45%	82.85%	93.80%	100.00%
全天候组合等级7	28.80%	5.00%	11.97%	62.93%	65.02%	78.86%	91.03%	100.00%
全天候组合等级8	32.28%	5.54%	12.58%	62.23%	63.25%	78.01%	90.55%	100.00%
全天候组合等级9	33.17%	5.68%	12.75%	61.76%	61.95%	75.55%	89.69%	99.87%
全天候组合等级10	34.65%	5.90%	14.88%	61.60%	61.23%	75.38%	87.79%	94.86%
上证指数（等级10的基准指数）	18.82%	3.38%	30.77%	54.55%	54.85%	61.29%	67.94%	46.62%

数据来源：基金投顾机构（时间区间：2016年9月1日—2021年12月31日）

如表10-2所示，虽然等级1的比较基准是中证全债，但是就连风险最低的等级1的累计收益也跑赢了上证指数。

表10-3 全天候10个风险等级对应的比较基准

风险等级	比较基准
风险等级1	中证全债
风险等级2	89%中证全债+11%上证指数
风险等级3	78%中证全债+22%上证指数
风险等级4	67%中证全债+33%上证指数
风险等级5	56%中证全债+44%上证指数
风险等级6	45%中证全债+55%上证指数
风险等级7	34%中证全债+66%上证指数
风险等级8	23%中证全债+77%上证指数
风险等级9	12%中证全债+88%上证指数
风险等级10	上证指数

　　再来看看风控水平，风险等级 1 成立至今（截至 2021 年末）的最大回撤为 2.37%，等级 10 的最大回撤为 14.88%，全都没有超过 15%。而上证指数这段时间的最大回撤达到了 30.77%。所以全天候组合无论是收益还是风险控制都做得不错，用户的持有体验更好。

稳健组合

稳健组合采用的依然是主动风险平价策略,不过风险水平相比全天候策略更低。

适合人群:期望获得超过银行理财的收益率,且资金亏损概率较小的投资者;资金短期闲置,投资期限在半年至 2 年左右的投资者;不喜欢激进和高风险的投资者。

从图 10-8 可以看出,稳健组合的资产配置以债券为主,持有比例高达 85.25%。除此之外,配置了少量 A 股、港股和美股,这是为了在权益市场好的情况下,博取部分收益。所以,稳健组合正如名字一样,

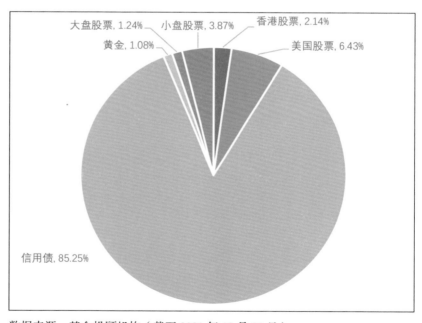

数据来源:基金投顾机构(截至 2021 年 12 月 31 日)

图 10-8 稳健组合的底层资产配置情况

整体表现更偏稳健。

从业绩表现来看（图 10-9），稳健组合成立至今的净值曲线近乎一条斜向上 45 度角的直线，相比它的基准指数——债券型基金指数而言，累计收益更高。从 2017 年 1 月成立，截至 2021 年 12 月底，稳健组合获得的累计收益率为 37.95%，折合为年化收益率是 6.9%。而债券型基金指数的累计收益率为 23.28%，年化收益率为 4.4%。

期间，稳健组合的最大回撤仅有 2.79%，即便是风险承受能力较低的投资者也可以接受。从收益回正概率来看，在任意一天买入，无论持有半年、1 年还是 2 年，稳健组合的回正概率都能做到 100%，满足了短期投资者的资金周转需求，见表 10-4。

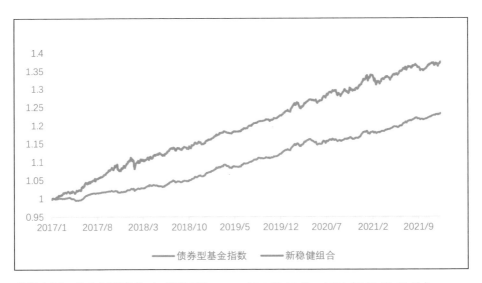

数据来源：基金投顾机构（时间区间：2017 年 1 月 20 日—2021 年 12 月 31 日）

图 10-9　新稳健组合成立至今的历史净值曲线与债券型基金指数净值曲线对比

表 10-4　稳健标杆组合 10 个等级的阶段收益和最大回撤

组合等级	收益率		最大回撤	收益回正概率				
	累计收益率	年化收益率		1 个月	3 个月	半年	1 年	2 年
稳健组合	37.95%	6.91%	2.79%	81.40%	97.03%	100.00%	100.00%	100.00%
比较基准—债券型基金指数	23.28%	4.44%	1.29%	79.12%	94.85%	100.00%	100.00%	100.00%

数据来源：基金投顾机构（时间区间：2017 年 1 月 20 日—2021 年 12 月 31 日）

股债平衡组合

在"常用的资产配置方法"一节中，我们简单认识了股债平衡法。股债平衡策略最早出自格雷厄姆的《聪明的投资者》一书，在这本书里，格雷厄姆提出了著名的股债50%∶50%平衡策略，即将总资产分为两半，各50%，一半买股票，一半买债券。

前面我们介绍了全天候组合，它的配置逻辑是以全天候策略为基础，配置了A股、美股、港股、黄金、债券等多类资产。本节我们来介绍一个新的策略组合——股债平衡组合。与全天候组合不同的是，股债平衡组合配置的资产相对有限，只保留了A股和债券资产。

当股票价格上涨导致股票资产的仓位超过目标仓位（即50%）时，卖掉部分股票并买入债券；反之，当股票价格下跌导致股票资产的仓位低于目标仓位（即50%）时，卖掉部分债券并买入股票。总之就是通过动态调仓使股债维持50%∶50%的目标配比。

我们以沪深300指数（代码：000300.SH）以及中证全债指数（代码：H11001）分别模拟股债50%∶50%比例配置资产组合，每月末进行一次再平衡操作，使股债回归到50%∶50%比例（图10-10）。不难发现，股债50%∶50%实现了相对"中和"的收益且回撤较小，收益率曲线更加平滑。从2016年1月1日—2021年12月31日，沪深300指数的累计收益率为32.41%，股债平衡组合的收益率为32.81%，并没有因为配置了债券资产而收益下滑。最关键的是，期间沪深300指数的最大回撤为32.46%，而股债平衡组合的最大回撤是13.81%，远远小于沪深300指数。虽然收益率并没有超越太多，但是回撤幅度大大降低，波动变小，投资者持有体验更好，更容易长期拿得住。

以上只是举了一个最标准化的股债平衡组合的案例。当然，股和债的配比不一定要局限于50%∶50%，也可以是20%∶80%或者

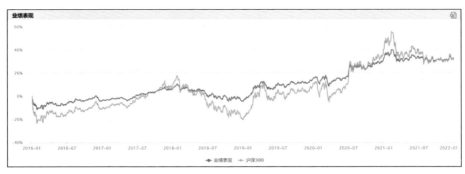

图 10-10　模拟股债平衡组合业绩表现情况（时间区间：2016 年 1 月 1 日— 2021 年 12 月 31 日）

80% ： 20%，具体要看投资者的风险偏好。风险偏好低的投资者可以股票少一点，债券多一点，而风险偏好高的投资者可以股票多一点，债券少一点。股债平衡策略的思想虽然简单，却历久弥新，时至今日仍然有效。

之所以有效，在于股债平衡策略的核心逻辑是"低相关性"和"动态平衡"。我们之前分析过多数投资者投资不赚钱的原因是追涨杀跌，因为资产价格的高波动性导致了不能坚持长期持有，降低了投资体验。经历一个完整景气的周期常常需要几年，投资者容易因为净值大幅波动而中途退场，最终遗憾错过上涨，这更多的是由于投资者的人性弱点所造成。在市场波动下能够保持冷静、具备逆向思维的投资者少之又少，而"股债平衡策略"恰恰可以帮助投资者低买高卖，锁定股票上涨时的收益并落袋为安。

股债平衡策略的优势在于：

（1）利用相关性不高（甚至负相关）的股票和债券来构建大类资产投资组合，在一定程度上减缓整体的波动，降低最大回撤比例，从而降低投资风险，提高策略的收益风险比。举个例子，如果基金资产 50 亿元，按照股债 4 ： 6 的比例，也就是 20 亿元投资股票，30 亿元来投资债券。按照 4% 的年化收益率来估算债券部分收益，一年可以得到收益 1.2 亿元，这一部分相当于投资的"安全垫"。1.2 亿元占股票资产部分 20 亿元的 6%，意味着即使亏 6%，都不会损失总投资的本金。

（2）动态再平衡通过"在股票上涨时卖出部分股票，在股票下跌时买入部分股票"这样的方式来实现，在某种意义上实现了高抛低吸。从长期看，这种高抛低吸的操作不一定能提升收益，但一定能降低风险。

（3）因为股债平衡策略的资产回撤比例较小，所以投资者在投资过程中心理压力较小，更容易坚持，能提升投资体验感。

股债平衡组合的目的是通过构建一个包括股和债两类资产的组合，并根据市场环境调整两者的配置比例，来尽可能获取一个相对比较基准的超额收益。这个比例是如何确定的呢？主要取决于组合的风险控制目标，也就是说如果要将组合风险水平控制在预定的范围内，这个长期均衡的股债比例应该是多少。

比如，A股的历史最大回撤是60%，债券的最大回撤是2%，如果要将组合的风险水平控制在30%左右，那么股债的长期均衡比例大约就在50∶50的水平。

根据这个原则，我们按照风险等级的不同，划分了10个不同的股债平衡组合。每个组合预设的最大回撤控制目标不同，风险等级越小，最大回撤控制目标越严格。如表10-5所示，我们计算出了10个风险等级的股债平衡组合中，股和债的配置比例分别是多少。

表 10-5　按照风险控制目标设定不同风险等级的股债配置比例

风险等级	95% 最大回撤控制目标 /%	股票比例 /%	债券比例 /%
1	6	14	86
2	7	18	82
3	8	22	78
4	9	26	74
5	10	30	70
6	11	34	66
7	12	38	62
8	13	42	58
9	14	46	54
10	15	50	50

确定最大回撤控制目标和资产比例之后，我们的投资目标就是跑赢基准。如何实现呢？

跑赢的时间多少，这个叫胜率；跑赢的幅度大小，叫超额收益率，也叫赔率。我们看下面图10-11，绿线是比较基准的走势图；黑线大部分时间都能跑赢基准，意味着胜率较高，但领先的幅度并不大，即赔率较低；红线虽然大部分时间跑不赢基准，但只要跑赢就是大幅超越，意味着红线的胜率较低，但赔率较高。

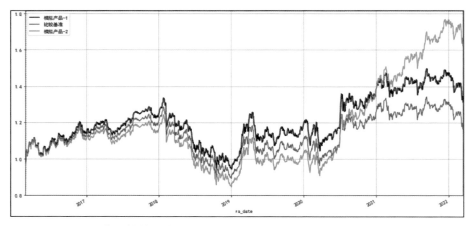

图 10-11　跑赢比较基准的两种方式（时间区间：2016 年 2 月—2022 年 2 月）

投资上，胜率和赔率往往是互斥的：胜率高，赔率就不会很高；赔率高，胜率就不会很高。本组合的最终目标是战胜基准，意味着要求有较高的超额收益率，即领先的幅度较大。但是如果一味地追求高赔率，组合在大部分时候却跑不赢基准，持有者的感受就会差，不利于长期持有。所以，也得适当考虑胜率，即大部分时间要至少跑赢基准。

接下来，我们再来谈谈跑赢比较基准的收益从何而来？设想一下，如果你是一个中间商，你的收益来自低买高卖，赚取其中的价差收益。资产市场投资也是如此，我们也是通过低买高卖资产来获取收益。而资产价格的变化主要取决于资金供给关系的变化以及基本面预期差的变化。

资金才是实际推动资产价格上涨和下跌的最本质因素，因为价格的变动就来源于交易，交易的本质就是资金的流动，所以资金的变化直接影响价格的变化。但凡牛市，资金流入都大于资金流出；但凡熊市，资金流出都大于资金流入。因此，从这个维度来说，预测资金供给关系有利于我们预测市场的涨跌。

什么是基本面预期变化呢，就是投资者对市场基本面的预期发生了变化。举一个极端的例子，假设科学家发明了一种新材料，可以供给无限能源，那么石油的价格就会剧烈下跌，这就是因为人们的预期发生了变化。某一天某国政府出了一个政策，不允许使用苹果公司的设备了，那么苹果公司的股价也会下跌。这就是政策的超预期对市场的影响。

股市中一个老生常谈的话题就是只有超预期的事件才会对市场产生作用。如果一个公司的财报非常好，这一切都在分析师的预期之内，财报发布的时刻股价不会有任何波动。只有预期变了，价格才能变。预期的变化，又叫"预期差"。所以，预期差也会导致资产的强弱变化。

资金供给关系和基本面预期差变化是相辅相成，相互影响的。一方面预期变好会推动资金流入，一方面资金流入会让市场重新审视投资标的的基本面，从而推动预期的改变。

我们代销的股债平衡组合的收益来自哪些方面？

1. 股债择时

股票和债券的走势往往是相反的，股强则债弱，反之亦然。根据股票和债券的相对强弱，股强的时候适当增配股票，债强的时候适当增配债券，这就是股债择时。

图 10-12 表示每个月股票指数（黄色，左轴）和债券指数（蓝色，右轴）的收益情况，可以看到，绝大部分时候这两个柱子的朝向是相反的，这就是股债对冲性的体现。

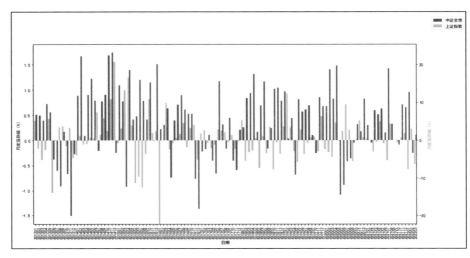

图 10-12　近 10 年股债代表指数的月度涨跌幅

　　资金供给关系：股债择时中我们更关心资金的绝对关系，到底是流入了还是流出了，更关心资金的总量而不是资金的分布。

　　基本面预期：股债择时中我们更关心经济整体。参考的宏观指标包括：CPI、GDP、PPI、社融、市盈率、股息率、投资者数量、税率、利率、比较优势、科技进步、政策变化以及货币乘数等。

　　历史上股和债分别占优的时候如下，见图 10-13。

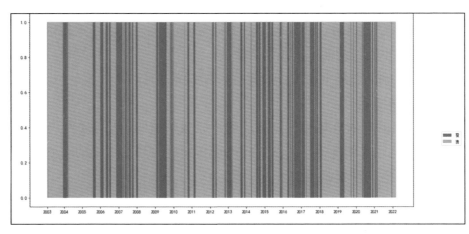

图 10-13　股债各自占优的时间段分布

假如我们在预期该资产占优时全仓买入该资产，那么经过股债择时后的收益率曲线如图 10-14 中蓝色所示，显著好于上证指数。

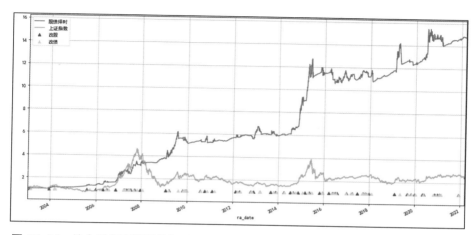

图 10-14 结合股息率的股债择时回测情况（时间区间：2013 年 3 月—2022 年 2 月）

以上是股债平衡组合的基础版本。有没有进阶版呢？当然是有的，上面我们是用上证指数来代表股票资产。但是上证指数里面包含了多个行业的大中小盘各类股票，我们知道，当市场上涨时，除非是历史级别的大牛市，否则多数情况是结构性行情，即个别风格或者个别板块的股票领先上涨，而有的板块非但不涨甚至还会下跌，总之就是不会同涨同跌。如果我们能选中不同时间段中表现最好的风格或者板块，就可以进一步来提高投资业绩。所以，在进阶版的股债平衡组合中，股票资产通过风格轮动和板块轮动来持仓最强的股票基金。

2. 风格择时

在 A 股中，最重要的风格择时就是大小盘择时，大小盘往往会呈现相对较长时间的强弱分化。大盘强时适当多配大盘，小盘强时适当多配小盘，这就是风格择时。

图 10-15 显示沪深 300 指数和中证 500 指数即大小盘在不同月的收益情况，可以看到基本上是同涨同跌，但是幅度会有所差异，有时候大盘更强，有时候小盘更强。理论上，大盘股的估值应该是比小盘

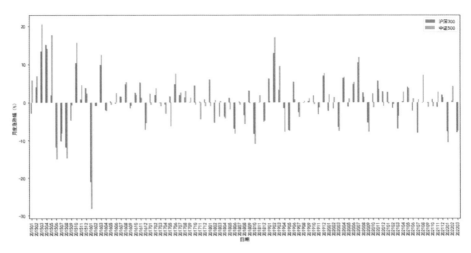

图 10-15　沪深 300 和中证 500 指数在不同月份的收益情况

股估值要略低一点。在这种情况下，如果整体估值都非常低的时候，大家更倾向于买大盘股，那么大盘股的表现可能就会更好一点。但是如果整个市场的系统性的估值都比较高的时候，大盘股在高位继续拔高，压力就会比较大，小盘股在这种情况下可能有更优表现。

资金供给关系：大小盘模块中我们更关心资金的相对关系，关心资金在大小盘因子上的分布变化，关心短周期的资金变化。

基本面预期：大小盘模块里我们更关心不同政策对大企业和小企业的影响，如反垄断政策、就业政策、利率、税率、贷款政策、波动率、市场情绪、行业的景气程度以及公司的利润率水平等。

基于上面的指标，我们测算的历史上对大小盘强弱关系的统计如图 10-16 所示。

同样，假如我们在预期该资产占优时全仓买入该资产，经过大小盘择时后的收益率显著好于上证指数。

3. 板块择时

股票市场中，不同的板块、不同的行业之间走势会有差异。适当多配强势的板块，少配弱势的板块，这就叫板块择时。

资金供给关系：板块轮动中我们更关心个股的资金，更关注短期

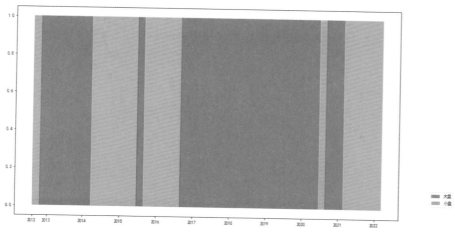

图 10-16　大盘 / 小盘各自占优的时间段分布

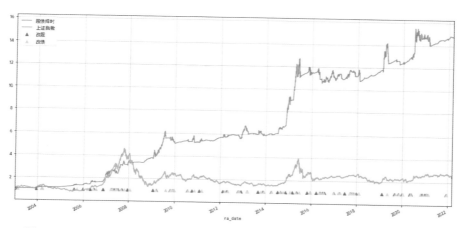

图 10-17　大小盘择时的回测情况（时间区间：2013 年 3 月—2022 年 2 月）

的资金面变化。

基本面预期：我们更关注短期的冲击，如自然灾害、地缘政治变化、行业政策等。

基于上面的指标，我们测算的各板块配置比例的调整如图 10-18 所示。

经过板块轮动后的收益率显著好于上证指数，超额收益持续稳定扩大，见图 10-19。

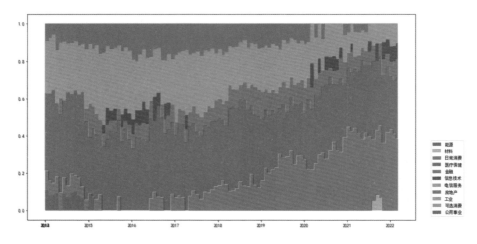

图 10-18　历史上各板块配置比例的调整情况

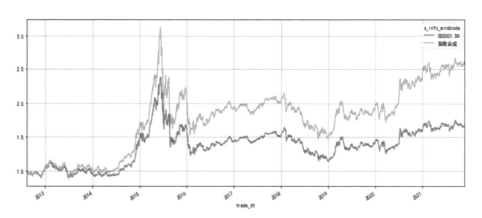

图 10-19　板块轮动后的收益率显著好于上证指数（时间区间：2013 年 3 月—2022 年 2 月）

4. 优选基金

即便投资的方向一致，基金业绩也会有差异。选择业绩相对更优的基金，有助于比较稳定地跑赢比较基准。

在权益类基金的筛选方面，我们没办法预测未来哪一只基金可以斩获全市场前十，因为基金业绩绝对领先与否是很难预测的。然而，基金的风格一定程度上有稳定性和持续性，所以我们可以通过基金过往业绩表现来观察基金的风格是否稳定。因为股债平衡组合需要配置一些风格或者板块比较明晰的资产池，所以稳定的基金风格会赋予它更高的配置意义。除了风格稳定以外，另一方面，我们也会观察比较基金是否在长时间段中能获得相对较稳定的超额收益。

　　基于以上四步，我们回测了股债40%∶60%组合的历史表现。测算股债40%∶60%组合有95%的概率最大回撤不超过12%，这个风险控制能力与全天候组合的风险等级7接近，所以我们拿股债平衡组合和全天候组合进行业绩对比。股债平衡组合的年化收益率为6.73%，高于全天候组合等级7的收益率。股债平衡组合期间最大回撤为12.19%，同样优于全天候组合的风险等级7。

	年化收益	最大回撤	Calmar	夏普率	年化波动率
4股6债股债均衡策略	0.0673408	0.121899	0.552431	0.372099	0.0953207
等级7	0.0343065	0.131939	0.260017	0.0543387	0.0448023
等级7比较基准	0.0225876	0.191749	0.117797	-0.106643	0.0870606

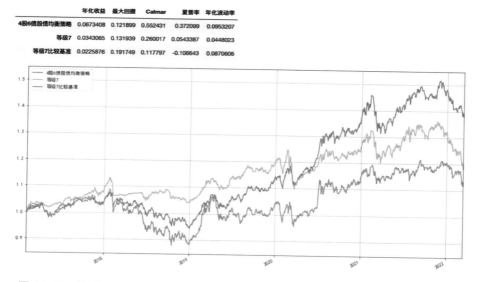

图 10-20　股债 40%∶60% 组合的模拟回测业绩展示（时间区间：2017 年 1 月—2022 年 2 月）

　　至此，我们把主要的资产配置方法和一些代表组合介绍完了。至于应该拿出多少钱去投到资产配置组合里？应该投资多久？适合自己的资产配置组合究竟应该是什么样子的？要回答这些问题，我们得进入下一篇：财富规划篇。

财富规划篇

在财富规划篇中，我们主要解决的是人生不同阶段如何做财富规划的重大难题。之所以放在后面讲，正如本书一开头说的那样，我希望带着您由浅入深地了解理财的知识体系。但是在现实中，家庭理财规划其实应该放在第一步，只有明确了哪些钱是未来必需花的，哪些钱是需要继续积攒的，哪些钱是不能亏损的，才能知道，每类钱应该如何对待。我们通常会把一生中的家庭资产分成四个账户，分别是现金账户、理财账户、投资账户以及保险账户。这样，根据家庭不同账户的特征来配置与之对应的资产配置组合，再用组合的要求去筛选相应的基金等细分产品。这就完成了资产配置规划——资产配置——资金进出结构——产品筛选这个家庭理财的四步路。

家庭财富规划是理财中最重要的部分，也确实是比较难的部分。所以，本篇我们会结合一个具体的案例，通过帮助用户完成家庭财富规划的过程，来让大家搞清楚家庭财富规划究竟应该怎么做。本篇的最后，我们会分享几个典型的不同特征的家庭的理财规划之路，方便不同家庭的读者"按图索骥，对号入座"。

第十一章　家庭资产三账户

2012 年，日本厚生省做过一个流浪汉调查。9676 名流浪汉平均年龄 59.3 岁，3 成以上的流浪汉流浪超过 10 年，5 成以上的超过 5 年。

10 年前，也就是 2002 年，正好是日本泡沫经济破灭后的第 12 个年头。再往前推 12 年，即 1990 年（平成二年），是日本泡沫经济开始破灭的元年，这些流浪汉的主体，当时正好是 40 ~ 50 岁的中年人，因此我给这个群体取了一个名字，叫"平成流浪汉"。

流浪汉哪里都有，为什么单独给这个群体取这样一个名字呢？因为这群高龄流浪汉与传统上大家想象的流浪汉——没读过书、没干成过事、失败者、社会弃儿这些标签不同，他们中 70% 左右的人在流浪前是正式职员，其中有接近 10% 的人居企业管理层或是企业主。

高龄流浪汉的流浪原因，60% 以上是因为破产、失业、收入减少等客观原因。纪实作家增田明利写过一本书《今天，我变成了无家可归者》，描述了 15 个从白领变成流浪汉的例子。在日本经济腾飞的"昭和奇迹"中，中产家庭收入快速增加，财富飞快增值，借款买房子、买股票、炒外汇，这些都是当年中产家庭的标配。20 世纪 90 年代开始，泡沫破裂，破裂的不光是房价、股价，还有收入增加速度。收入开始减少，而借钱买的资产也在以对折甚至 3 折、2 折、1 折的速度贬值，不能及时改弦更张的中产群体，面临的就是家庭财务破产。为了切割债务，确保家人还有个地方住、有口饭吃，这些"昭和男儿"只好净身出户，成了"平成流浪汉"。

在经济高速增长期热衷于投资，方式过于激进、没有底线，是"平成流浪汉"的主要成因。"平成流浪汉"特指这些因平成时代的泡沫经济破灭而成为社会弃儿的前中产群体。

中产家庭在泡沫破灭中沦落为流浪汉的毕竟是少数，但整个中产群体的阶层下滑、财务状况恶化，却是泡沫破裂中的常例。

2005年，日本出了本年度畅销书《下流社会》，记述了20世纪90年代泡沫经济破裂后，日本的中产家庭面临收入下滑、失业等危机。作家三浦展在这本书里说，日本中产群体已经崩溃，因为收入下滑等原因，中产群体整体在"向下流动"。

中产家庭整体的"阶层下流"，成因却与"平成流浪汉"截然不同。前者是过于激进，后者是过于保守。泡沫经济破灭后，惨烈的资产价格"大打折"吓怕了中产家庭，中产们不买房、不投资，甚至连消费都大幅度下滑，陷入"低欲望社会"的怪圈。而后30年经济原地徘徊，收入又没有什么增加，结果中产家庭在整个社会财富的分配中占比越来越低。

据统计显示，日本两人以上家庭的日常支出要占到可支配收入的90%以上，见图11-1。

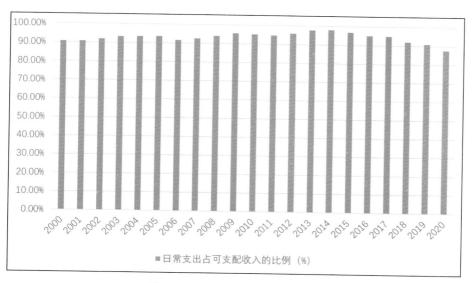

图 11-1　日本家庭日常支出占比

投资也不行，不投资也不行，这是中产家庭的尴尬命运。

这个命运的破解其实也没那么难：别做没底线的高风险投资，但必须做好理财。日子好过的时候别嘚瑟，选择有底线的妥当的方式理财；日子不好过的时候别灰心，也要选择有底线的妥当的方式理财。

本章开始，我们正式进入家庭理财规划的实践中，为了让大家能更快地理解，我将通过真实的人物案例进行分析，让大家清楚以下问题：如何理清自己的家底，如何将现有资产分类到不同的账户里，家庭四个账户（现金账户、理财账户、投资账户、保险账户）应该分别放多少钱，目前的家庭规划和理想中的家庭规划是否有差距、应该如何调配，每个账户又该配备什么资产和产品，等等。

不同的人生阶段，理财目标不同

李先生今年 35 岁，毕业之后就留在北京工作生活。在北京有两套房，一套自住，一套用于出租（有房贷）。但是以家庭收入情况来说，还贷没有太大压力，属于典型的大城市的中产家庭。家庭收入主要是工资，之前也尝试做过副业，但是由于精力有限，折腾了一年也没赚到钱。

目前孩子到了上幼儿园的年龄，花钱的地方越来越多。家里的老人最近从老家来北京的医院做了个手术，医保不能报销全部医疗费用，进口药和护理费也是笔不小的开支。

以前开销不大的时候，李先生还做过一些投资，但是炒股的收益并不稳定，总体还是赚得少、赔得多。前两年听人介绍投资过 10 万元的 P2P，觉得利息比银行的高，但是不幸赶上爆雷，本金利息全打了水漂。经历了几次失败的投资后，李先生的大部分资金只敢买一些现金理财，但是又觉得收益率太低了，对于资产增值的作用微乎其微。

前阵子他来公司，感叹说："人到中年，最大的感受是有了恐惧。以前没钱没房，啥都没有，但觉得自己只要能闯能折腾，收入总会增加，房子总能有。但是现在，精力开始下滑，职业上升速度慢了，收入增速也慢了，总觉得周围其他人的收入增速都比自己快。想去折腾，精力不够；不去折腾，钱放在银行实实在在在贬值，而未来需要花钱的地方会越来越多。晚上躺在床上，有种莫名的焦虑……"

相比个别媒体肆意贩卖的那种类似没有一个亿就不能财务自由的焦虑，李先生的焦虑是真真切切地发生在我们周围生活中的，李先生是中国众多中年人的一个缩影。

在不同人生阶段，我们会面临不同的责任和压力。年轻时，一人吃饱全家不饿，自然没有那么多需要花钱的地方，所以觉得资产规划离自己还很远。但是随着年纪增大、步入婚姻后，家庭的责任也会越来越大，需要花钱的地方越来越多，如果不事先做好资产规划，有可能会面临捉襟见肘的尴尬境遇。并且，在人生的不同阶段也需要及时调整规划来应对变化的收支情况。

我们把人生简单划分为 5 个阶段，分别是：单身期、家庭形成期、家庭成长期、家庭成熟期、退休期。每个阶段，资本不同，经历不同，收入也有很大的差别。所以，对于理财的每个阶段，自然也应该有不同的理财方式。

1. 单身阶段（22~28 岁）

这个阶段大概是从我们开始工作到结婚承担家庭责任之前的时间，虽然工资较低，但是一人吃饱全家不饿，没有太大的压力。这个阶段要增强自控力，做到收支平衡，至少不做月光族。

这个时期，我们要做的就是及早开始为以后储备资金，因为这是攒钱的黄金时期。除了积极攒钱之外，还有一个目标就是学会自我投资，增加自己的工作技能，培养自己的财商，比如养成做预算和记账的好习惯，将理财思维融入自己的生活。

理财规划建议：

量入为出。掌握自己的收入支出状况，"月光族"首先应建立理财档案，对开销进行分析，哪些是必需支出，哪些是可有可无的支出，哪些是能省则省的支出。

强制储蓄。拿到工资以后，将每月工资的一部分存起来，年轻时能承受较高的风险波动，可以考虑坚持基金定投。

2. 家庭形成期（28~35 岁）

这个阶段是从步入婚姻到养育子女的阶段。从家庭收入来说，随着自己事业的蓬勃发展，收入也会有明显提升。与此同时，各项开支也开始猛增。在此期间，我们要做好债务控制，尤其是买房买车这些大项支出，要将负债控制在自身能力的范围内。家庭资产规划从这个阶段就要开始做，才能在之后的时间合理安排你的支出，将家庭存款发挥效用最大化，保证重大计划可以稳步实施。

由于这个阶段身负家庭重任，所以个人还有子女的保障，也是我们的理财重点规划之一。做好重疾险的保险保障，将夫妻的健康风险做好转移势在必行。

理财规划建议：

建立家庭四账户，分别是现金账户、理财账户、投资账户和保险账户。现金账户储备 3 个月的生活费；60 岁之前需要花费的资金，或者当出现重大支出时能保证在 1 年之内变现的资产都应该放在理财账户里，理财账户的资产要保证风险可控；优先给家庭经济支柱成员建立保险账户，建议用年收入的 5% 作为年保费支出标准；如果还有剩余的资金则可以归入投资账户，投资账户中的资产默认为家庭支出高峰期不会用到的钱，配置的资产风险较大，变现时间较长。

建立有目标的理财账户。无论是买房、买车还是存钱，需要列明一个时间周期。如果时间和用途都不明确的，则统一放入无目标理财账户，坚持长期投资。

3. 家庭成长期（35~55 岁）

这个阶段是子女成长和接受教育的期间。在这个阶段，通常自身事业已经基本稳定，家庭的重大物件也已经配置齐全，属于稳定阶段。

这个稳定时期，我们要做的就是积极进行稳健的投资。在准备子女的教育金的同时，也要开始规划双方父母的赡养费以及自己的养老金账户。这些账户都是有目标的理财账户，投资上应当以求稳为主，也就是要控制资产的回撤幅度，才能保证钱的支配不受任何因素影响。

理财规划建议：

在尚未满足理财账户，资金要求的情况下，要努力存钱，保证一生中的重大支出不中断。投资不应该盲目冒进，更不能在不顾理财账户是否足额就去做炒股炒币等高风险投资。

应抵御风险，应着眼于长期增值，选择稳健增值的理财产品以实现多年后养老、子女教育等长期财务目标。

4. 家庭成熟期（55~60 岁）

这个阶段是子女长大成人，进入社会工作后的阶段。这个阶段最大的特点是，收入处在最高水平，而支出处在相对较低的水平。因此，这一阶段是增加家庭财富积累的绝佳阶段，意味着我们要继续积极地进行各项理财投资及规划，尽可能做好资产配置，以降低风险。

理财规划建议：

先安排好自己的养老金，再帮助子女解决困难。随着临近退休，养老金是否准备充足是头等大事。

如果理财账户资金充足，投资账户有闲置资金，投资心态也会更从容。这时可以考虑交给专业机构去做一些投资，在市场行情好时，借助专业机构去博取收益。

5. 老年退休期（60岁以后）

这是人生的最后一个阶段，这个阶段收入急速减少，但是因为身体的原因可能支出反而急剧增长。有人说这是吃老本的时期。确实，这个阶段我们的消费支出基本来源于我们前面的储蓄。由此可见，及早开始养老金储备计划是非常有必要的。

另外，处在这个阶段的理财投资，要特别注意安全性和稳定性。高风险类别的资产配置要适当减少，要保证手里有充足的现金可以随时支配。

总体而言，处在人生不同的阶段，我们要完成的理财目标各不相同，但是有一点自始至终都没有变化，那就是不断提高财商，努力存钱和尽早做家庭理财规划，并且每隔一段时间就要重新做一次。

理财之前先"度支"，理清自己的家底

接下来我们就开始正式进入家庭理财规划环节了。正所谓"核心不稳，地动山摇"。管理家庭财富，先从管理好自己的钱开始，这是家庭财富稳固的前提和基础。

如何管理好自己的钱呢？第一步就是先要了解自己。

这里的"了解自己"主要指的是，首先要理清你的财产和收入，确定资金用途和可能的支出金额。这样就能了解哪些钱可以用来理财，可以理多久的财，这其实就是摸家底，核支出，二者合起来就是古代的"度支"。其次就是要客观衡量自己的风险承受能力。

"度"就是梳理自己的财产和收入。自己的财产和收入还需要梳理吗？不都明明白白装在脑子里了吗？是的。但是，装在脑子里的，是实实在在的房子、票子、车子，这都不是理财的视角。

先给大家普及一个知识，从理财的角度看财产，有两个属性。

一个叫风险属性。会不会赔钱？如果会赔钱，最多会赔多少？赔钱的概率高不高？

一个叫流动性。支出的时候需要的是现金，除了现金以外的任何财产，都需要先变成现金才能花，财产不是都可以立马变成现金的，这个变现的难易程度，就叫流动性。

此外，流动性有狭义和广义之分。狭义的流动性是说简单的变现速度。但有些财产，比如股票，有赚的时候，有赔的时候。一般来说，持有时间越久亏损的概率越低，我们当然不希望在需要变现的时候割肉出来。那么放多久才能大概率不赔钱出来呢？这个多久，就叫广义流动性。

既然讲理财，我们肯定不希望赔钱出局。我们说的流动性，主要就是广义流动性。这个更符合正常的投资心理，所以有些资产即使看起来好变现，但是，考虑到好变现的代价是巨大的亏损，理性的人都会等到亏损比较小的时候才变现。从广义流动性的角度来说，它的实际变现时间就会比想象的要长得多。

理解财产的理财两个属性之后，我来教你怎么从理财的视角核算自己的家庭财产。我们先来做一张表。

表 11-1　从理财的视角核算自己的家庭财产

	基本不赔钱的财产	有可能赔很少钱的财产（5% 以内）	有可能赔较多钱的财产（15% 以内）	有可能赔很多钱的财产（15% 以上）
现金				
随时可以变成现金				
需要一段时间（1 年以内）变成现金				
很可能需要很久才能变成现金				

现在我来帮你做第一步，把家庭可能的财产都归类到表里去，如表 11-2。

表 11-2　家庭财产分类表

	基本不赔钱的财产	有可能赔很少钱的财产（5% 以内）	有可能赔较多钱的财产（15% 以内）	有可能赔很多钱的财产（15% 以上）
现金	现金 活期存款 余额宝			
随时可以变成现金	货币基金			
需要一段时间（1 年以内）变成现金	一年以内的定期存款 安全地借给朋友的钱	定期银行理财 债券型基金	偏债型基金	
需要很久才能变成现金	长期存款 社保 公积金	寿险 分红险 投连险	企业年金	股票 偏股型公募基金 私募基金 投资性房产 信托产品 艺术品投资 一年以上的工资收入折现 企业股权 / 私募股权产品

大部分是比较容易明白的，有几个点需要解释一下。

1. 为什么以赔 15% 作为分界线呢？

因为在多年的理财服务中，我发现一个资产品种如果有赔 15% 以上的可能性，而且投资者知道有这个可能性的话，他是不敢放很多钱在这个资产品种上的。

银行理财不是很安全吗，为什么会放在可能赔 5% 以内的那一栏去？

以前的银行理财确实是很安全的，但是，自从 2018 年中国人民银行发布《资管新规》之后，所有的银行理财取消刚兑、不再允许承诺保本保收益了，因此银行理财也有赔钱的可能性。当然，大部分银行理财即便赔钱，幅度也不大。但千万不能再抱着银行理财绝对安全的思维了。

2. 人寿保险需要很久以后才能用可以理解，可为啥会赔呢？

道理与上面银行理财一样。

3. 未来收入是财产吗？

是。未来收入又叫或有财产，因为一般工作的家庭，未来的收入虽然不会 100% 稳定，但多半会有。大部分家庭的收入还会随着社会财富增长而增长。不过，随着我国经济增速减缓，收入增速必然会减缓。而且，既然叫或有财产，和当下已有的财产还是有区别的，区别就是可能会因为失业等意外而没了收入。我国的失业率，官方公布大约是 4%，考虑不同地域及较坏情况，按 10% 算，意味着一个普通人有 10% 的可能性会在某段时间失去收入，这是有风险的。此外，未来收入和当下财产不是一个维度的，金融上要比较未来的钱和当下的钱，有个做法叫"折现"。意思是，当下的钱放到未来，起码会有个利息收入，那未来的钱肯定和当下不一样。未来的钱要和当下的钱比较，就应该扣除利息倒算回当下，这个详细的算法比较复杂，我给大家一个简单的公式：

未来收入的折现值 = 预估的未来总收入 /（1+ 利息）计算收入的总年份 /2

假如未来还能工作 20 年，计算收入的总年份是 20，利息一般以银行 1 年期固定存款利率计算，大约是 3%。

4. 房产不是很好变现吗？房子不会赔钱吧，怎么可能会赔 15% 以上？

房产又叫不动产，天然就是不易变现的品种。之前 20 年，由于在房地产的上升周期里，感觉上变现不难，风险不高。但随着人口老龄化，尤其是我们大部分中年人真正花钱的大头在 10 年之后，那时候房产是不是还会那么好变现？作为一个负责人的家庭之主，我建议你谨慎。目前所持有的投资性房产，在核算资产的时候，我建议打 7 折甚至 5 折比较妥当。如果是三四五线城市，甚至可以考虑打 3 折。

现在，我们分门别类把自己家对应的财产的金额放上去。

为了方便大家理解，我们仍然以李先生为例，大家可以按照这个流程来做。在得到李先生的同意后，我们了解到他目前的财产情况。

家庭资产方面：

有活期存款 20 万元，放在银行活期账户。有银行理财 80 万元，封闭期均在 1 年以内。李先生不做股票，投资股市的主要方式是买偏股型基金，两只基金总计 56 万元。都是以投资 A 股的价值白马股为主。

保险方面：自己和爱人各买了一份人寿险，期缴 25 年，每份保险的保费合计是 15 万元。如果想不赔太多钱退保的话，至少需要持有 20 年。

李先生和爱人之前买房用了一部分公积金，现在还剩 15 万元。

此外，在北京有一套投资性房产，用于出租，房子的市场价是 600 万元。

收入方面：

李先生和爱人都是工薪阶层，目前稳定的工资收入是 30 万元，年租金收入是 6 万元，加一起是 36 万元。

我们把李先生的各项财产填到前面那个表里，就是这么个情况。

表 11-3 李先生家庭财产明细表

风险 \ 流动性	基本不赔钱的财产	有可能赔很少钱的财产（5% 以内）	有可能赔较多钱的财产（15% 以内）	有可能赔很多钱的财产（15% 以上）
现金	20 万			
随时可以变成现金				
需要一段时间（1 年以内）变成现金		80 万		
需要很久才能变成现金	15 万	30 万		656 万

现在，我们来做财产梳理的第二步，把财产按照两个维度分开。

第一个维度，流动性维度。把财产按照现金或类现金类、1 年以内可以变现的，以及需要 1 年以上才能变现的分成三类。以李先生为例，他的情况是这样：

表 11-4 按流动性分类的财产情况表

流动性	现金或类现金	1 年以内可变现	1 年以上才能变现
金额	20 万	80 万	701 万
占比	2.5%	10.0%	87.5%

第二个维度，风险维度。把财产按照低风险、中风险和高风险分开，低风险就是基本不赔的和最多赔 5% 以内的财产，中风险就是最多赔 15% 的财产，高风险就是可能会赔 15% 以上的财产。李先生的情况是这样的：

表 11-5 按风险维度分类的财产情况表

风险	低风险	中风险	高风险
金额	145 万	0 万	656 万
占比	18.1%	0.0%	81.9%

好了，到这里，我们"度"的部分，也就是梳理现有财产和未来收入的部分，就做完了。

我们总结一下，如何梳理自己的家庭财产呢？

第一步，设定风险和广义流动性两个维度，把家庭现有财产和预估的未来收入都归类清楚。

第二步，按照风险和流动性，把两个维度上不同范围的资产金额和比例计算出来。

要注意，前面做的这些都属于梳理现状，现状不一定是合理的，否则就没有理财的必要了。后面，我们要算一算这两个维度上的财产合理的分配应该是什么样的，这个才是理财规划的过程。

"量出为入"——构建家庭资产三账户

上一节我们做了李先生家庭财产的梳理，并且按照理财的视角，从流动性和风险两个维度对资产进行了归类汇总，计算出当前每类资产分别有多少比例和多少金额。

这是李先生的现状。但是，现状未必就是合理的。接下来，我们就重点从流动性的角度分析一下，李先生当前的财产分配是否合理。

怎么来确定这个合理的比例呢？我们都知道有个词叫"量入为出"，意思是有多少钱办多大的事。在理财中，恰恰需要我们"量出为入"。什么意思呢？就是我们要根据支出的需要决定财产的分配。这个就是"度支"里的"支"。

在这之前，我们先理解两个词，"投资"与"理财"。

这两个词经常被混用。感觉上一样，其实差别很大。"资"是什么？资本。资本的目的是增值，尽可能地多挣钱。"财"是什么？财产，是一个人、一个家庭衣食住行的基本保证，所以要先求稳再求多。资本没有了不影响生活，财产没有了会直接影响生活。

所以，我们一般把分配好、管理好家庭生活所需的财产叫"理财"，而把管理、运营好那些不影响生活的财产叫"投资"。前者求稳，后者求多。

多数人把理财和投资混为一谈，当手中有一笔闲钱的时候，会首先考虑收益率最大化，上来就买基金、投股票，而不考虑后面的风险。就会给家庭的未来带来隐患。

怎么区分理财的钱和投资的钱呢？

中年属于上有老下有小的人生阶段，从结婚到子女教育再到自己和父母的养老，我们主要的支出都会集中在 60 岁之前，比如日常开销、买房买车、孩子教育，等等，这些都是绝对影响家庭生活质量、事关家庭未来的开支。钱不够就买不到房子，钱少了孩子就得不到好的教育，这些东西是容不得打折的，这些钱都应该以理财的方式来管理。至于60岁之后需要花的钱，一是年代久远，变数太多；二是到那时候也到了退休年龄，财富多寡最多影响自己的生活质量，不至于影响到家庭根本。这些钱，是可以用投资的心态进行管理的。

当然，1年以内的日常生活支出，也是必须提前留出来的。

这样，我们的支出结构，可以大致划分为1年以内的家庭支出、60岁之前的家庭支出、60岁之后的家庭支出三档，分别对应的是现金账户、理财账户和投资账户。

如何确定这三个账户分别放多少钱呢？

现金账户的金额一般是年收入的1/4，也就是3个月的工资收入，可以满足我们短期的日常开销。

在计算理财账户和投资账户如何分配之前，我们先要搞清楚年龄、收入与支出三者之间的关系。

通过对上千家庭的跟踪和调研，发现家庭的支出与两个要素有关：一个是年龄，一个是收入。

支出和年龄呈现的关系是中间高、两头低的曲线（如图11-2）。当年龄在50岁左右时，消费能力最强。50岁之前随着年龄增长，支出逐渐增加；50岁之后随着年龄增长，支出逐渐减少。

而家庭支出与收入之间的关系，大概是这样的（如图11-3）。

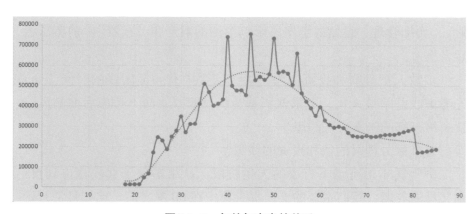

图11-2　年龄与支出的关系

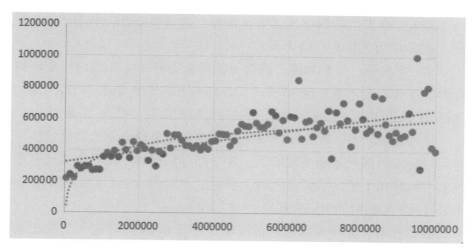

图 11-3　家庭收入与支出的关系

收入越高消费越多，但消费不是线性增加的，消费占比随着支出的增加而逐渐降低。家庭年收入 20 万元之前，基本上是有多少花多少，之后会随着收入增加缓慢增加。但大多数家庭即便收入再高，年支出基本不会高于 60 万元。

除了年龄、年收入与年支出三者的关系以外，我们还需要用到一个投资策略，叫目标日期策略。这个策略大家还有印象吧？在第九章"FOF 母基金"一节中做了简单的介绍，我们再来回顾一下。

目标日期策略是以投资者退休日期为目标，根据不同生命阶段的风险承受能力进行资产配置的投资策略。投资者随着年龄增长，风险承受能力会逐渐下降。因此，随着所设定的目标日期的临近，我们会逐步降低风险高的资产比例，转而增加稳健型的资产比例。

在三账户中，投资账户的资产风险是最高的，理财账户的风险低于投资账户。根据目标日期策略，我们把 55 岁设为目标日期，在 55 岁之后，我们会逐步降低投资账户的比例，转而提高理财账户的比例。

我们根据年收入、年龄两个变量，在目标日期策略的基础上，生成了三账户的计算公式。

我们仍然以李先生为例，他目前 35 岁，年收入是工资收入 30 万元加上投资性房产租金 6 万元，一共是 36 万元。

那么，李先生的钱应该怎么分配呢？应该将三部分钱分为：9 万元、1039.92 万元和 640.52 万元。

这三部分钱，分别对应"现金或类现金资产""1 年以内可变现的资产""1 年以上才能变现的资产"。回顾一下李先生当前财产按照流动性划分的配置情况，我们回顾一下划分金额和比例（见表 11-4）。

你可能会问了，现金账户对应的是现金或类现金资金，投资账户对应的是需要很久才能变现的钱，这个都可以理解。那为什么理财账户（中间好几十年内需要花的钱）要对应"1 年以内可以变现的钱"？不是有几十年的时间可以变现吗？

你想想看，你在理财账户的支出是都累积到 20 年底一笔花出去吗？肯定不是。大部分人未来的支出，可以划分为两大类：一大类，是明确知道什么时候花、花多少。还有一大部分，是知道未来会花，但具体何时花、花多少，并不是非常明确。可能是一两年以后，也可能是三五年以后。这类钱，虽然是在几十年内花出去的，但任何一笔钱，都不可能允许太长的广义流动性。

还是以李先生为例，他未来的花费中，只有孩子的教育金是明确的，因为要送孩子出国留学，在 14~18 年内要花 100 万元左右。其他的，都不是很明确。

这种理财资金金额和期限都很明确的，叫有目标理财资金，其余的，叫无目标理财资金。

接下来，我们把两组数据合起来对比一下：

表 11-6　实际金额和需要的金额对比表

流动性	现金或类似现金	1 年以内可变现	1 年以上才能变现
实际金额	20 万	80 万	701 万
占比	2.5%	10.0%	87.5%
需要的金额	9 万	1039.92 万	640.52 万

经过比对我们发现，李先生现实情况中配置的现金过多、广义流动性差的资产较多，流动性较强的理财账户却配置过少。该怎么调整

呢？应该根据理财的基本原则"优先满足最近的需求"来调整。

李先生的理财账户需要 1039.92 万元。从当前来看，缺口还是很大的。李先生"现金或类似现金"账户上的钱太多了，可以把多余的 11 万元拨出去，拨到哪里呢？最近的缺口是理财账户（"1 年以内可变现的财产"）这一块，应该将这 11 万元拨到"1 年以内可变现的财产"上。但是，现有的"1 年以内可变现的财产"80 万元加上拨过来的 11 万元，也就 91 万元，离 1039.92 万元的需求还差 948.92 万元。由于理财账户的需求比投资账户更近，需要优先满足。所以，剩下的部分要从投资账户"1 年以上的可变现财产"中划拨。

回忆一下李先生当前的资产情况，李先生的"1 年以上的可变现财产"账户包括以下这些部分。

表 11-7　李先生的 1 年以上的可变现财产明细

可能需要很久才能变成现金	公积金15 万	人寿保险30 万	偏股型基金56 万	投资性房产600 万

这里面公积金和人寿险都属于很难挪动的财产，能挪动的财产有投资性房产和未来的部分收入。

投资性房产显然并不是一年内可变现财产，怎么挪动？

赎回偏股型基金 56 万元，卖掉房子换成一年内可变现财产 600 万元。还差 292.92 万元，就需要从未来的收入中抵扣。由于理财账户的钱不是 1 年内就全部花出去的，可能是 20 年内的某一时点，所以可以用未来的收入填补这个空缺。李先生目前的年收入是 36 万元，按照通货膨胀计算的话，退休前预计的总收入大约为 936 万元。所以说，理财账户虽然目前来看缺口很大，但是随着收入不断填补进去，60 岁之前应该可以满足这部分的支出需求。

这样经过调整后，李先生的财产结构就变成了：

1 年以上才能变现的资金目前只包括了公积金 15 万元、人寿保险 30 万元。但是，李先生的投资账户经测算需要 640.52 万元的养老资金，扣除这 45 万元，李先生还有 595.52 万元的养老资金缺口。至于如何解决这部分缺口，我们留到下文来讲。

经过调整以后，李先生的当前三部分财产变成了表11-8。

表 11-8 李先生当前三部分财产分类表

🏠 **家庭财富规划卡**

	零花钱账户 家庭的短期必要开支 要保证这笔钱不能有亏损	理财账户 一年内可变现的钱 当出现重大支出时要快速变现	投资账户 变现时间在一年以上的钱 家庭支出高峰期不会用到的钱
需要的财富分配	9.00万	1039.92万	640.52万
现在的财富分配	20.00万	80.00万	701.00万
调整后的财富分配	9.00万 ⬇	747.00万 ⬆	45.00万 ⬇

零花钱账户从 20 万元减少到 9 万元，理财账户从 80 万元增加到 747 万元，投资账户从 701 万元减少为 45 万元。剩下的缺口由将来的收入逐渐补齐。

很多人对卖掉房子换成高流动性财产心存疑虑，因为过去 20 年房子确实是最挣钱的财产，而且流动性也不差，想卖自然会有人接盘；有些鼓励一般家庭卖掉投资性房产的人，也纯粹是出于对未来房子价格不可能继续涨下去的角度、纯粹从投资价值的角度考虑问题。这些都不能说错，但过去 20 年挣钱和未来能不能挣钱确实没啥关系；即便未来房价不跌，但随着人口老龄化和住房拥有率的逐步饱和，未来房子的可变现价值肯定是越来越小的。尤其是到当下这一批 30~40 岁的中年人养老的时候，不能变现的钱只是纸面财富。毕竟，你不能靠着砖头瓦块来维持生活。

回顾一下，本节我们首先明确了理财的钱和投资的钱的区别，之后通过梳理未来的支出，确定了合理的现金账户、理财账户和投资账户的比例和金额。同时，也了解了从不合理的现状向合理的未来调整的方式。接下来，我们会讲讲三账户究竟应该怎样管理才最有效。

如何管理"无目标的钱"

先回顾一下，按照我们的家庭规划模型，建议李先生的三账户配置方案如表 11–9。

表 11–9 李先生的家庭财富规划卡

⌂ **家庭财富规划卡**

	零花钱账户 家庭的短期必要开支 要保证这笔钱不能有亏损		理财账户 一年内可变现的钱 当出现重大支出时要快速变现		投资账户 变现时间在一年以上的钱 家庭支出高峰期不会用到的钱	
需要的财富分配	9.00万		1039.92万		640.52万	
现在的财富分配	20.00万		80.00万		701.00万	
调整后的财富分配	9.00万 ⬇		747.00万 ⬆		45.00万 ⬇	
	投资品推荐	调整金额	投资品推荐	调整金额	投资品推荐	调整金额
市场上可配置的产品	·现金 ·活期存款 ·余额宝	减少11万	·偏债基金 ·银行理财 ·定期存款	增加667万	·股票 ·偏股公募基金 ·信托产品 ·证券私募基金 ·投资性房产 ·艺术品投资 ·企业股权/私募股权基金	减少656万
	零花钱账户	核心账户		卫星账户	投资账户	
理财魔方适配产品	魔方宝	**小资金** 智能全天候组合 智能相对收益组合 **中资金** 智能全天候组合 智能相对收益组合 对应风险等级的券商集合资金计划 **大资金** 智能全天候组合 智能相对收益组合 对应风险等级的券商集合资金计划/私募		子女教育稳健组合 养老稳健组合	**小资金** 低估值定投组合 **中资金** 低估值定投组合 **大资金** FOF1号、FOF2号 黑天鹅 方舟1号	

三账户的分配逻辑是：优先满足现金流需求，其次满足生活刚需，剩余的钱可考虑放入投资账户。

按照年收入的 1/4 来计算 3 个月的支出金额是 9 万元，把这笔钱放在现金账户中。理财账户的钱是家庭资金的主体，也是在 60 岁之前家庭主要开支需要的钱，优先级应该高于投资账户。根据模型测算，1039.92 万元可以满足所有重大开支，该金额已将通货膨胀的因素考虑在内。

就当前实际情况来看，李先生应将现金账户中的活期存款 9 万元和投资账户中的投资性房地产 600 万元和偏股型基金 56 万元调入理财账户，那么理财账户的金额从 80 万元升至 747 万元，加上未来的收入应该可以满足 60 岁之前的投资需求。

我们发现，现金或类现金的钱，可选项其实不多，除了现金，就是活期存款和货币基金。

而 1 年以内可变现的财产部分，资金量多，对于家庭的重要性大，而可选择的理财方式又很多。怎么办呢？这部分财产中包括无目标理财和有目标理财两部分。有目标理财，我们在"如何管理'有目标的钱'"两节中分开讲，本节我们主要讲"无目标的钱"怎么管理。

我们先比较一下这部分钱可以选择的几种理财方式，各有什么特点。引入一个新的问题：流动性相同的理财方式，如何比较好坏？比较两个要素：一是风险，二是收益。风险我们仍然用最多可能赔多少来衡量，注意一下，这个概念在金融上叫最大回撤。后面，我们将用最大回撤衡量风险。

表 11-10　几种理财方式的最大回撤和年收益率

理财方式	最大回撤	年收益率
一年以内的定期存款；一年内的工资收入；安全地借给朋友的钱	0	2%
定期银行理财	2%	4%
债券基金	7%	6%
偏债基金	20%	9%
偏股基金，股票基金	50%	16%

如果我们将理财的这部分钱放在不同的渠道上，20 年后本金花完，通过理财能挣出来多少呢？（我们假定这笔钱是匀速花掉的，意味着20 年内只有一半左右的钱留在手里，所以约有一半的钱是可以用作理财的）

计算公式是：1 年内可以变现的财产总额 $/2 \times (1+$ 收益率 $)(20/2)$

以李先生为例，相同的初始本金对应不同理财方式后多挣的钱，见表 11–11。

表 11–11　相同的初始本金对应不同理财方式后多挣的钱

理财方式	年收益率	初始金额 / 万	多挣出来的钱 / 万
一年以内的定期存款；一年内的工资收入；安全地借给朋友的钱	2%	747	455.29
定期银行理财	4%	747	552.87
债券基金	6%	747	668.88
偏债基金	9%	747	884.21
偏股基金，股票基金	16%	747	1647.67

我们似乎找到了如何解决投资账户缺口的方法了：把 1 年能变现的财产全放在偏股基金上，这样不但解决了 60 岁之后的花费，还能多出来 1052.15 万元。

但是我们之前说过，理财资金首先要求稳。因为不稳定会影响到家庭生活质量。股票基金最大回撤高达 50%，真要碰到这种下跌，家庭理财的这块阵地肯定失守，很有可能是你等不到赚到钱的那天。

但是如果把钱都放在最稳定的银行存款上，最多能挣出来约 455 万元，距离我们 60 岁以后 595.52 万元的养老缺口，还差 100 多万元。

这里引入一个新的理财观念：我们讲理财要求稳，但什么是稳，每个人的感受不一样。有人一跌就慌，有人跌个 15% 也无所谓，能承担的亏损越大，最后的收益就越高。这个对亏损的耐受度，就叫风险承受能力。一个人的风险承受能力，是他能赚钱的重要资源。

怎么衡量一个人的风险承受能力呢？

第一种，也是非常普遍的办法，就是各种金融机构的风险测评问卷，由于这种问卷都是经过多年验证过的，可以大致了解自己的风险等级处在哪个水平。

需要注意的是，每个人的风险承受能力都是在不断变化的。刚毕业和工作10年后、单身和结婚后，风险承受能力都在变，所以要定期去重新评估。衡量完，就要严格落实到行动中，因为只有不突破自己的风险承受能力极限，做任何投资才会更加顺利。

对于风险等级低的全天候组合，它配置的债券等低风险资产比例会较高。相反，对于风险等级高的全天候组合，它配置的股票等高风险资产比例会较高。不过，风险等级5~8的用户更集中，历史上等级5~8能承担的最大回撤范围为6%~13%。证明大多数人的风险承受能力在这个范围内，超过就会心理崩溃。而这个能力，远远低于目前股票和股票型基金实际的最大回撤。

第二种，就是可以复盘一下自己过往的投资经历，回忆当发生多大的亏损时你会变得特别不淡定，没有耐心，甚至认赔也要离场。

这里面需要强调一点，就是一定要实事求是，不要想当然。历史上发生过的才是可信的，不要想当然觉得自己能承担多大风险。人在想象中，往往会高估自己的风险承受能力，有个词叫"过度自信"，就是在没有面对真实的亏损的时候，会高估自己承受亏损的能力。实践中我们见过很多，觉得自己能承担10%、15%的亏损的人，实际下跌3%~5%就崩溃退出了。

强调的第二点是，不要比照别人来判断自己的风险承受能力。能承担多少风险，一方面和你的财富状况有关，更重要的是和你的性格秉性有关。没有两个人的性格是一样的，所以也不能简单地根据别人的承受能力来推断自己的承受能力。

在风险承受能力的基础上，如何尽可能多地赚钱呢？这就需要用到资产配置。在前面"资产配置篇"中我们已经详细讲了资产配置的重要性，在这里就不再赘述。其中，全天候策略是资产配置的一个主流方法。要想做好全天候投资，我们先要搞清楚两个问题。

　　一个是如何弄清市场环境变化，并保持长期赚钱。在实际投资中，我们可以优选各个市场环境下的优势资产，按合理的比例进行配置，尽可能使任何市场环境下的资产都是相对优质的。比如货币宽松经济复苏环境下，我们增配股票；通货膨胀环境下，我们增配商品；市场恐慌时，我们增配黄金等避险资产。

　　另一个是如何选择资产比例。要按照风险大小选择资产比例，当市场环境变化，资产风险提高时，我们选择少配；当风险降低时，我们就多配。这样就实现了针对市场变化进行灵活配置的目的。

　　全天候组合采用的是主动全天候策略，就是通过资产内部的此消彼长最大程度地降低波动，"不会大起大落"，波动率较低，也实现了较为可靠地控制最大回撤的效果。同时，主动全天候策略通过适当地在资产之间的调整抓住大概率的趋势，使得长期收益较单一资产的长期收益略高，实现"长期收益高"的效果，如风险等级10成立至今（截至2021年12月31日）的年化收益率是10.87%，沪深300指数的年化收益率是8.44%%，上证指数的年化收益率是6.02%。

　　总的来说，全天候组合最大的优势是，只要选择的风险适当，就可以比较舒适地度过整个理财旅程，既能赚到钱，也不至于因为理财这件事激动或沮丧。理财不是生活目标，享受生活才是。

　　但是，全天候组合是浮动收益理财，意味着资产会有波动，一段时间里如果波动下行的话，可能会产生浮亏。而且，如果投资者不按照测试的风险等级购买，也有可能因承受不了波动而产生亏损。

　　我们需要准确评估自己的风险承受能力，需要按照评估结果选择适合自己的风险等级。我们可以依据评估结果上下浮动1个风险等级，但大幅度偏离这个风险等级是不适当的，往往会在市场波动加大时造成无法承受的亏损。

　　我们以李先生为例，根据评估结果他可以接受的最大亏损幅度是12%。那么他可以选择风险等级7的投资组合。图11-4为理财魔方上一个风险等级为7的投资组合成立至今的净值走势图，我们以此为例，看看这种风险组合能给李先生带来怎样的收益。

数据来源：基金投顾机构，理财魔方（时间区间：2016 年 9 月 1 日—2021 年 12 月 31 日）

图 11-4　全天候标杆组合风险等级 7 成立至今净值走势图

　　此案例中，风险等级 7 成立至今的累计收益率是 110.68%，折合成年化收益率是 8.46%，期间的最大回撤是 11.97%，所以即便出现波动，李先生也可以大概率淡定持有，获取长期的收益。

　　李先生在银行理财到期前，可以将调入进来的 667 万元先投资到全天候组合等级 7 中；后续待 80 万元银行理财产品到期后，逐渐转为持有全天候组合。

　　此外，还有 100 万元单独为孩子设立的教育基金，这个属于有目标的钱，咱们留着下文来讲。

如何管理"有目标的钱"之替孩子理好财

回顾一下，理财账户要分成有目标理财和无目标理财，其中，无目标理财是家庭理财的核心。有明确资金使用时间和金额的理财属于有目标理财，子女教育金应该归为此类。本节我们就讲一下如何替孩子理好财。

首先我们要明确一点，替孩子理财的目标是什么？大部分人可能回答，不就是帮助子女储备必需的教育金吗？其实，这只是结果。

我们必须明白，给孩子理财，首要目标是帮助孩子培养财商，其次才是帮他储备一笔可以动用的财富。"授人以鱼不如授人以渔"，在孩子理财的问题上，很多家长重视后者而忽视前者，恰恰是捡了芝麻丢了西瓜。

美国作家罗伯特·清崎曾在其著作《富爸爸穷爸爸》中，首次提出"财商"的说法。财商，就是一个人与金钱打交道的能力。与智商不同，财商更多依赖后天的教育和培养，需要从小开始，在孩子形成不正确的观念、习惯之前，教育并引导他们提高财商。

那财商究竟是什么呢？

财商分为两个部分，第一部分是财商观念，第二部分是财商素养。

第一部分，财商观念分为金钱观和财富观。

金钱观需要让孩子明白，钱是什么，钱的意义是什么？

听起来很容易做到，但实际上，很多家长在这个过程中经常容易把孩子带偏，变得很极端。不少孩子会变成"一切向钱看"，认为钱是万能的，有了钱什么东西都能买来。还有不少孩子呢，完全相反，他们"视钱财如粪土"，认为钱没有什么用，过于理想主义。

正确的金钱观在这两者之间，那就是"钱不是万能的，但没有钱是万万不能的"。

明确金钱观之后，我们要让他们树立正确的财富观，要让他们明白，财富是支持人生梦想的武器，获得财富，不光是为了满足自己的欲望，更是为了满足自身的理想。或许说理想有点矫情，但有理想和没有理想，人的生存状态是完全不一样的。从本质上说，理想才是人生最大的欲望，只不过，这种欲望被人无限拔高了。这里篇幅有限，我们就不展开了。

第二部分就是财商素养。财商素养分为四点，第一点是抵御贪婪的能力，第二点是抵御恐惧的能力，第三点是理性思考的能力，第四点是理财知识的积累。

首先说第一点和第二点，抵御贪婪的能力和抵御恐惧的能力。巴菲特有句名言，估计大家都听过，叫"别人恐惧我贪婪，别人贪婪我恐惧"。其实，在投资理财的时候，人最怕的就是贪婪与恐惧。股票、基金涨到很高的时候，看着别人赚钱，自己也特别冲动，想要赶紧上车试一试。等到市场跌下来，立马就开始感到恐惧，担心得不得了。

这是什么，其实就是"趋利避害"，这是人的本能。一个人去人迹罕至的草丛里，突然有异样的声音，你的第一反应是什么，肯定是感觉到害怕，感觉恐惧。即使你知道只是风吹了一下，让草动了，但你的第一想法还是赶紧离开这里，这就是人的一种本能。人从本质上讲还是一种动物，在几百万年的漫长进化过程中，我们人类形成了"趋利避害"这种本能，没办法，警惕性不高，你就会被别的猛兽吃掉，根本活不下来。

但在投资当中，"趋利避害"反而不好，很容易被人利用，特别是之前的庄家，你的本能在资本市场很容易被庄家利用。再说了，市场波动本来就是一件很正常的事情，太过于"恐惧"，太过于"贪婪"，最后多半挣不到钱。

第三点就是理性思考的能力。很多人在投资当中为什么挣不到钱，很重要的一点就是喜欢听风就是雨，人云亦云，喜欢跟风，这就是没有理性思考的能力。一个人在群体当中，经常会丧失独立思考能力。有一本书叫《乌合之众》，里面有这样一句话："他们不会接受一个与他

270

们意愿不一致的现实。"但凡我们看到投资有所收获的人，都具备理性思考的能力。

第四点是理财知识的积累。本书全篇讲的都是这个，这里就不展开了。

好，明白了什么是财商，我们来讲讲怎么培养孩子的财商。

首先，需要在生活的点滴中去影响孩子，这里给大家提供一些建议。

比如在生活中，可以送孩子一个存钱罐，每次给的零花钱都放在存钱罐里，教孩子学会储蓄。随着零花钱和压岁钱越来越多，可以带孩子到银行开一个储蓄账户，并告诉他什么是利息、为什么到银行存钱等。告诉孩子储蓄要做好规划，将储蓄分成日常零花钱、计划中的大笔消费、固定储蓄等。

让孩子养成储蓄习惯以外，还要引导孩子学会记账，合理花钱。比如，在出门购物之前，和孩子一起写一个购物清单，定好此次购物的预算范围。这就是引导孩子做预算管理，训练孩子有计划地花钱，更理性地消费。在记录一段时间后，家长可以带领孩子一起做一次年度消费分析。

合理花钱，并不是节衣缩食，而是培养孩子学会延后享受，延迟满足自己的欲望，追求未来更大的回报。延后享受是犹太人教育的核心，孩子很小的时候，犹太人就开始有意识地培养孩子延迟享受的习惯。犹太人认为，如果孩子想要什么东西，父母就立即满足他，孩子将来对钱就没什么克制力了，很容易陷入债务危机。

在日常生活中，如果孩子想要买一样东西，且金额较大的话，可以让孩子通过攒零花钱或者靠劳动赚钱，靠自己的努力买到心仪的物品。由于延迟满足的缘故，他就会格外珍惜，不会浪费。孩子知道存钱、会花钱之后，还要培养孩子一个良好的财富观，从小让孩子学会赚钱，培养钱能生钱的理财观。

其次，也是最重要的，一定要给孩子一个实际规划、经历和磨炼的理财实战场所。我们前面讲过，炒股不是培养孩子财商的良好方式，

271

因为对金钱没有明确的认知之前，很容易把炒股做成赌博。所以，这个实战场所，一定得是风险适当的，也必须是和孩子的人生挂钩的。只有这样，孩子才会有真实的感受，才能正确理解钱的价值，也才能明白理财的重要性。所以，为孩子开一个教育账户，让他自己来参与管理这个账户，是非常合适的财商培养实战操作。

我们之前讲家庭的理财资金分成无目标理财和有目标理财。有目标理财是指能明确具体事件和需求金额的理财，子女教育金就属于这类。只要有孩子，何时要用到教育费用，大致需要多少钱，这个在父母的心里是比较明确的。

对于教育账户理财方案的制订过程，可以让孩子参与进来。一般情况下，教育账户不可能提前十多年就准备，而是在用钱的前几年，才会清晰地知道要花多少钱。比如，未来选择哪所大学。这时候的孩子接受能力也足够强，提前让孩子学会理财，也是培养他拥有正确理财观的一个绝佳机会。

通过比较不同理财方式的优劣，可以让孩子通过实践去了解金融产品的全貌；通过认识金融产品的不同风险范围，客观认识风险和收益的相关性；通过合理规划时间和投资金额，并且坚持专款专用，长期投资，孩子在家长的影响下，做事也会更加有条不紊。

讲完如何培养孩子的财商后，我们再来讲第二个目标，怎么设立子女的教育账户。教育账户的钱因为是未来一段时间确定要用的钱，就要保证这笔钱的理财要有底线，不能被某些看似诱人的高收益率吸引，而背负远不能承受的风险。

具体操作上，我们按照三个步骤来进行规划。

1. 第一步：确定资金缺口，设定投资期限

可以通过以下方式进行计算：

（1）列出期望子女将要接受教育的程度。

读民办幼儿园还是公办幼儿园？读私立中学还是公立中学？在国内读高中还是在国外读高中，在哪里上大学？是否培养特长？等等。做这些的目的是下一步估算费用。

（2）根据当前水平估算子女的大概生活费用，确定教育账户资金缺口。

我们以一线城市为例，从孩子上幼儿园到大学来估算一下各阶段要花多少钱。

4~6岁幼儿园期间，民办幼儿园5000~20000元/月，普通公办幼儿园2000~8000元/年，再加上每个月2000~10000元的兴趣班。三年下来，加上饮食、服装、娱乐活动，共计8万~60万元。

再往后，就是小学、初中、高中，每个阶段的费用有差异，初高中补习费用更多，如果把学费、兴趣班加一起，共计30万~40万元。

大学的费用组成相对简单，学费、住宿费、生活费，再加上一些技能培训。整个算下来，如果在国内读书，4年要15万元左右；如果出国留学，费用200万元都不止。

我们做个粗略的计算，从幼儿园到大学，再加上各个阶段所需的才艺费、补习费，粗略估计，至少要53万元。如果考虑到通货膨胀，需要的费用更高。

对教育支出的预估，人们常常有两个误区，一种是知道需要花很多钱，但从来不打算不计划；另一种是过高地估计了需要花的钱，像前几年很多自媒体说的那样，一线城市一个孩子的教育没有几百万上千万似乎就不下来，搞得大家很焦虑。

实际上大家可以看到，教育支出，肯定是不少，50多万元对大部分家庭不是个小数目，但也确实没那么夸张。如果这50万元是早打算早储备的话，摊在每年也不会是个特别离谱的数目。

前面我们的案例主角李先生，他为孩子设立的教育金预计为100万元。

（3）根据子女年龄来设定一个投资期限，计算每个月要投入多少金额。

虽然说越早行动越好，但是，在孩子一出生就准备教育账户显然不现实，很少有人这么做。从开始存钱到定期使用，中间的这段时间就是投资期限。很少有人能一次性把钱存够，普遍做法是定期定额地存钱。

以李先生为例，他的孩子 4 岁，目前的账户里已经存了 20 万元，足够孩子上幼儿园和小学的开支，距离 100 万元的教育金缺口还差 80 万元。孩子距离上高中差不多有 10 年的时间，我们按照年化收益率 8.3% 来计算，每个月定额投入 4500 元左右，可以在孩子上中学时就能实现这个目标。

这里又会产生第三个误区，很多人在还没有明确何时用、也无法预估金额的情况下就开始储备资金。这个是完全没有必要的。所有的有目标理财，都必须满足：①何时用很明确；②大致需要多少钱很明确，这样才值得去做。否则，不如放在"无目标理财"里划算。因为有目标理财一般风险偏低，比如孩子的教育资金，肯定比家庭的其他资金有更高的安全要求。所以，在没有明确计划的情况下，贸然放大笔资金进去，就浪费了我们之前说的风险承受能力。你原本可以承担略高一些的风险，赚更多一些的收益，却因为过早地去做一个完全不确定的计划，而使收益降低。此外，两者不明确的情况下做的计划，可行性也很差，未来会频繁变动，导致收益受损。

2. 第二步：选择合适的理财方式

教育支出，有期限明确、逐步储备、集中支出这三个特点，凡是具备这样特点的理财，都可以选择一种叫"目标期限投资策略"的方法。

目标期限策略，又叫作生命周期投资策略，就是对一笔明确使用期限的资金，早期投到风险大一点的理财渠道，多挣钱；越靠近用钱的时候，风险越低，重点是保证资金安全。

打个笼统的比方，如果子女距离上大学有 3 年以上的时间，选择太过保守、收益过低的产品，会令财富缩水明显，所以可以尝试较为积极的理财方式，如股票型基金、债券型基金的组合投资，长期累积下来的复利效果是非常可观的。如果子女距离上大学不足 3 年，可以选择更稳健的债券型基金和银行稳健型理财产品。

具体到投资的品种，针对教育的理财方式不少，各有各的特点，我们一个个来分析。

银行理财：很多银行推出了跟少儿教育有关的理财产品，目前收益率一般在 4% 左右，比定期存款利率高。如果持有到期，收益可以实现。但是有一个弊端，如果家长中途急需用钱，提前终止，它的收益率会比较低，一般在 2% 左右。另一方面，这类教育理财产品期限比较长，所以不太灵活。

教育金保险：很多保险公司推出了教育金年金保险，内容大同小异。教育金保险具有理财加保险的功能，相对银行的理财产品，它的风险会更小一些。购买教育金保险，有一些原来比较贵的医疗保险可以以附加险的形式出现，可以享受更低的价格。但需要注意的是，保险产品并不是投资产品，千万不要搞混，任何保险都是首要以保障为主，收益率一般为年化 2%~3%，所以还是比较低的。另外就是封闭期较长，保险的交费周期往往在 10 年以上，中途退保十分不划算，灵活性非常低。

基金组合：除了这两种产品之外，有没有其他的方法来更好地满足家庭的教育需求呢？有的。就是按照时间来规划和管理的基金组合。有的人会有疑问，教育账户要有底线，但是基金的风险不是很高吗？大家可以回顾一下我们是怎么管理无目标理财资金的？我们是通过资产配置来降低风险，同时还能获取较好的收益。在管理教育资金的时候也可以用。不同的是，教育资金的风险水平要比无目标理财资金的风险更低。一般说，测评出来的风险等级往下降 2~3 个等级就是教育资金的风险水平。

3. 第三步：坚持专款专用，定期做调整

子女教育资金属于有目标的理财，要做到专款专用。曾唱过《鲁冰花》的知名艺人甄妮说过："就算我知道有一间房子明天会涨一成，也绝对不动用女儿的教育基金去投资。"许多父母常会因为家庭临时出现的重大支出，甚至是以为稳赚不赔的投资，而去动用子女教育基金，这是错误的。

要想获得可观的复利，第一笔投入越早越好，但是，大部分人很

难做到。因此，我建议可以一次性投入一定比例的资金，再配合每月定投一定数额。这样积少成多，也不会有很大压力，同时还能避免家庭出现紧急事件时，动用子女教育资金。

如何管理"有目标的钱"之替父母理好财

本节我们来讲讲作为中年人的另一个角色,为人子女,怎么帮父母理财。

先说说给父母理财的基本原则。

第一个原则:安全第一,收益第二

我们父母那一辈人大部分不太懂理财,把钱放银行里是最为普遍的做法,很多人甚至把所有钱都放在银行活期里。但是,对于连2%都不到的1年期定期存款利率,意味着辛苦攒下来的钱放在银行里慢慢贬值。

很多老人的日常开支就指望国家每月发的养老金,基本上没想过通过理财增加额外收入。现实情况是,生活在一二线城市,仅仅依靠退休金养老其实是不够的。和在职时的收入水平落差较大,会让父母退休后的生活水平大打折扣,所以通过合理的理财增加退休后的收入来源也是非常有必要的。

很多人在替父母理财的时候,天然地把收益放在第一位,期望能多赚点钱,让父母的老年生活更舒适一些。

但是,行为金融学上有一个"损失厌恶"理论:损失带来的痛苦,远大过同等幅度的盈利带来的愉悦。这一点,在老年人身上会更明显。我有一个客户,退休后因为P2P的收益诱惑放了很多钱进去,结果血本无归。这件事让老人抑郁难安,她安宁的退休生活也因此被毁了。

所以为老年人理财,一定要先尊重他们的意愿。如果略微的亏损就让老人寝食难安,就一定不要自作主张去追求什么合理的收益,让他们承担风险。能放在银行存款里就放在存款里,理财的目的是更好地生活,增加的那点儿收益不会让生活变好很多,而承担的风险却很容易让老人的生活质量急剧下滑。

第二个原则：经常沟通，防骗优先

老年人因为普遍对理财不是很熟悉，而现在各种理财方式又多又复杂，所以社会上就有很多专门针对老年人的金融诈骗。帮父母理财的第二条原则就是防骗优先。

我们经常看到类似的新闻：比如"老人遭遇电话诈骗，130万元转至'安全账户'后对方瞬间蒸发""小区养生讲座爆棚，通血管神药竟是维生素片？""老领导推荐高收益理财，六旬老人毕生积蓄打水漂"。以房养老骗局、保健品骗局、收藏品骗局、领补贴骗局，让老人们深受其害。

骗子之所以会盯上老年人，是因为老年人普遍缺乏理财常识，而且儿女如果不在身边，情感上容易空虚，就会让骗子钻空子。帮助父母打理养老钱，最为重要的一步就是守住他们的钱。

相比理财，我们更应该做的是，经常给父母科普收益和风险都是成正比的。如果某个产品的收益很高，那么风险也一定是很高的。最后还要记得经常和父母交流，这样可以使父母不容易陷入情感骗局。如果他们想投资什么理财产品，你也能及时得知，帮忙分析，所以，孝顺和陪伴才是最重要的。

第三个原则：两手准备，准备好兜底的资金

前面讲了老年人理财不要把收益放在第一位，但这些年生活成本越来越高，老人的钱可能不够用。这时候，作为子女，就应该为老人单独储备一份补充资金，一是添补不足，二是防备老人一时急需。这就是中年人家庭理财中的另一个有目标理财项目：老人的养老资金。

所以您看，父母的养老，首要的是管理好父母的钱，先保证资金安全，再稍微多点收益。不足的部分，得我们给补上，而不是让老人的钱去承担过高的风险。

那这部分钱，怎么估算需要的金额，以及怎么管理呢？

因为这笔钱不会很久之后才用到，一般是父母退休之后就开始使用了。而且这笔钱是父母的养老治病钱，所以目的十分明确，仍然是安全第一，收益第二。收益的话没必要追求高收益率，能跑赢通胀即

可，目前 GDP 平减指数累计同比是 3.85%，所以目标收益率超过 3.85% 就可以。同时，这笔钱最好可以保证随取随用，避免用钱时，因为没有到期取不出来而影响使用。

应该准备多少呢？首先得计算老人的养老金需要多少，扣减老人自己的钱，就是你需要给老人储备的钱。

利用养老金替代率计算老人养老的花费是一个很好的方法。

养老金替代率是指退休后养老金占退休前收入的百分比。在 2020 年全球财富管理首季峰会上，财政部原部长楼继伟就表示，作为中国养老金第一支柱的基本养老保险的替代率全国平均已不足 50%，今后可能还会下降。

那么，养老金替代率要达到多少才能维持良好的生活水平呢？英国政府建议养老金替代率应该为 50%~80%，而要实现较为充分的养老，国际上普遍认为养老金替代率应达到 70%~80%。

为什么养老金替代率不必达到 100% 呢？因为在四十七八岁是家庭支出的最高峰，之后随着年龄增长，支出逐渐减少。因此养老金也不必完全达到退休前薪资水平，就能维持原本的生活水平。

如果父母退休前的年收入是 10 万元，那么退休后每年七八万元的养老金就可以做好比较充分的养老准备。如果养老金的收入不足，那就要考虑用投资账户或者存款账户中的钱去补足这部分差额。

事实上，这种情况在全世界都是比较普遍的。还是拿英国举例，英国目前每人每年能领取的最高养老金，折合成人民币是 8.3 万元，即便能够拿到最高额的养老金，大多数人仍然不够花，需要依靠额外的个人养老储蓄。

接下来就是如何帮父母打理这部分钱。

无论是管理教育金账户还是养老账户，都要采用目标周期策略。这个策略我们之前讲过，具体的操作是在理财的早期，离退休还有一段时间前，可以配置一定比例的权益类资产。随着退休时间临近，逐渐降低权益类资产的比例，让组合越来越稳，这就叫作目标周期策略。所以，时间越长，获得收益越高的可能性就越大。再强调一遍，这种投资方式适用于风险承受能力较强且可以坚持长期投资的人。

第四个原则：适度保险

对老年人来说，得病的概率更大。如果没有保障，存的养老钱很可能因为一场大病花光。所以，我们需要花较小的代价来转嫁这份生命不能承受之重，买保险就是帮助父母打理养老金的重要一步。

在有社保的情况下，我们可以考虑为父母购买一份商业保险。如果是 65 周岁之前的健康老人，我的建议是百万医疗险 + 意外险。由于年纪过大，寿险和重疾险的投保难度可能比较大，并且投保价格比较贵，不划算。如果老人的年龄已经超过了 65 周岁或者不符合百万医疗险的投保要求，可以试着购买防癌医疗险 + 意外险。

应该花多少钱来投资理财账户

前面的文章中，我们讲了基金组合更适合我们作为家庭理财的工具，其实是解决了投什么的问题。本节我们要解决一个新的问题：应该花多少钱进行投资。

在解决这个问题之前，花一点时间来回顾一下在开篇第一章里讲过的投资目的。投资的第一目的是什么呢？是为了跑赢通货膨胀，成为那 10% 赚钱的人。跑赢通货膨胀，其实是为了保值。而获得超越市场的回报，其实是为了增值。所以，投资的底线是保值，投资的目标是增值，让自己和家庭通过辛苦工作挣来的钱保值增值，实现我们的很多人生目标，比如买房、买车、孩子教育、父母养老、自己养老等。

如果只靠劳动所得，你可能只能买得起 90 平方米的房子，但是叠加上有计划的理财，就可以买得起 150 平方米的房子；如果只靠劳动所得，只能支付得起孩子国内上学的费用，但通过有计划的理财，可以为孩子出国留学积累起资金。所以，理财的第二目的，是为了更好地实现人生目标。

因此，我们的理财行为就可以划分为两种：无目标理财和有目标理财。

无目标理财其实也不是没有目标，只是目标比较模糊，主要是为了保值增值。

有目标理财，则是具体到为某一个人生目标储备资金，知道大概什么时候要花多少钱。究竟应该花多少钱来买基金，就得根据自己的理财行为来计算。

一、无目标理财中的资金规划

1. 划分自己的三种资金

无目标理财是为了保值增值，保值增值要考虑什么因素呢？主要因素是时间。

保值增值是要看时间的，你是在一天内保值增值，还是在一年内保值增值，不同的时间资金投资方式是不一样的。脱离期限，笼统地说长期，万一要用钱时资金还处于亏损期，那保值增值就成了一句空话。

在投资中，我们经常提到三种期限的资金：短期资金、中期资金和长期资金。事实上，这就是无目标理财的三种资金期限。

通常来讲，我们把 1 年内要用到的钱，叫短期资金，比如日常开支、应急资金等；1~3 年要用到的资金，叫中期资金；3 年以上的，叫长期资金，比如养老储蓄，就可以列为长期资金。

如何为这三种资金匹配合适的基金或基金组合呢？

2. 回正概率

说到这里，我们要科普一个投资中的概念——"回正概率"，即一项投资在一段时间内收益为正的概率。

比如银行储蓄，无论 1 天、1 周还是 1 月、1 年，因为利率是固定的，所以理论上每天都会有利息收入，不会有亏损，因此银行储蓄的回正概率就是 100%。

如果我们投资的是上证指数，3 个月的回正概率只有 55%，意味着，如果投资 3 个月，有 45% 的可能性是亏损的；2 年的回正概率也只有 46%，也就是如果投资 2 年，也有 54% 的可能性是亏损的。

为什么要在投资的时候考虑回正概率呢？

因为回正概率与基金或基金组合的风险有关系。风险，就意味着收益具有波动性，有一定的概率会赔钱。风险越大，波动性就越高，如果亏了要赚回来需要的时间就越长。

我们在学习指数的时候一直强调，从历史经验来看，指数是一直波动上涨的，但前提是，你投资的时间足够长。一般风险越大的投资，一定期限内的回正概率就越低，越不适合做短期投资。对于指数基金的投资，我们通常会建议至少要做 3 年，最好是 5 年以上的投资时间预期。

回正概率的计算比较复杂，这里给大家提供一张各种资产回正概率的速查表作为参考。需要注意的是，由于时间周期不同，各资产的回正概率会有变化。

表 11-12　一次性分别投入各指数和全天候组合的回正概率（2016 年 9 月 1 日—2021 年 11 月 30 日）

回正概率	1 月	3 月	半年	1 年	2 年	3 年
一次性投入指数						
货币基金	100.00%	100.00%	100.00%	100.00%	100.00%	100.00%
债券型基金指数	76.04%	89.59%	93.96%	98.97%	100.00%	100.00%
红利低波	56.60%	60.03%	67.55%	63.53%	50.97%	49.88%
中证红利	57.57%	62.44%	62.90%	70.24%	53.33%	58.39%
沪深 300	57.89%	59.97%	66.07%	74.10%	73.04%	100.00%
中证 500	54.07%	49.40%	60.89%	58.57%	45.32%	58.25%
上证指数	54.71%	55.37%	62.04%	66.69%	45.58%	52.90%
恒生指数	54.55%	52.63%	56.46%	54.75%	44.23%	28.22%
标普 500	73.45%	82.80%	82.55%	96.88%	97.81%	99.53%
标普高盛黄金全收益指数	51.10%	59.31%	68.96%	64.24%	95.47%	100.00%
一次性投入全天候组合						
全天候组合等级 1	81.48%	86.17%	94.89%	98.44%	100.00%	100.00%
全天候组合等级 2	81.01%	85.35%	98.61%	100.00%	100.00%	100.00%
全天候组合等级 3	74.54%	80.58%	96.71%	100.00%	100.00%	100.00%
全天候组合等级 4	69.51%	75.88%	92.99%	99.90%	100.00%	100.00%

全天候组合等级 5	66.32%	71.03%	86.06%	97.27%	100.00%	100.00%
全天候组合等级 6	65.04%	67.65%	82.51%	93.66%	100.00%	100.00%
全天候组合等级 7	63.61%	65.27%	78.44%	90.83%	100.00%	100.00%
全天候组合等级 8	62.89%	63.54%	77.58%	90.34%	100.00%	100.00%
全天候组合等级 9	62.41%	62.22%	75.06%	89.46%	99.87%	100.00%
全天候组合等级 10	62.25%	61.65%	74.89%	87.51%	94.71%	100.00%

数据来源：Wind，基金投顾机构，理财魔方（时间区间：2016 年 9 月 1 日—2021 年 11 月 30 日。从理财魔方实盘运作日起计算回正概率，所有指数的时间区间保持一致。）

现在回过头来看，无目标理财的目的是保证增值，而无目标理财的资金本身又有期限，所以，在选择不同期限的资金的投资方式上，就要确保这笔投资在这个期限上的回正概率要大。当然投资这个事情总会有风险，没有 100% 安全的。即便存款，也存在银行倒闭的可能。表 11-12 里有些回正概率是 100%，只是说明历史上这个投资没有亏损，但不代表未来也一定不亏，只不过概率很低。

这个概率多大才算比较安全呢？历史经验告诉我们，至少得 98%。

3.3 种期限投资的资金匹配

理解了回正概率的概念，就可以方便地为前面三种期限的资金匹配合适的投资方式了。

短期资金，因为随时可能用，计算回正概率的时间应该是每天，也就是说，短期资金要求每天的回正概率都要在 98% 以上。什么样的投资能满足这个要求？只有两种，银行储蓄和货币基金。

中期资金，是要求 1~3 年要用到的钱，那计算回正概率的时间就应该是 1 年。选择的理财方式，就是 1 年的回正概率高于 98% 的投资。

结合表 11-12 来看，全天候组合中的风险等级 1~4，都符合 1 年期的回正概率大于 98% 这个标准，具体应该选择哪个呢？在满足回正概率要求的前提下，应该选择风险等级高的。因为风险等级越高，潜在收益也越大。当然，这里面还要考虑一个自己的心里舒适程度，即风险承受能力的问题。

值得注意的是，定投沪深 300、中证 500、红利低波这些指数的投资方式，1 年的回正概率都达不到标准。所以，中期投资不适合定投高风险品种。

长期资金是 3 年以上才会用到的资金，应该选择 3 年的回正概率在 98% 以上的投资，债券基金、沪深 300 指数、美股指数都符合这一标准。全天候组合的等级 1~10 的回正概率都是 100%，也都可以作为选项。

针对这三种期限的投资，我们把投资账户划分为三类账户，分别是"现金账户""理财账户"和"投资账户"，匹配的就是前面所属的不同风险等级的资产或组合。

那么，投资者该如何分配三个账户的资金呢？

我们设计了一套完整的算法，可以根据年龄和年收入测算出三个账户合理的配置比例。表 11-13 就是系统自动根据客户的年龄和收入生成的配置建议方案。

如果进一步填写总资产金额和各细分项的资产金额，系统还会针对当前三账户的配置比例，给出一套合理的调整方案和理财规划建议。如图 11-5 所示。

我们不但计算出了您目前的实际账户分配情况，还给出了理想的账户分配建议，以及各账户下的产品配置建议。

表 11-13　三账户配置方案举例展示

🕐 三账户配置方案

账户	配置金额	说明	可投资资产应配置金额	配置产品
现金账户	万元	现金账户是家庭的现金流，不能小于0，不能有亏损，否则直接影响生活。该账户金额一般是您未来3~6个月的生活费用。	12.50万元	魔方宝
理财账户	万元	理财账户是家庭资金的主体，是您未来生活刚需的钱。该账户既要有收益跑赢CPI，还不能承担太大的风险。	1121.72万元	全天候组合
投资账户	万元	该账户中的资金是追求收益的钱，但同时要承担更大的风险，要有着全部亏损的觉悟。需要在满足理财账户配置后进行该账户配置。	880.90万元	FOF1号 黑天鹅 低估值组合

*风险提示：投资人应当认真阅读《基金合同》等基金法律文件，了解基金的风险收益特征，并根据自身的投资目的、投资期限、投资经验、资产状况等判断基金是否和投资人的风险承受能力相适应。基金在投资运作过程中可能面临各种风险，既包括市场风险，也包括基金自身的管理风险、技术风险和合规风险等。基金管理人承诺以诚实信用、勤勉尽责的原则管理和运用资产，但不保证基金一定盈利，也不保证最低收益。基金的过往业绩及其净值高低并不预示其未来业绩表现，基金管理人管理的各基金的业绩不构成对旗下其他基金业绩表现的保证。基金管理人提醒投资人基金投资"买者自负"原则，在做出投资决策后，基金运营状况与基金净值变化引致的投资风险，由投资人自行负担。

🏠 家庭财富规划卡

	零花钱账户 家庭的短期必要开支 要保证这笔钱不能有亏损		理财账户 一年内可变现的钱 当出现重大支出时能快速变现		投资账户 变现时间在一年以上的钱 家庭支出高峰期不会用到的钱	
需要的财富分配	12.50万		1121.72万		880.90万	
现在的财富分配	120.00万		30.00万		250.00万	
调整后的财富分配	12.50万		287.50万		100.00万	
	投资品推荐	配置进度	投资品推荐	配置进度	投资品推荐	配置进度
市场上可配置的产品	·现金 ·活期存款 ·余额宝	960%	·偏债基金 ·银行理财 ·定期存款	3%	·股票 ·偏股公募基金 ·信托产品 ·证券私募基金 ·投资性房产 ·艺术品投资 ·企业股权/私募股权基金	28%
	零花钱账户	核心账户		卫星账户	核心账户	
理财魔方适配产品	魔方宝	小资金 智能全天候组合 智能相对收益组合 中资金 智能全天候组合 智能相对收益组合 对应风险等级的券商集合资金计划 大资金 智能全天候组合 智能相对收益组合 对应风险等级的券商集合资金计划/私募		子女教育稳健组合 养老稳健组合	小资金 低估值定投组合 中资金 低估值定投组合 大资金 FOF1号、FOF2号 黑天鹅 方舟1号	

图 11-5　家庭财富规划卡举例展示

二、有目标理财的资金规划

前面讲的是无目标理财的资金分配，那么有目标理财如何分配资金呢？

有目标理财的特点是，大约知道未来什么时候会需要花多少钱。所以，这个资金的分配量不需要估算，只需要按照未来需要的钱数，计算在当下应该投进去多少。

1. 资金现值

在这一小节，我们先来科普一个投资概念——资金现值。

假设你的老板要发给你一笔 1 万元的奖金，你有两种选择：一种，是在年初的时候领取；另外一种，是在年末的时候领取。你会选择哪一种呢？

我想大部分的人会选第一种。早一点拿到钱，还可以把这笔钱拿去做投资。在年初领到 1 万元奖金，放在年化收益率为 4% 的银行理财里，到年末就可以连本带息收到 10400 元。这是一道很简单的算术题。

由此，我们得出一个结论：现在的钱，比未来的钱更值钱。这就是货币的时间价值。

那什么叫资金现值呢？就是未来的一笔钱，折合到当下应该值多少钱。

这里有一个公式：

资金现值 = 资金终值 $/(1+x)^n$

其中资金终值就是未来这笔钱的金额，x 是这笔钱的每年投资收益率，n 是时间，可以是年、月、日，一般默认为年。

有了这个公式，我们就可以计算出，如果未来某一时间需要一笔钱，现在我该拿出多少钱来，进行预期回报率大约是多少的投资。

打个比方，我们为孩子准备教育资金，10 年后要用 20 万元。

首先要明确，10 年的投资属于长期投资，可以选择风险比较高的投资方式，比如理财魔方等级 10，每年的预期收益率大约是 10%。那么，这笔投资的现值是多少呢？

287

现值 =20 万 $/(1+10\%)^{10}$=7.7 万

也就是说，如果我们可以做到 10% 的年化收益率，那么当下就需要准备 7.7 万元左右。

有很多家长会选择在银行开一个定期存款账户，给孩子准备教育金。我们来算一算这种方式需要准备多少初始资金：

放在银行里存款，年收益率大约只有 3%，通过现值公式计算：

现值 =20 万 $/(1+3\%)^{10} \approx 14.9$ 万

需要准备的资金量大约是 15 万元，一下子就大了很多。

2. 年金

很多时候我们为未来的一个目标储备资金，是没办法在开始一下子拿出那么多钱来的，需要隔一段投一点，逐步累积。这种逐步投入的方式里，每次投入的金额叫年金。

如果换成年金投资方式，满足前面的那 20 万元的目标，每年需要多少钱呢？也有个公式：

年金 = 资金终值 $/ \{[(1+x)^n-1]/x\}$

x 是每年的投资收益率，n 是投入的年数。

这个公式有点复杂，日常需要计算的时候大家也可以在网上搜索"年金计算器"，把相应的数值填进去就可以算出来。

现在我们来看一看，如果用每年存一笔钱的形式，10 年后为孩子攒足 20 万元教育金，每年要投入多少钱呢？我们还是以预期年化收益为 10% 的产品为例：

年金 =20 万 $/ \{[(1+10\%)^{10}-1]/10\%\}$=1.25 万

意思是，每年投入 1.25 万元，连续投 10 年，本金一共 12.5 万元，也能满足未来 20 万元的上学资金需求。其实这就是一个自带投资属性的攒钱计划。

3. 攒钱计划

从现在开始就给自己制订一个攒钱计划吧。我举几个例子供大家参考。

（1）12 月攒钱计划

初入职场，工资较低，支出压力较大，未来 1~3 年换工作的可能性也较大，可以选择 12 月攒钱计划。选择银行短期理财产品，风险较低，年化收益率为 3.5% 左右，高于余额宝等的货币基金，但是，资金可能会有数月到 1 年不等的封闭期。需要根据自己的日常开支节奏来选择灵活性更强的货币基金或者薪金宝，还是灵活性稍差的银行短期理财。

（2）24 月攒钱计划、36 月攒钱计划

收入稳定，未来 2~3 年有生娃、买房、买车等计划的，可以选择 24 月或 36 月攒钱计划。

24 月攒钱计划主要投资债券基金组合，虽有轻微波动，但收益稳步增长能达到 4.5% 左右。

36 月攒钱计划主要投资偏股 + 偏债的基金组合，虽然风险更高，但是如果做好合理配置，长期能获得 7% 以上的收益。

调整前 VS 调整后

前面讲了李先生调整前和调整后的三账户情况分别是什么样的，并且梳理了如何调配三账户来满足李先生不同阶段的支出需求。那么每个账户下都配置哪些具体资产呢？

这就涉及资产筛选的环节。表 11-13 中列举了每个账户应该配哪些资产，来供李先生参考。我们一个个来分析对比一下。

🏠 **家庭财富规划卡**

	零花钱账户 家庭的短期必要开支 要保证这笔钱不能有亏损		理财账户 一年内可变现的钱 当出现重大支出时要快速变现		投资账户 变现时间在一年以上的钱 家庭支出高峰期不会用到的钱	
需要的财富分配	9.00万		1039.92万		640.52万	
现在的财富分配	20.00万		80.00万		701.00万	
调整后的财富分配	9.00万 ⬇		747.00万 ⬆		45.00万 ⬇	
	投资品推荐	调整金额	投资品推荐	调整金额	投资品推荐	调整金额
市场上可配置的产品	·现金 ·活期存款 ·余额宝	减少11万	·偏债基金 ·银行理财 ·定期存款	增加667万	·股票 ·偏股公募基金 ·信托产品 ·证券私募基金 ·投资性房产 ·艺术品投资 ·企业股权/私募股权基金	减少656万
	零花钱账户	核心账户		卫星账户	投资账户	
理财魔方适配产品	魔方宝	小资金 智能全天候组合 智能相对收益组合 中资金 智能全天候组合 智能相对收益组合 对应风险等级的券商集合资金计划 大资金 智能全天候组合 智能相对收益组合 对应风险等级的券商集合资金计划/私募		子女教育稳健组合 养老稳健组合	小资金 低估值定投组合 中资金 低估值定投组合 大资金 FOF1号、FOF2号 黑天鹅 方舟1号	

表 11-13　李先生的家庭财富规划卡

1. 现金账户

活期存款中剩余的 9 万元在满足家庭日常开销的情况下，平时可以放在以下几类产品中，一是银行活期，二是货币基金。

我们都知道目前活期利息年利率是 0.35%，货币基金指数（H11025.CSI）近 5 年的平均年化收益率为 2.96%（截至 2021 年 12 月 31 日）。从流动性上来说，货币基金也可以做到当日赎回当日可用，但是要求在单一基金销售机构单日的提现金额不高于 1 万元。如果是大额资金使用，货币基金需要提前 1 个工作日赎回即可，并没有牺牲太大的流动性。经过对比，我们肯定是优选收益率更高的货币基金。

比如，理财魔方中有一个现金管理工具"魔方宝"，该产品持有的货币基金是"华宝现金宝货币"。从近期来看，2021 年魔方宝的 7 日年化收益率均值是 2.4%，余额宝的 7 日年化收益率均值是 2.12%。从远期来看，近 5 年的年化收益率（截至 2021 年 12 月 31 日）是 3.06%，而余额宝是 2.74%。通过比较我们发现，同为货币基金，无论是短期还是长期，魔方宝的收益率更高。

表 11-14　货币基金收益率比较

现金账户	已投资20万元						应调整至9.00万元
投资产品	投资金额（万元）	年化利率	最大回撤	25年后收益（万元）	10年后收益（万元）	20年后收益（万元）	调整金额
货币基金	0	2.10%	0.00%	1.33	0.49	1.04	0
余额宝	0	2.10%	0.00%	1.33	0.49	1.04	0
活期存款	20	0.35%	0.00%	0.20	0.08	0.16	-11.00
魔方宝	0	2.12%	0.00%	1.35	0.50	1.05	9.00

2. 理财账户

调整后的理财账户金额从 80 万元升至 747 万元。理财账户的钱是用来满足人生中的重大开支的，比如换房、买车、子女教育、父母养老等重大事项。所以风险一定要可控，在风险可控的前提下坚持长期投资，才能为家庭带来一个长期可观的收益。

从表 11-13 我们看到，理财账户中建议配置的资产包括：偏债基金、银行理财、定期存款和全天候组合。针对有明确目标的钱，比如子女教育金账户和养老账户，我们统称为"有目标的钱"，理财账户的"子女教育稳健组合"和"养老稳健组合"可以满足我们的目标。

理财账户的钱不能承受太大风险，但要跑赢通胀，这是最低的目标。理财要想赚到钱，一是要把家里的"大钱"放进来，二是要有长期稳定的复利。如何实现呢？选择"有底线"的基金，也就是跌得少、回正概率高（亏损回正的时间短），更容易产生稳定复利的基金。

我们统计了一下近 5 年（截至 2021 年 12 月 31 日）的各类资产的收益情况：定期存款的年化收益率是 2.5%，银行理财的年化收益率约为 4%，偏债型基金的年化收益率是 6.98%。"稳健组合"的年化收益率是 6.91%，和偏债型基金差不多，但是最大回撤仅有 2.79%，要小于偏债基金的 3.71%。

理财账户最起码的投资需求就是要跑赢通胀，但是定期存款由于收益率较低，这个条件其实很难满足。剩下的银行理财、偏债基金和稳健组合对比来看，银行理财由于有封闭期限制，流动性比后两者要差，一旦需要用钱，很难中途退出。但是公募基金就不一样，而且从长期收益来看，"稳健组合"和偏债基金的收益率都高于银行理财，并且稳健组合的最大回撤较小，风险控制能力也比较强，所以可以优先考虑用稳健组合来管理"有目标的钱"。

我们以李先生为例，他可以接受的最大亏损幅度是 12%。理财魔方给他推荐的是风险等级 7 的组合。

风险等级 7 成立至今的累计收益率是 28.80%，折合成年化收益率是 5%，期间的最大回撤是 11.97%。所以即便出现波动，李先生也可以大概率淡定持有，获取长期的收益。

所以李先生在银行理财到期前，可以将调入进来的 667 万元先投资到全天候组合等级 7 中。后续待 80 万元银行理财产品到期后，逐渐转为持有全天候组合。当需要存"有目标的钱"时，比如存一笔子女教育金，可以剥离出一部分钱放入"子女教育稳健组合"中，保证该笔钱的波动性更小，收益确定性更强。

表 11-15　子女教育稳健组合

理财账户 已投资80万元							应调整至747.00万元
投资产品	投资金额（万元）	年化利率	最大回撤	25年后收益（万元）	10年后收益（万元）	20年后收益（万元）	调整金额
偏债基金	0	4.37%	0.00%	264.01	89.06	199.36	0
银行理财	80	4.00%	-5.00%	236.33	80.92	179.37	0
定期存款	0	2.50%	0.00%	135.06	49.08	104.61	667.00
增额终身寿险	0	3.50%	0.00%	200.68	70.10	153.36	0
年金险	0	3.50%	0.00%	200.68	70.10	153.36	0
全天候组合	0	10.00%	-14.88%	855.92	228.03	595.26	747.00

3. 投资账户

李先生当下的资产中，投资账户的 45 万元是暂时比较难变现的资产。由于李先生离退休还有较长时间，如果日后有足额的钱存到投资账户，可以考虑配置偏股型公募基金或者私募基金。

偏股型基金我们以"万得偏股型基金指数"为代表，截至 2021 年底，其近 5 年的年化收益率是 18.69%。低估值组合（基金组合）由于成立时间较短（2020 年 4 月成立），截至 2021 年底的年化收益率是 50.42%，同期限的偏股型基金指数的年化收益率是 37.83%。从历史最大回撤情况来看，低估值的最大回撤是 15.89%，同期偏股型基金指数的最大回撤是 28.16%。从历史业绩来看，无论是收益还是风控能力，低估值组合的优势更大。而且，我们建议以定投的方式投资低估值组合，这样长期可以获得更稳定的收益。

好的，至此，我们把李先生的财产重新规划好了。

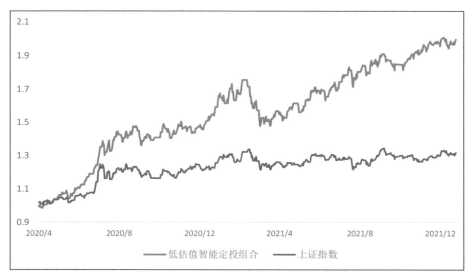

数据来源：基金投顾机构，理财魔方（时间统计区间：2020 年 4 月 7 日—2021 年 11 月 30 日）

图 11-6　低估值定投组合净值曲线

规划之前，他的财产分配见表 11-16。

表 11-16　规划之前的财产分配

	基本不赔钱的财产	有可能赔很少钱的财产（5% 以内）	有可能赔比较多的财产（15%）以内	有可能赔很多的财产（15% 以上）
现金	活期存款 20 万			
随时可以变成现金				
需要一段时间（1 年以内）变成现金		银行理财 80 万		
很可能需要很久才能变成现金	公积金 15 万	人寿保险 30 万		偏股型基金 56 万 投资性房产 600 万

规划之后，他的财产分配见表 11-17。

表 11-17 规划之后的财产分配

	基本不赔或少赔钱的财产	能赔可接受的风险（最大回撤 12%）的财产	有可能赔很多的财产（15% 以上）
现金	活期存款 9 万		
需要一段时间（1 年以内）变成现金		全天候风险等级七 647 万	
子女教育稳健组合 100 万			
很可能需要很久才能变成现金	公积金和人寿保险 45 万		用全天候组合的投资收益来满足养老金缺口

调整后的比调整前的好在哪里呢？

首先看得见的，任何时候都有了足够的资金支撑，不至于像之前一样，因为 1 年内可变现的资产太少而导致有目标理财的支出出现问题。

调整后的方案不光更好地支持了家庭支出，完成了家庭任务。更重要的是，20 年后，留下来供李先生养老的钱，和调整前的完全不是一个级别。

调整前的所有财产汇总情况：

60 岁前花掉的钱：现金 20 万元 + 银行理财 80 万元 + 未来工资收入，但是距离 1039.92 万元很可能仍有缺口。

60 岁后还剩的钱：20 年后只剩下公积金 15 万元，人寿保险 30 万元，偏股基金 56 万元的本金和盈利（如果自己投资失误，盈利也有可能是负的），以及 600 万元的投资性房产。但是，20 年后房产的变现情况如何，是个未知数。

调整后的所有财产汇总情况：

一年以内花掉的零花钱：9 万元

60 岁前花掉的钱：100 万元的子女教育金，25 年内随时支取的 647 万元在不用时放在全天候组合里。

60 岁后还剩的钱： 除了公积金和人寿保险 45 万元，全天候组合 647 万元如果均匀投资 20 年的话，还可以产生约 1647.67 万元的理财收入。加上未来工资收入，可以准备足额的养老金，还有剩余资金可以用作投资。而且投资账户里都是流动性很好、可以随时变现的财产。

至于 20 年后才会用到的资金，这部分资金之所以叫投资资金，意味着可以承担更高的风险，当然可以做股票。不过考虑到专业性，股票基金、偏股型基金仍然是最好的选择。

当所有的财产都各安其位、安全且有序保值增值的时候，这时候你的财产就不再只是财产，而变成了资产。

到此，规划篇的内容已经全部讲完，而我们"规划—配置—资金进出结构—产品筛选"四步的家庭理财之路也就完成了。

家庭理财是个持续不断的工作。我们需要隔一段时间重新走一遍这个完整的流程，以确保我们当下的财富分配和管理适合最新的情况。

没有目标的人生是虚浮的，而没有财富计划支持的人生目标是虚幻的。希望本书能在您完成人生计划、实现人生目标上有所裨益。

案例篇

案例 1：一线城市精英白领郑先生

一、用户基本情况

1.家庭基本情况

郑先生，35 岁，一线城市互联网头部公司中高层管理人员。

郑先生自研究生毕业后一直于互联网公司任职。起初在创业互联网公司从事市场推广工作，后来所在公司被收购，郑先生一直工作于此互联网头部公司，现为区域零售负责人。

互联网行业的收入水平相较于其他行业还是比较高的，而且近十年是互联网的高速发展期，郑先生的职位晋升速度比较快。早些年刚入职互联网公司工作的时候，郑先生的年均收入在 30 万元左右。在工作到第十个年头时，郑先生包括公司股票期权在内的年收入已经超过 200 万元。

郑先生的妻子与他是同学，研究生毕业后一直在一家高等职业院校教书。婚后由于对家庭的照顾比较多，叠加高职院校本身收入的限制，近几年的年收入一直在 30 万元左右浮动。

郑先生与妻子育有两个男孩，一个 6 岁，一个 3 岁，正巧今年分别要上小学和幼儿园。父母健在，身体硬朗，母亲目前已退休，父亲还在工作，离法定退休年限大概还有 3 年的时间，父母不需要郑先生承担什么贴补。

2. 家庭资产状况

郑先生与妻子目前拥有两套房产均为 100 平方米左右，一套自住，一套出租，两套房均有贷款，投资性房产目前价值约 1000 万元。

郑先生目前拥有 900 万元的金融资产，包括 200 万元的公司股权、300 万元的公募基金、100 万元的私募基金、100 万元的货币基金和 200 万元的银行定期存款。

3. 家庭收入方面

郑先生每年总收入约 200 万元，妻子每年工资加绩效约 30 万元，两者相加，郑先生的家庭年收入约 230 万元。

4. 家庭支出方面

家庭开支方面，目前每月需偿还住房按揭贷款近 4 万元，叠加租金收入 8000 元，每月偿还贷款的费用可以控制在 3 万元左右。除去偿还房贷，每年家庭固定支出在 60 万元左右，其中最主要的支出是孩子的教育费用。

二、用户理财规划需求分析

郑先生目前的诉求是：

（1）自己是家里的顶梁柱，是主要的经济来源，互联网近两年的发展已有放缓趋势，收入增长已经两年没有变化。

（2）两个孩子都到了上学和上幼儿园的年龄，普通的学校看不上。看着身边朋友都送孩子到国际学校上学，但国际私立学校费用太高，30 万元 / 年的花费感觉还是有些吃力。考虑到未来国际学校学费持续增长的可能性，以及供养两个孩子必然面临的双重支出，郑先生深感负担沉重。

（3）房子的价格增速近两年已有明显的放缓迹象，但由于投资房产位置不错，犹豫是否卖出转换为其他投资品。

（4）基金投资收益不佳，也没有时间打理，本想长期投资，但每当看到基金的净值跌破成本线时，内心总会感到不安，赎回不甘心，加仓又担心基金净值会继续下跌，有些不知所措。

针对用户的以上诉求，结合当前资产管理行业现状，我们做了如下分析：

1. 关于保障

作为家里的顶梁柱，郑先生如果发生任何不可预知的意外确实会导致家庭收入一下子降低，甚至入不敷出，所以必须优先给自己配置保险，然后再为家庭成员配置保险（具体保险种类待定）。

2. 关于理财

互联网行业近两年由于流量红利已过，进入了增长的瓶颈期，短期职位晋升或者薪资待遇提升的可能性不大，想过出去自己创业，但是目前还没有找到合适的赛道，所以还是安于现状。相比职业发展，郑先生的焦虑主要来自投资收益增长的不确定性，以及与同阶层生活水准的比较。所以，郑先生要么放弃让孩子去国际学校的想法，要么就需要在投资理财端提升收益。

郑先生投资理财信心不佳，主要源于配置结构不合理，大部分的金融资产风险较高，波动较大。郑先生在股票或者偏股类基金的投资占金融资产的比例过高，虽然投资风险越大获取收益的可能性也就越高，但如果投资者无法承受剧烈的净值波动，很难赚到未来可能产生的收益。

3. 关于房产

两套房子，其中一套为投资性房产。郑先生可以将两套房产置换为一套面积 150 平方米可以满足六口人居住需求的房子，叠加过去房产的价值提升，房产置换后无须偿还贷款，每年能够节省大概 40 万元的支出。

三、家庭财富规划建议

下面我们进入规划环节，我们根据四账户体系来梳理郑先生家的资产，并给出合理的调整方向以及调整后的资产比例。

1. 资产盘点

根据郑先生提供的资料，汇总其目前持有的金融产品、股权和投资性房产，计算出他目前可投资资产共计 2000 万元。

但是资产由于流动性不同，有的可以随时变现，比如货币基金；有的变现时间是不确定的，比如股票市场本身存在极强的不稳定性，如急需变现可能会面临巨幅亏损。另外，虽然一线城市近两年房价上涨幅度不大，但想要按市价出售难度还是很高的，所以缺少一定的流动性。

将可投资资产按照资产的流动性划分的话，郑先生当前的资产配置情况见表 1。

表 1　郑先生当前的资产配置情况

账户	配置金额	说明
现金账户	100万元	现金账户是家庭的现金流，不能小于0，不能有亏损，否则直接影响生活。该账户金额一般是您未来3~6个月的生活费用。
理财账户	200万元	理财账户是家庭资金的主体，是您未来生活刚需的钱。该账户既要有收益跑赢CPI，还不能承担太大的风险。
投资账户	1600万元	该账户中的资金是追求收益的钱，但同时要承担更大的风险，要有着全部亏损的觉悟。需要在满足理财账户配置后对该账户进行配置。

根据家庭收入状况，郑先生一家没有资产缺口和养老金缺口，但资产配置方式有一定的缺陷。

首先，活期银行存款比例太高。活期存款属于现金账户，现金账户存放的资金不需要太多，一般满足 3~6 个月的生活费用即可。

其次，郑先生投资到股票、偏股型基金、股权等高风险资产的金额过多，而这些资产都属于投资账户而非理财账户。理财账户的钱要有风险底线，而投资风险过高容易打破投资者心理承受底线，这也是很多投资者在资产价格跌至底部时还要割肉的原因，必然会造成较大程度的亏损。

另外，还需要增加保险账户的配置，给家庭加一个"保护伞"，所以需要调配现金账户、理财账户、投资账户和保险账户的资金比例，以满足家庭日常生活和长期资产升值需求。

2. 重新"调配"四账户

比如，按照理财魔方的家庭规划模型，建议郑先生的账户配置方案如下，见表2。

表2　郑先生在理财魔方的家庭规划下的账户配置方案 表中没有下文图中的保险账户
4.8万元

🏠 家庭财富规划卡

	零花钱账户 家庭的短期必要开支 要保证这笔钱不能有亏损	理财账户 一年内可变现的钱 当出现重大支出时要快速变现	投资账户 变现时间在一年以上的钱 家庭支出高峰期不会用到的钱
需要的财富分配	24.00万	2891.90万	1781.20万
现在的财富分配	100.00万	200.00万	1600.00万
调整后的财富分配	24.00万 ⬇	1876.00万 ⬆	0.00万 ⬇

🐏 **现金账户**

24.00
应配置金额(万元)

零花钱　还房贷　购物　旅游

现金账户是家庭现金流，不能小于0，不能有亏损，否则直接影响生活。该账户合理金额一般是您未来3-6个月的生活费用。

🪙 **理财账户**

1876.00
应配置金额(万元)

住房　子女教育　购车　养老

理财账户是家庭资金的主体，是您未来生活刚需的钱。该账户既要有收益跑赢CPI，还不能承担太大的风险。

📈 **投资账户**

0.00
应配置金额(万元)

炒股票　开公司　买基金

该账户中的资金是追求收益的钱，但同时要承担更大的风险，要有一段时间内存在较大亏损的心理准备。

🛡 **保险账户**

4.80
应配置金额(万元)

大病　意外　医疗　身故

保险账户的资金是不以收益为目的的，但能支撑您的其他理财目标得以实现。

图1　郑先生四账户分配情况

四账户的分配逻辑是：优先满足现金流需求，其次满足生活刚需，剩余的钱可考虑放入投资账户，保险账户起到保障作用即可。

按照年支出 96 万元来计算，3 个月的支出金额是 24 万元，把这笔钱放在现金账户中。理财账户的钱是家庭资金的核心，也是在 60 岁之前家庭主要开支需要的钱。根据模型测算，1876 万元可以满足所有重大开支，且该金额已将通货膨胀的因素考虑在内。剩余的钱最后可以考虑放入投资账户。

另外，郑先生其中一笔支出用于支付房屋贷款。如果将投资性房产出售后，其相应支出就会减少，所以，可以在交易完成后，适当减少现金账户的资金配比。

3. 具体调配方式

表 3　郑先生理财调配总表

⌂ 家庭财富规划卡

	零花钱账户 家庭的短期必要开支 要保证这笔钱不能有亏损		理财账户 一年内可变现的钱 当出现重大支出时要能快速变现		投资账户 变现时间在一年以上的钱 家庭支出高峰期不会用到的钱	
需要的财富分配	24.00万		2891.90万		1781.20万	
现在的财富分配	100.00万		200.00万		1600.00万	
调整后的财富分配	24.00万 ⬇		1876.00万 ⬆		0.00万 ⬇	
	投资品推荐	调整金额	投资品推荐	调整金额	投资品推荐	调整金额
市场上可配置的产品	·现金 ·活期存款 ·余额宝	减少76万	·偏债基金 ·银行理财 ·定期存款	增加1676万	·股票 ·偏股公募基金 ·信托产品 ·证券私募基金 ·投资性房产 ·艺术品投资 ·企业股权/私募股权基金	减少1600万

（1）现金账户

货币基金中的 76 万元优先划到理财账户中，剩余 24 万元建议存到魔方宝中，获取一个比活期存款高的货币基金利率。

表 4　郑先生现金账户表

现金账户 投入资金**24.00**万

可投资产品	年化利率	最大回撤	25年后收益（万元）	产品特点
货币基金	3.00%	0.00%	5.36	优点：流动性较高、t+1可取，安全性高 劣势：收益较低
余额宝	2.74%	0.00%	4.82	优点：流动性较高、部分可t+0取出，安全性高 劣势：收益较低
活期存款	0.35%	0.00%	0.54	优点：流动性超高、随时可用、安全性高 劣势：收益较低
魔方宝	**3.06%**	**0.00%**	**5.49**	

（2）理财账户

郑先生的理财账户继续填补，因此需要将货币基金中的 76 万元和投资账户中的 1600 万元调整至理财账户中。由于郑先生投资理财信心不佳，而且没有时间打理，所以做投资风险还是很大的。

理财账户的钱不能承受太大风险，但可以跑赢通胀，这是最低的目标。理财要想赚到钱，一是风险不能太大，风险要在自己可以承受的范围内；二是要有稳定的复利，获取长期的累计收益。如何实现呢？

通常来说，大众平日能接触到的理财产品有债券基金、银行理财、定期存款。但是这三种理财产品的收益虽然稳定，但长期累计收益比较低，甚至无法跑赢通货膨胀。想要获取更高的回报，必须多承担一点风险，按照自己的风险承受能力将股票型基金以及债券型基金还有货币基金等资产组合在一起，在足够的低风险资产打底的情况下获取股票型基金带来的潜在超额收益。全天候组合就是根据客户的风险承受能力构建一个基金组合，使得风险更加分散，最大回撤控制在用户承受的范围内。

表 5 郑先生理财账户表

应调整至1876.00万元

理财账户 已投资200万元	投资金额（万元）	年化收益	最大回撤	25年后收益（万元）	10年后收益（万元）	20年后收益（万元）	调整金额	调整后金额
偏债基金	0	6.98%	-3.71%	1242.14	376.36	903.74	0	0
银行理财	0	4.00%	-5.00%	593.51	203.22	450.47	0	0
定期存款	200	2.50%	0.00%	339.18	123.26	262.72	1676.00	1876.00
增额终身寿险	0	3.50%	0.00%	503.97	176.05	385.14	0	0
年金险	0	3.50%	0.00%	503.97	176.05	385.14	0	0
全天候组合	0	11.21%	-12.80%	2601.98	657.59	1776.20	1876.00	1876.00

因此，我们的建议是郑先生将理财账户中的 1876 万元全部放入全天候组合中，如此一来，其收益率既能跑赢通货膨胀率，也可以在承担合理风险的同时获取稳定的长期收益。

四、调整前 VS 调整后

相比调整前，郑先生调整后的理财资金分配方式有哪些变化呢？

首先，现金账户由 100 万元调整到 24 万元。现金账户不需要存放太多的现金，不然资金的利用效率会比较低。其次，将剩余的资金全部放入理财账户中，其中包含卖出房产获得的资金，以及公募基金、私募基金和公司的股权激励。不管是基金还是股票，单独投资难度和投资风险都是很大的，如果自己不擅长或者没有成功先例，还是尽量将资金交给专业的机构，制定与他的风险承受能力匹配的资产配置方案。最后，就是针对保险账户的调整，每年 4.8 万元的保费足够，可以起到家庭保护伞的作用，将风险转移。

如此一来，郑先生的家庭资产配置就更加均衡了，能够在满足短期生活所需要使用的资金基础上，增加资金的使用效率，也能够在保持资产长期升值需求的基础上，降低资产的风险和波动率。

案例 2：职场新人谭先生

一、用户基本情况

谭先生，25 岁，职场新人，本科毕业后在二线城市一家消费制造业国企上班，工作岗位是市场部经理。由于谭先生性格开朗，善于交际，工作业绩非常出色。

谭先生的父母都在家乡（三线城市）体制内工作，父亲是市内重点中学的教导处主任，母亲是市立医院的护士长。老家有自住房，准备帮助谭先生所在城市再买一套房子，40 万元的首付款由父母资助，目前存在谭先生名下。

（1）收入方面

谭先生目前的月均工资是 10000 元，绩效奖金每年 100000 元左右，税后每年到手差不多是 20 万元。

（2）支出方面

谭先生目前单身，没有什么经济压力，主要支出用于租房、旅游和同学聚会。谭先生通过账单估算近一年的开支，约 10 万元。

二、用户理财规划需求分析

谭先生目前的理财诉求是：

（1）谭先生目前的工作比较稳定，考虑在该城市长期生活，买房也逐渐提上了日程，虽然首付款是父母赞助，但是考虑到每个月如果还贷款的话，生活品质会有一定的下降，所以谭先生一直犹豫要不要过几年再买。

（2）刚毕业不久，对投资理财还不是很熟悉。看到周围朋友都在买基金，谭先生也在 2020 年用 5 万元投资了一只之前涨幅靠前的明星基金，不知道是不是买在了基金表现的最好阶段，买完之后受到风格切换和市场转弱的影响，目前还处于浮亏状态。谭先生比较迷茫，为什么有的人买基金能赚到钱，而自己就赔钱了呢，明明是按照基金业绩排名来买的呀。

（3）除了基金以外，大部分钱在货币基金里面放着。由于货币基金可以随时申赎，所以遇到冲动消费时，丝毫不影响随时支取，但谭先生觉得这样很难攒下钱来。

针对用户的以上诉求，结合谭先生的现状，我们做了如下分析。

1. 关于置业

谭先生如果打算在工作城市安家，那么刚需购房是迟早要提到日程上的事情。在能力允许的情况下，建议优选核心区位的房产，周围的配套资源越多，将来房产置换时的价值越有支撑。不建议因为短期的经济压力选择购买商业公寓，公寓虽然总价较低，但在居住环境、生活成本以及流动性方面明显不如住宅地产。因此谭先生近几年置业可以先购买一套中小户型、位置相对优越的住宅。

2. 关于投资理财

谭先生每月工资除了日常花销以外仍有结余，不妨尽早规划，通过合理的理财方式开源节流。由于投资经验尚浅，所以空闲时间可以多学习一些理财知识，年轻时最重要的投资就是投资自己，多给自己充电，增加各项技能的提升、知识的储备，日后一定会学以致用，受益匪浅。作为理财小白的谭先生也会产生一些投资误区，比如看短期业绩排名来买基金。

由于一些基金短期的业绩表现太过亮眼，等到你买的时候净值已经非常高了，这就属于基金投资中的"追高"，就是买贵了。基金贵不贵其实反映的是基金重仓的股票估值贵不贵。当某个行业的股票被市场资金过度追捧，一些基金恰好因为重仓了这个行业，抓住了风口，就会获得特别高的收益。而股票被爆炒后估值过高，后续也自然会回归到正常水平，基金净值也会下跌。即便基金经理换了股票，但是基金经理也不可能对所有行业的股票都有精力研究，也就很难每次都把握住风口。

所以选择一只基金，一定要评估其投资风格的稳定性、业绩的稳健性、收益的持续性，回避股市投资比例过高、杠杆较高与风格激进的基金。在具体的选择上，可结合自身风险偏好，侧重股票仓位适中、擅长在震荡市场环境中投资、择时能力较强的产品。即便如此，买基金也需要持之以恒，不能指望买完就涨，涨完立刻就卖。对于个人投资者，重仓单——只主动管理型基金，仍然受制于该基金的投资风格相对单一，不能有效地分散风险，所以基金组合（配置相关性较低的基金组合）对于投资经验较少的投资者更合适。

三、家庭财富规划建议

下面我们进入规划环节，根据四账户体系以及谭先生的具体情况，给出合理的调整方向以及调整后的资产比例。

1. 资产盘点

根据谭先生的年龄及年支出情况，未来还需要 645.81 万元的刚性生活支出。目前可投资资产为 45 万元，如果按照谭先生目前的收入状况来计算，到他 60 岁时，预计收入至少有 720 万元，所以可以覆盖 645.81 万元的资产缺口。但是，谭先生退休后还需要 185.54 万元的养老资金，因此还存在 66.35 万元的养老资金缺口。

除此之外，谭先生当下的资产配置情况，也存在一些缺陷。

第一，现金账户分配的资金过多；第二，理财账户目前没有配置任何资产。通常情况下，现金账户只需要保留 3~6 个月的生活费用即可，按照谭先生的固定支出基线计算，只需要保留 2.5 万元的零花钱放在货币基金中即可。因为买房钱属于有目标的钱，时间和金额相对明确，这笔钱不能投资到风险过高的产品中，应该将大部分资金和未来的收入放到理财账户而不是投资账户里，获得一个长期稳健的收益。

谭先生虽然刚刚步入职场，但工作收入相对城市里的同龄人要高一些，具备买房并支付首付的条件。不过谭先生没有太多的积蓄，初始积累并不丰富。但不丰富并不意味着不需要理财规划，如若对于每个月收入和支出都有清晰的规划，长期保持下去，可以与同龄人继续拉大差距。

表6　谭先生的资产配置情况

账户	配置金额	说明	可投资资产应配置金额	配置产品
现金账户	40万元	现金账户是家庭的现金流，不能小于0，不能有亏损，否则直接影响生活。该账户金额一般是您未来3~6个月的生活费用。	2.50万元	魔方宝
理财账户	0万元	理财账户是家庭资金的主体，是您未来生活刚需的钱。该账户既要有收益跑赢CPI，还不能承担太大的风险。	42.50万元	全天候组合
投资账户	5万元	该账户中的资金是追求收益的钱，但同时要承担更大的风险，要有着全部亏损的觉悟。需要在满足理财账户配置后对该账户进行配置。	0.00万元	fof1号 黑天鹅 低估值组合

2. 重新"调配"四账户

按照我们的家庭规划模型，建议谭先生的四账户配置方案如表7。

表7　谭先生的四账户配置方案

🏠家庭财富规划卡

	零花钱账户 家庭的短期必要开支 要保证这笔钱不能有亏损	理财账户 一年内可变现的钱 当出现重大支出时要能快速变现	投资账户 变现时间在一年以上的钱 家庭支出高峰期不会用到的钱
需要的财富分配	2.50万	645.81万	185.54万
现在的财富分配	40.00万	0.00万	5.00万
调整后的财富分配	2.50万 ⬇	42.50万 ⬆	0.00万 ⬇

四账户的分配逻辑为：优先满足现金流需求，其次满足生活刚需，剩余的钱可考虑放入投资账户、保险账户起到保障作用即可。

￥ 现金账户

2.50
应配置金额(万元)

零花钱　还房贷　购物　旅游

现金账户是家庭现金流,不能小于0,不能有亏损,否则直接影响生活。该账户合理金额一般是您未来3~6个月的生活费用。

▤ 理财账户

42.50
应配置金额(万元)

住房　子女教育　购车　养老

理财账户是家庭资金的主体,是您未来生活刚需的钱。该账户既要有收益跑赢CPI,还不能承担太大的风险。

📈 投资账户

0.00
应配置金额(万元)

炒股票　开公司　买基金

该账户中的资金是追求收益的钱,但同时要承担更大的风险,要有一段时间内存在较大亏损的心理准备。

⊕ 保险账户

0.50
应配置金额(万元)

大病　意外　医疗　身故

保险账户的资金是不以收益为目的的,但能支撑您的其他理财目标得以实现。

图 2　谭先生的四账户配置图

我们来看一下具体的调配方式,见表 8。

表 8　谭先生的家庭财富规划卡

⌂ **家庭财富规划卡**

	零花钱账户 家庭的短期必要开支 要保证这笔钱不能有亏损		理财账户 一年内可变现的钱 当出现重大支出时要能快速变现		投资账户 变现时间在一年以上的钱 家庭支出高峰期不会用到的钱	
需要的财富分配	2.50万		645.81万		185.54万	
现在的财富分配	40.00万		0.00万		5.00万	
调整后的财富分配	2.50万 ⬇		42.50万 ⬆		0.00万 ⬇	
	投资品推荐	调整金额	投资品推荐	调整金额	投资品推荐	调整金额
市场上可配置的产品	·现金 ·活期存款 ·余额宝	减少37.5万	·偏债基金 ·银行理财 ·定期存款	增加42.5万	·股票 ·偏股公募基金 ·信托产品 ·证券私募基金 ·投资性房产 ·艺术品投资 ·企业股权/私募股权基金	减少5万

（1）现金账户

按照年支出 10 万元来计算，3 个月需要 2.5 万元，所以现金账户仅保留 2.5 万元即可，货币基金里的 37.5 万元都放入理财账户之中。

（2）理财账户

理财账户的钱是家庭资金的主体，也是 60 岁之前家庭主要开支所需，目前现有的资产共有 42.5 万元可以转入理财账户。

谭先生的理财账户总共需要 645.81 万元，经调整后的理财账户中的资产有 42.5 万元，存在 603.31 万元的缺口，未来随着谭先生收入的增长可以逐步填补此账户的空缺。理财账户的主要作用是应对生活中的必要支出，包括日常开销、买房买车以及子女教育等，因此不能承担太大的风险，所以规划中主要包括偏债基金、定期存款、银行理财以及全天候组合等资产品种供选择。

其中，全天候组合可以根据谭先生的资产状况和风险承受能力制定与之匹配的配置方案，它既包含固收 + 资产，如债券基金以及货币基金，也包含了偏股型基金，同时还包括避险资产黄金等资产。将相关性较低的资产组合在一起，再根据客户的风险承受能力，就能够按照客户的实际状况来制订一个资产配置方案。

表 9　谭先生的理财账户

理财账户 已投资0万元							应调整至42.50万元	
投资产品	投资金额（万元）	年化收益	最大回撤	35年后收益（万元）	10年后收益（万元）	20年后收益（万元）	调整金额	调整后金额
偏债基金	0	6.98%	-3.71%	47.96	8.53	20.47	0	0
银行理财	0	4.00%	-5.00%	20.96	4.60	10.21	0	0
定期存款	0	2.50%	0.00%	11.49	2.79	5.95	42.50	42.50
增额终身寿险	0	3.50%	0.00%	17.55	3.99	8.73	0	0
年金险	0	3.50%	0.00%	17.55	3.99	8.73	0	0
全天候组合	0	11.21%	-12.80%	115.17	14.90	40.24	42.50	42.50

（3）投资账户

投资账户里的 5 万元原则上也建议转到理财账户，购买一个风险更低的产品。如果理财账户的 645.81 万元在之后的时间里补足之后，剩余的资金可以考虑投资到投资账户里。

投资账户主要考虑的是收益，所以风险可以适度放大。通常来说，风险越大收益也就越高，但这并不绝对。比如信托产品目前的平均年化收益率为 7%，但极端情况下最大回撤能够达到 100%，也就是产品违约，投资者风险自负。股票（万得全 A 指数代表）近期的年化收益率是 4.8%，勉强能够与通货膨胀率持平，但是最大回撤幅度超过 30%，波动较大，个人投资者很难把控。偏股型基金的年化收益率相对较高，能够超过 18%，但最大回撤也接近 29%，同样波动性太高，容易超出个人的风险承受能力，导致拿不住。因此，我们建议谭先生可以将未来投资账户中的钱，以定投的形式投资"低估值组合"。经测算，低估值组合年收益率能够达到 16%，最大回撤 16%，是性价比较高的投资产品。

（4）保险

如果谭先生有保险购买计划的话，还应额外支出 5000 元用于购买健康险。由于年龄较小，所以保费比较优惠。

四、调整前 VS 调整后

首先，调低了现金账户的存款比例。谭先生的现金账户由 40 万元调整至 2.5 万元。现金账户不需要保留太多资金，只需要满足 3~6 个月的日常开支即可。

其次，提升了理财账户的资金比例，剩余的资金可以放到全天候组合中。长期来看，全天候组合可以获得一个跑赢通胀的收益率，帮助谭先生强制储蓄，早日实现买房买车等重大目标。同时，全天候组合可以随时赎回，相比银行定期理财或定期存款，资产的流动性增加了，任何时候要用钱都有可以变现的资产。

最后，由于谭先生初入职场不久，目前的收入水平显然不能客观反映谭先生之后的情况，所以当收入提高或者资产发生比较大的变动后，还需要重新做资产规划。因为资产规划只是某一时刻对当前资产状况的梳理和建议，并不能适用终身。

案例 3：餐饮个体户刘先生

一、用户基本情况

刘先生，28 岁，与妻子开了一家火锅店，虽然忙碌，但收入还不错。不过突如其来的疫情打破了刘先生的期望。从 2020 年开始，受新冠疫情的影响，刘先生的火锅店生意时好时坏。由于餐饮门店本身的人员成本比较高，短期营业受阻，肯定会影响到火锅店的收入。2020 年以来，刘先生的火锅店减去必要支出，几乎没有什么利润。妻子 2021 年刚刚生下一个男孩儿，在火锅店利润不及预期之时，家里必要的生活支出却有所增加。父母都是工人还未退休，但可以自给自足，不需要刘先生贴补。不过刘先生的岳父、岳母在农村，没有固定的工作，也没有养老保险，考虑搬来与刘先生一家共同生活，照顾孩子。

（1）家庭资产方面

刘先生名下除了一套自住房外，还有一套投资性房产正在出租，两套房均有贷款，每月需要支付贷款费用接近 6000 元。不过由于买房时间较早，房产均有接近 50% 的增值，目前投资性房产价值 150 万元左右。另外刘先生名下有 80 万元左右的存款，其中 30 万元买了公募基金，30 万元存在银行，另外 20 万元买了 P2P。不过 P2P 已经有一年多的时间没有付息，未来能不能拿回本金也无法确定。

（2）收入

减去固定费用支出，疫情前火锅店每年净收入在 60 万元左右。随着城市生活节奏逐步加快，生活品质逐渐提高，人们外出用餐成为常态。由于火锅店位于城市中心位置，在疫情之前，刘先生预期火锅店每年能增加 10 万元左右的净收入。

（3）支出

目前，刘先生家庭每月的固定支出约为 17000 元，其中包含生活必需品（5000 元），房屋贷款（6000 元）和育儿嫂的相关费用（6000 元）。

二、用户理财规划需求分析

刘先生目前的理财诉求是：

（1）由于疫情的影响，火锅店近几年的生意越来越难做。如果接下来依然赚不到钱，就只能关店，然后自己出去找一份工作，补贴家用。

（2）刘先生买的 P2P 可能有去无回，但对理财并不抗拒，只是苦于没有找到窍门。已购买的公募基金有涨有跌，希望能够找到一款波动低，可以产生长久稳定回报的理财产品。

（3）孩子出生后经常生病，想给孩子买保险却不知道应该怎么选。另外，岳父母没有养老保险，特别担心出现重大疾病，因此也应该给岳父岳母购买保险。但苦于现在没有固定收入，购买保险又是一份比较大的支出，有些举棋不定。

（4）孩子 1 岁后就需要上早教班，教育支出加大了刘先生的经济压力，也正在考虑是否要让孩子上早教班。

针对用户的以上诉求，结合当前资产管理行业现状。我们做了如下分析：

1. 关于生意

新冠疫情迟早会过去，随着疫苗接种率的提升，病毒的致死率随之下降，后面会慢慢放松管制。如果火锅店仅仅是由于疫情的影响而导致经营不顺，就暂时不要选择关店，毕竟火锅店当下不赚钱，但至少还未亏损，再坚持一段时间就能够看到曙光。

在"开源"尚处于不确定时，"节流"是刘先生首先应该考虑的问题。刘先生目前日常支出费用过高，在没有确定的收入增项之前，可以适当降低无绝对必要的支出。比如：妻子可以全职在家照顾小孩，或者请岳母过来帮忙照顾小孩，节省下育儿嫂的相关费用。另外，两套房子的贷款支出也比较高，叠加未来房产投资回报率降低的趋势难有逆转，可以将投资性房产卖出，不仅能够减轻还贷压力，还可以剩余一部分现金作为日后孩子的养育成本。

2. 关于理财

P2P 本身游离在监管之外，在目前清理整顿 P2P 的背景下，刘先生这笔钱拿回来的可能性较低。但剩余现金资产中，有一半的资金购买了偏股型公募基金，风险偏高，应该适当降低偏股型公募基金的投资比例。

3. 关于保障

孩子和父母的保险还是需要购买的，保险是保障家庭在遭受打击时有效避免极端变化的关键，尤其是中产阶级家庭。

4. 关于子女教育

学龄前期是个体身心各方面发展的关键期。虽说早期教育对于婴幼儿来说不是必需经历，可以依靠科学的婴幼儿日常教养来达到相近的教育效果，但由于孩子的抚育人学历、素质以及教育专业性有限，因此不建议刘先生省去这部分早教支出。

三、家庭财富规划建议

下面进入规划环节，我们根据四账户体系来梳理刘先生家的资产，并给出合理的调整方向以及调整后的资产比例。

1. 盘点资产

根据刘先生提供的资料，汇总目前持有的银行存款 30 万元、基金资产 30 万元、投资性房产 150 万元以及投资 P2P 的 20 万元，计算出他目前可投资产共计 230 万元。假设在刘先生出售投资性房产后，需要偿还贷款 30 万元，P2P 由于商业模式存在根本问题，未来能否要回本金无法得知，所以暂且不算。最后计算出刘先生的可投资资产共 180 万元。相应的，每月需要偿还投资性房产的贷款 3000 元可无须再支付。

但是资产由于流动性不同，有的可以随时变现，比如活期存款；有的变现时间稍长，预计在 1 年内完成变现，比如银行理财；有的变现时间可能会更长，由于市场流动性问题或者当前变现可能面临巨大亏损，所以被动延长了持有时间，比如股票或者偏股型基金。

将可投资资产按照资产的流动性划分的话，刘先生当前的资产配置如表10所示。

表10　刘先生当前的资产配置

账户	配置金额	说明	可投资资产应配置金额	配置产品
现金账户	30万元	现金账户是家庭的现金流，不能小于0，不能有亏损，否则直接影响生活。该账户金额一般是您未来3~6个月的生活费用。	4.20万元	魔方宝
理财账户	0万元	理财账户是家庭资金的主体，是您未来生活刚需的钱。该账户既要有收益跑赢CPI，还不能承担太大的风险。	175.80万元	全天候组合
投资账户	150万元	该账户中的资金是追求收益的钱，但同时要承担更大的风险，要有着全部亏损的觉悟。需要在满足理财账户配置后对该账户进行配置。	0.00万元	fof1号 黑天鹅 低估值组合

如果刘先生的火锅店在疫情结束后依然可以维持60万元甚至更多的年收入，未来生意预计收入1980万元。目前刘先生的可投资资产为180万元。根据刘先生年龄及年支出，未来还需要829.93万元的刚性生活支出，对于刘先生来说没有资产缺口。此外，刘先生退休后还需要311.71万元的养老资金，所以刘先生也没有养老资金缺口。

那当前的资产配置情况有没有缺陷呢？

现金账户，我们说不用存放太多的钱闲置在银行活期账户，一般满足3~6个月的生活费用即可。最重要的一点是，刘先生投资到股票基金的金额较多。投资性房地产需考虑到所在区位和未来的人口流入情况，如果二线城市经济发展情况较好，可以保值；如果人口呈现净流出趋势，且未来新增人口越来越少，房地产的价值空间是缩小的。这些资产我们都归类到投资账户而非理财账户中。因为很难保证需要用钱时，账户正好是处于盈利状态可以随时赎回，倘若短期被套，要么割肉，要么被动持有更久。所以资产的流动性难以满足家庭的必要开支，比如说孩子教育、家人生病等。

2. 重新"调配"四账户

按照我们的家庭规划模型，建议刘先生的四账户配置方案如表 11 所示。

表 11　刘先生的四账户配置方案

🏠 **家庭财富规划卡**

	零花钱帐户 家庭的短期必要开支 要保证这笔钱不能有亏损	理财账户 一年内可变现的钱 当出现重大支出时要能快速变现	投资账户 变现时间在一年以上的钱 家庭支出高峰期不会用到的钱
需要的财富分配	4.20万	829.93万	311.71万
现在的财富分配	30.00万	0.00万	150.00万
调整后的财富分配	4.20万 ⬇	175.80万 ⬆	0.00万 ⬇

🐑 **现金账户**

4.20
应配置金额(万元)

零花钱　还房贷　购物　旅游

现金账户是家庭现金流，不能小于0，不能有亏损，否则直接影响生活。该账户合理金额一般是您未来3~6个月的生活费用。

📋 **理财账户**

175.80
应配置金额(万元)

住房　子女教育　购车　养老

理财账户是家庭资金的主体，是您未来生活刚需的钱。该账户既有收益跑赢CPI，还不能承担太大的风险。

📈 **投资账户**

0.00
应配置金额(万元)

炒股票　开公司　买基金

该账户中的资金是追求收益的钱，但同时要承担更大的风险，要有一段时间内存在较大亏损的心理准备。

☂ **保险账户**

0.84
应配置金额(万元)

大病　意外　医疗　身故

保险账户的资金是不以收益为目的的，但能支撑您的其他理财目标得以实现。

图 3　刘先生的四账户配置图

四账户的分配逻辑是：优先满足现金流需求，其次满足生活刚需，剩余的钱可考虑放入投资账户、保险账户起到保障作用。

按照年支出 16.8 万元来计算，3 个月的支出金额是 4.2 万元，把这笔钱放在现金账户中。理财账户的钱是家庭资金的主体，也是在 60 岁之前家庭主要开支需要的钱。根据模型测算，829.93 万元（该金额已将通货膨胀的因素考虑在内）可以满足所有重大开支。目前刘先生的金融资产显然不足 829.93 万元，但随着刘先生的收入增加，可逐步增加理财账户的资金。

因此，刘先生应该在现金账户中配置 4.2 万元，理财账户未来需要逐渐补足 829.93 万元，现在可将金融资产中的 175.8 万元放到理财账户中。保险账户每年保费需要 8400 元。

那么应该如何调配呢？见表 12。

表 12　刘先生的账户配置方案

	零花钱账户 家庭的短期必要开支 要保证这笔钱不能有亏损		理财账户 一年内可变现的钱 当出现重大支出时要能快速变现		投资账户 变现时间在一年以上的钱 家庭支出高峰期不会用到的钱	
需要的财富分配	4.20万		829.93万		311.71万	
现在的财富分配	30.00万		0.00万		150.00万	
调整后的财富分配	4.20万 ⬇		175.80万 ⬆		0.00万 ⬇	
	投资品推荐	调整金额	投资品推荐	调整金额	投资品推荐	调整金额
市场上可配置的产品	·现金 ·活期存款 ·余额宝	减少25.8万	·偏债基金 ·银行理财 ·定期存款	增加175.8万	·股票 ·偏股公募基金 ·信托产品 ·证券私募基金 ·投资性房产 ·艺术品投资 ·企业股权/私募股权基金	减少150万

（1）现金账户

活期存款中的 25.8 万元优先划到理财账户中，剩余 4.2 万元建议存到魔方宝中，获取一个比活期存款高的基金利率，见表 13。

表 13　刘先生的现金账户

现金账户 已投资30万元 　　　　　　　　　　　　　　　　　　　　　　　　　　　　　　　　　应调整至4.20万元

投资产品	投资金额 (万元)	年化收益	最大回撤	32年后收益 (万元)	10年后收益 (万元)	20年后收益 (万元)	调整金额	调整后金额
货币基金	0	3.00%	0.00%	1.27	0.33	0.72	0	0
余额宝	0	2.74%	0.00%	1.14	0.30	0.65	0	0
活期存款	30	0.35%	0.00%	0.12	0.04	0.07	-25.80	4.20
魔方宝	0	3.06%	0.00%	1.30	0.34	0.74	4.20	4.20

（2）理财账户

刘先生的理财账户中没有资金，所以将原本在现金账户中的 25.8 万元和投资账户中的 150 万元调配至理财账户中。由于刘先生自己也承认投资经验不足，而且没有时间去打理，所以自己买公募基金风险还是很大的。建议将资金交由专业的投资机构打理，优先将股票账户中的资金挪到理财账户中。

理财账户中建议配置的资产有：偏债型基金、银行理财、定期存款和全天候组合。在这些资产中应该优选哪个来投资呢？在表 14 中，我们将四类资产按照当前的实际年化收益率来估算持有 32 年后的收益分别是多少。可以很明显地看到，全天候组合的收益率更高，长期持有的情况下，和银行理财和定期存款的收益差距是越来越大的。

表 14　偏债型基金、银行理财、定期存款和全天候组合收益对比

理财账户 投入资金175.80万

可投资产品	年化利率	最大回撤	32年后收益（万元）	产品特点
偏债基金	6.98%	-3.71%	170.82	特点：收益波动相对平稳，风险和收益均普遍小于权益类资产、收益与债券市场高度相关 劣势：当市场利率上升时有可能不利于债券型基金表现
银行理财	4.00%	-5.00%	76.74	优点：认可度高 劣势：收益较低、流动性较差
定期存款	2.50%	0.00%	42.59	优点：认可度高 劣势：收益较低、流动性较差
增额终身寿险	3.50%	0.00%	64.52	
年金险	3.50%	0.00%	64.52	
全天候组合	11.21%	-12.80%	393.26	风险分散，收益较高，优质基金提升业绩回报

理财账户的钱不能承受太大风险，但要跑赢通胀，这是最低的目标。理财要想赚到钱，一是要把家里的"大钱"放进来，二是要有长期稳定的复利。如何实现呢？选择"有底线"的基金，也就是跌得少、回正概率高、更容易产生稳定复利的基金。全天候组合根据每个人的风险承受能力来匹配对应风险等级的组合，每个组合均采用多资产配置，可以降低风险，获得资产长期平均收益。同时，全天候组合各等

级即便经历了数次极端市场环境的考验，最大回撤都控制在预期范围内，各等级都没有突破过预期的控制线，所以用户的持有体验会更好，也更容易拿得住。

（3）投资账户

由于刘先生比较年轻，未来的收入预期能够满足固定支出和养老的需求，因此目前投资账户暂不需要配置。

四、调整前 VS 调整后

调整之后刘先生的财富状况相比于调整之前有哪些优化的地方呢？

首先，降低了现金类账户的资金配比。现金类账户能够保障 3~6 个月的生活固定支出即可，资金过多反而影响效率，不利于资产的保值增值。

其次，提高了理财账户的资金配比，降低了投资账户的资金配比。理财账户保证家庭的重要支出可以不受影响，任何时候都有足够的资金支撑。将原有的银行存款和风险较高的公募基金以及投资性房产转为持有全天候组合，长期来看，可以获得大幅跑赢通胀的收益。同时，全天候组合可以随时赎回，相比定期的理财或者存款，资产的流动性增加了，任何时候要用钱都有可以变现的资产。

总体来看，调整后比调整前的资产配置比例更加合理。既增加了资金的利用效率，又保障了安全性，也可以满足资产的流动性需求。

案例 4：中年私人企业主王先生

一、用户基本情况

（1）家庭基本情况

王先生，43 岁，一线城市私营业主。

王先生 30 多岁时从体制内跳槽出来，创建了自己的网络信息设备销售公司。经过多年的辛苦打拼，也正好赶上网络信息设备需求大爆炸的机遇，公司发展一度比较顺利，高峰时期年营业额达到数千万元。但这几年随着行业景气度下滑，公司发展遇阻，销售额下降。

太太全职在家照顾家庭。

王先生有两个孩子，儿子 15 岁，马上上高中了；女儿 10 岁，正在读小学。

父母和岳父母均健在，每年需要王先生负担生活费用大约 7 万元。

（2）家庭资产方面

有两套自住房，一套是学区房，孩子上学要用；一套是近郊区别墅。此外，还有一套投资性房产，价值目前大约 1100 万元。需要强调的是，只有投资性房产才能视为可变现的资产。

金融性资产中，活期存款 40 万元，协议存款 560 万元，1 年期银行理财 400 万元，公募基金（偏股型）257 万元，股票 340 万元，固定收益信托 200 万元，通过各种渠道购买的私募基金 1200 万元。其中股票基金 700 万元，对冲基金 500 万元。

公司目前每年大约有 200 万元的净利润，但下滑势头明显。业务与王先生的个人经验和人脉资源密切相关，所以虽然算是一块股权资产，但变现很难，公司可变现性的资产大约 1800 万元，可以认为这个就是公司实际的可变现价值。

除此之外，王先生还投资了自己业务下游一家朋友的公司，每年大约有 30 万元的不稳定的分红。这部分股权如果卖出，价值大约在 500 万元。

王先生为全家都购买了保险，自己和太太都买了保费 300 万元的分红险和万能险，给女儿买了 200 万元的教育保险。

（3）收入方面

王先生每年的工资收入大约 70 万元，分红 30 万元，投资性房产出租收入每年 35 万元左右，一共 135 万元。

（4）支出方面

目前每年的支出为 70 万 ~80 万元。主要包括两个孩子的课外补习或兴趣班费用、家庭日常生活费用、父母赡养费用等。

二、用户理财规划需求分析

王先生在做理财规划前，主要考虑因素如下：

（1）公司业务越来越难做，下滑迹象明显，自己在考虑逐步关掉公司。但关掉公司之后，这个年龄也很难再进入新的领域，收入就基本没有了。

（2）自己家里已经有三套房子，两套纯自住不考虑涨跌，但持有的一套投资性房产价格已经三四年没怎么涨了，也不确定未来价格会怎么走。对于是卖是留，很难决断。

（3）自己买的股票和基金没时间打理，也没太多经验，折腾来折腾去其实没怎么赚钱。听银行的客户经理、周围朋友、券商理财顾问的建议，陆陆续续买了几只私募，但是良莠不齐，有赔有赚。关键是对基金经理咋做的投资心里很没底。

（4）家庭财富增长的速度这几年明显在放缓，但钱贬值的速度却在加快。自己虽然属于同龄人中比较"有钱"的人，但这两年脑子里时不时有"坐吃山空"的担忧飘过。虽然理性看，目前还不至于，但如何开源，是摆在自己面前的一个难题。

（5）儿子学习成绩中等，目前看要考上国内一流大学有难度，留学的话，应该如何储备教育金？同时，女儿还小，要不要提前储备教育金？

（6）父母和岳父母的养老问题，应该无虞。但自己和妻子的养老问题，如何提前准备，要不要购买保险公司的社区养老保险服务？

针对用户的以上诉求，结合当前资产管理行业现状，我们做了如下分析：

1. 关于企业

首先，我国经济的粗放高速增长时代基本结束了。40~50 岁这个年龄段的企业主，多半沾的是那个时期高速增长的光，凭借的是之前积累的资源以及敢闯敢干的性格挣到的钱。随着高速粗放增长结束，未来中低速增长时代，之前成功的经验往往成为未来失败的原因。

所以，企业主首先要调整自己的业务预期。以前做企业，似乎增速不够快不够好、不把企业做上市就不算成功，这种"只争朝夕"的想法在未来需要慢慢调整下来。如果企业的业务本身不是彻底的夕阳领域，那么在适当收缩的基础上维持稳定运转，是完全有可能的。德国有大量的小龙头企业，日本泡沫经济破灭后也有大量的非上市、增速并不快但却在自己的领域占有优势的小企业，所以关掉企业并不见得是最好的选择。

王先生的企业做网络信息设备销售，高增长时代肯定过去了，但目前仍然维持着高增长时代的目标、人员规模、组织结构甚至思维模式，这是近些年左支右绌的关键。如果适当收缩目标、缩减人员，企业本身还是可以稳定运行且能带来持续收入的。这比卖掉企业彻底退休，或者再尝试进入新的领域要合适得多。

2. 关于房子

三套房子中，王先生认为郊区别墅和学区房不是投资性房产。实际上，当女儿高中毕业后，学区房也会失去居住价值，变成投资性房产。两套房子总价值约为 2500 万元，在整个家庭财富中占比仍然偏高。

此外，王先生家三套房子总价大约在 5000 万元，如果开征房产税，即便按照 1% 征收，每年支出也要 50 万元。如果房价增长空间有限、持有成本上升，过多持有投资性房产是不合算的。这还不考虑未来房子可变现能力的问题。

3. 关于权益类投资

股票、基金尤其是私募基金，这类资产的风险过高，投资需要的技能也很高，私募基金的投资手法多样，普通人很难理解。很多成功的企业家，会对自己的能力有一种盲目自信，觉得都是赚钱，能做企业赚钱，也可以通过自己投资赚钱。这其实是一种错觉。普通人不会因为自信而相信自己能动手术治病，但在隔行如隔山的投资领域，却相信自己有能力战胜那些专业的投资机构。这也是类似于王先生这样的很多散户投资者最终多半在股票、基金上面投资失利的根源。

此外，私募基金有九大类几十个小类的投资策略，专业人员都未必能看得懂每种策略背后的逻辑，普通投资者想要理解就更难了，因此我们不太建议仅仅因为别人的推荐就过多买入私募基金。

合理的理财能够弥补经济增速下滑之后带来的收入的下降，但重视理财的前提是按照理财的规律来做，不是仅仅凭借自己做企业的老经验，靠赌涨跌、赌品种来挣钱。王先生显然在偏股型的资产上配置的比例较多，没有做好适当的资产配置，所买基金和股票的波动性都会比较大。应该遵从规划—配置—产品选择的流程来管理好自己的资产，这才是解决未来家庭收入下滑、"坐吃山空"的关键。

4. 关于子女教育金

孩子的教育金得等到明确知道"需要花多少钱、什么时候花"的情况下才有必要单独列出来单独管理，过早地储备资金，往往因过度保守而损失收益。比如王先生可以开始为儿子准备教育资金，而为女儿准备则为时过早。

此外，教育保险之类的产品，其实长期内在收益率并不高，不适合作为长周期教育资金的投资对象。

5. 关于养老规划

养老计划，在50~55岁之后再准备也不晚，当然前提是之前已经妥善配置了资产，没有耽误资产的增值。

三、家庭财富规划建议

下面进入规划环节，我们根据前面所讲的四账户体系来梳理王先生家的资产，并给出合理的调整方向以及调整后的资产比例。

1. 盘点资产

根据王先生提供的资料，汇总目前持有的金融产品、保险、股权和投资性房产，计算出他目前可投资资产共计 5097 万元。

但是资产由于流动性不同，有的可以随时变现，比如活期存款；有的变现时间稍长，预计在 1 年内完成变现，比如定期存款、债券型基金；有的变现时间可能会更长，由于市场流动性问题或者当前变现可能面临巨大亏损所以被动延长了持有时间，比如保险、投资性房产、股票、私募基金、股权等资产。

我们将可投资资产按照资产的流动性划分的话，王先生当前的资产配置如表 15 所示。

表 15　王先生当前的资产配置情况

账户	配置金额	说明
现金账户	40万元	现金账户是家庭的现金流，不能小于0，不能有亏损，否则直接影响生活。该账户金额一般是您未来3~6个月的生活费用。
理财账户	960万元	理财账户是家庭资金的主体，是您未来生活刚需的钱。该账户既要有收益跑赢CPI，还不能承担太大的风险。
投资账户	4097万元	该账户中的资金是追求收益的钱，但同时要承担更大的风险，要有着全部亏损的觉悟。需要在满足理财账户配置后对该账户进行配置。

王先生作为成功人士，并没有养老资金的缺口，从目前情况来看，已经实现财富自由。

那么当前的资产配置情况有没有缺陷呢？

现金账户，我们说不用存放太多的钱闲置在银行活期账户里，一般满足 3~6 个月的生活费用即可。最重要的一点是，王先生投资到股票、偏股型基金、股权等高风险资产的金额较多，而这些资产我们都归类到投资账户而非理财账户中。因为很难保证当你需要用钱时，投资账户正好是处于盈利状态而随时可以赎回的。倘若短期被套，要么割肉，要么被动持有更久。所以资产的流动性难以满足家庭的必要开支，比如说孩子出国留学、父母看病等。

2. 重新"调配"三账户

按照我们的家庭规划模型，建议王先生的三账户配置方案如表 16 所示。

表 16　王先生的三账户配置方案表

🏠 **家庭财富规划卡**

	零花钱账户 家庭的短期必要开支 要保证这笔钱不能有亏损	理财账户 一年内可变现的钱 当出现重大支出时要能快速变现	投资账户 变现时间在一年以上的钱 家庭支出高峰期不会用到的钱
需要的财富分配	17.50万	1282.75万	1298.79万
现在的财富分配	40.00万	960.00万	4097.00万
调整后的财富分配	17.50万 ⬇	1282.75万 ⬆	3796.75万 ⬇

🐏 **现金账户**

17.50
应配置金额(万元)

零花钱　还房贷　购物　旅游

现金账户是家庭现金流，不能小于0，不能有亏损，否则直接影响生活。该账户金额一般是您未来3～6个月的生活费用。

📋 **理财账户**

1282.75
应配置金额(万元)

住房　子女教育　购车　养老

理财账户是家庭资金的主体，是您未来生活刚需的钱。该账户既要有收益跑赢CPI，还不能承担太大的风险。

📈 **投资账户**

3796.75
应配置金额(万元)

炒股票　开公司　买基金

该账户中的资金是追求收益的钱，但同时要承担更大的风险，要有看全部亏损的觉悟。

图 4　王先生的三账户配置图

三账户的分配逻辑是：优先满足现金流需求，其次满足生活刚需，剩余的钱可考虑放入投资账户。

按照年支出 70 万元来计算，3 个月的支出金额是 17.5 万元，把这笔钱放在现金账户中。理财账户的钱是家庭资金的主体，也是在 60 岁之前家庭主要开支需要的钱，根据模型测算，1282.75 万元（该金额已将通货膨胀的因素考虑在内）可以满足所有重大开支。剩余的钱可以考虑放入投资账户。

因此，王先生应该在现金账户中配置 17.5 万元，理财账户中配置 1282.75 万元，投资账户中配置 3796.75 万元。

应该如何调配呢？见表 17。

表 17　王先生的家庭理财规划卡

⌂ 家庭财富规划卡

	零花钱账户 家庭的短期必要开支 要保证这笔钱不能有亏损		理财账户 一年内可变现的钱 当出现重大支出时要能快速变现		投资账户 变现时间在一年以上的钱 家庭支出高峰期不会用到的钱	
需要的财富分配	17.50万		1282.75万		1298.79万	
现在的财富分配	40.00万		960.00万		4097.00万	
调整后的财富分配	17.50万 ⬇		1282.75万 ⬆		3796.75万 ⬇	
	投资品推荐	调整金额	投资品推荐	调整金额	投资品推荐	调整金额
市场上可配置的产品	·现金 ·活期存款 ·余额宝	减少22.5万	·偏债基金 ·银行理财 ·定期存款	增加322.75万	·股票 ·偏股公募基金 ·信托产品 ·证券私募基金 ·投资性房产 ·艺术品投资 ·企业股权/私募股权基金	减少300.25万

（1）现金账户

活期存款中的 22.5 万元优先划到理财账户中，剩余 17.5 万元建议存到魔方宝中，获取一个比活期存款高的货币基金利率。

表 18　几种理财成品的投资收益情况对比

现金账户	已投资40万元						应调整至17.50万元	
投资产品	投资金额（万元）	年化收益	最大回撤	17年后收益（万元）	10年后收益（万元）	20年后收益（万元）	调整金额	调整后金额
货币基金	0	3.00%	0.00%	2.50	1.39	3.01	0	0
余额宝	0	2.74%	0.00%	2.26	1.27	2.72	0	0
活期存款	40	0.35%	0.00%	0.26	0.15	0.31	-22.50	17.50
魔方宝	0	3.06%	0.00%	2.56	1.42	3.08	17.50	17.50

（2）理财账户

理财账户距离满足 1282.75 万元还有 322.75 万元的差额，除了现金账户调入的 22.5 万元以外，还需要从投资账户调入 300.25 万元。由于王先生自己也承认投资经验不足，而且没有时间去打理，自己买股票的风险还是很大的，建议将资金交由专业的投资机构打理，优先将股票账户中的资金挪到理财账户中。

理财账户中建议配置的资产有：偏债基金、银行理财、定期存款和全天候组合。

在这些资产中应该优选哪个来投资呢？在表 19 中，我们将四类资产按照当前的实际年化收益率来估算持有 10/17/20 年后的收益分别是多少。可以很明显地看到，全天候组合的收益率更高，长期持有的情况下，和银行理财和定期存款的收益差距是越来越大的。

表 19　四类资产按照当前的实际年化收益率估算持有 10/17/20 年后的收益

| 理财账户 | 已投资960万元 | | | | | | 应调整至1282.75万元 | |
投资产品	投资金额（万元）	年化收益	最大回撤	17年后收益（万元）	10年后收益（万元）	20年后收益（万元）	调整金额	调整后金额
偏债基金	0	6.98%	-3.71%	496.73	257.35	617.95	0	0
银行理财	400	4.00%	-5.00%	253.77	138.96	308.02	0	400.00
定期存款	560	2.50%	0.00%	149.79	84.28	179.64	322.75	882.75
增额终身寿险	0	3.50%	0.00%	217.85	120.38	263.35	0	0
年金险	0	3.50%	0.00%	217.85	120.38	263.35	0	0
全天候组合	0	11.21%	-12.80%	941.09	449.64	1214.51	1282.75	1282.75

理财账户的钱不能承受太大风险，但要跑赢通胀，这是最低的目标。理财要想赚到钱，一是要把家里的"大钱"放进来，二是要有长期稳定的复利。如何实现呢？选择"有底线"的基金，也就是跌得少、回正概率高、更容易产生稳定复利的基金。而全天候组合根据每个人的风险承受能力来匹配对应风险等级的组合，每个组合均采用多资产配置，可以降低风险，获得资产长期平均收益。同时，全天候组合各等级即便经历了数次极端市场环境的考验，最大回撤都控制在预期的

范围内，各等级都没有突破过预期的控制线，所以用户的持有体验会更好，也更容易拿得住。

所以，王先生在银行理财和定期存款到期前，可以将调入进来的322.75万元先投资到全天候组合。后续待产品到期后，逐渐转为持有全天候组合，在风险可控的基础上获取更高的收益。

（3）投资账户

在调出300.25万元给理财账户后，剩余3796.75万元又该如何分配呢？目前王先生持有的权益类资产有偏股型公募基金、私募基金和公司股权。257万元的偏股型基金我们以"万得偏股型基金指数"为代表，从表20中可以看到，它的历史年化收益率与低估值组合（基金组合）近似，但是历史最大回撤却远大于低估值组合。1200万元的私募基金，如果长期业绩稳定，可以继续持有；如果有的私募基金策略不符合当下的市场行情或者风控做得不够好，可以考虑替换成其他产品，比如最大回撤不是很大的私募基金。

表20　6种不同投资品的特点

投资账户 投入资金3796.75万

可投资产品	年化利率	最大回撤	17年后收益（万元）	产品特点
信托	7.00%	-100.00%	1475.62	特点：融资用途以地方政府融资、城投类公司以及房地产公司融资为主 劣势：近年来暴雷频发，对信托的投向和增信措施要求非常高
股票	4.80%	-30.77%	929.45	波动性较大，收益与个人投资经验高度相关，收益具有不确定性
偏股基金	18.69%	-28.16%	6246.83	与股票投资相比，投资更加分散，表现与基金经理投资策略高度相关
私募基金	8.12%	-16.98%	1787.86	优点：没有持仓限制，交易的灵活性高于公募基金，投资策略丰富，投资门槛较高 劣势：具体视投资策略而定，风险较大、有持有封闭期限制
投资性房地产	9.07%	0.00%	2072.42	现金流较稳定，但是受政策性影响和区位因素影响较大，变现周期较长
低估值组合	**16.00%**	**-16.00%**	**4804.71**	**优选A股基金，实现超额收益**

四、调整前 VS 调整后

调整之后王先生的财富状况相比于调整之前有什么优化的地方呢?

首先，理财账户金额提高了，保证了家庭的重要支出可以不受影响，任何时候都有足够的资金支撑。并且将原有的银行理财、定存等收益较低的理财方式转为持有全天候组合，长期来看，可以获得远远跑赢通胀的收益。同时，全天候组合可以随时赎回，相比定期的理财或者存款，资产的流动性增加了，任何时候要用钱都有可以变现的资产。

其次，高风险的资产比例调低，尤其是自己不擅长的股票资产，交给更专业的机构去打理，避免因为主观情绪波动导致的操作性失误。通过产品的适当替换，投资更适合自己风险承受能力的产品，最大亏损的幅度更低，从而投资体验更好。

最后，整体家庭的资产配置更均衡，不再只集中于股票市场，而是通过全天候组合跨市场、多资产分散配置到了 A 股、港股、美股、债券、黄金、货币等多种资产中，使整体投资的波动性更低。

案例 5：临近退休职工王女士

一、用户基本情况

（1）基本信息

王女士，51 岁，二线城市临近退休的大学副教授。

王女士是一名优秀的大学教师。年龄超过 50 岁后，王女士自感评选教授（正高）基本无望。

在临近退休的年龄，王女士已无太多心事，主要精力放在照顾父母的身体和享受生活两方面。

王女士与先生育有一女，今年女儿已大学毕业步入工作岗位。女儿在地方政府机构工作，叠加自身也很努力，人际交往能力强，所以不管是收入方面还是未来发展方面，都不需要王女士操心。

（2）家庭资产方面

王女士一家没做太多的财富规划，主要资产是房产和银行存款。王女士和丈夫工作至今，除生活必要支出、子女教育和买房外，几乎没有其他大额支出，多年来有 170 万元左右的现金存款，目前基本放在银行。另外，除去现在居住的房产外，名下还有两套房子或空置或出租。这两套非自住房产价值大概为 380 万元。

（3）收入

王女士每月的工资收入可以达到 1.4 万元。另外，年底王女士基本上可以拿到 3 万元的绩效奖金。加在一起，年均收入 19.8 万元。

王女士的先生每月的薪水大概是 1.6 万元，年底可以拿到七八万元的绩效奖金，加在一起刚刚超过 27 万元。

汇总计算，王女士家庭的年收入可以达到 47 万元。

（4）支出

王女士家住学校内，生活比较方便，而且学校的食堂和便利店价格相对校外要优惠很多，叠加每年取暖补助等，王女士家庭日常月支出也就在 8000 元左右，其中还包括用于偿还贷款的 3000 元。王女士和先生喜欢旅游，周末选择城市周边玩。到了寒暑假，王女士和先生基本上会选择国外游或者去国内其他旅游城市度假。年均在旅游方面的支出在 6 万元左右。加在一起，年均支出为 15 万 ~16 万元。

二、用户理财规划需求分析

王女士目前的理财诉求是：

（1）王女士的首套房是学校 2000 年左右下发的福利房，时间早，价格低。第二套房也是学校的福利房，大概在 2015 年集资。但这批福利房需要自己提供资金，只不过与同等地段的商品房相比，价格稍低一些而已。第三套房是王女士近两年购买的商品房，主要用于投资。

不过每套房产给王女士带来的感受是不同的。第一套房产王女士仅仅支付了不到两万元的房款，目前的房价已经上涨到 230 万元。第二套房产的投资金额约 75 万元（包含贷款），目前的价值超过了 200 万元。第三套房产的投资金额约 200 万元，目前市面售价也就 180 万元。

赚钱的时候万事都好，赔钱的时候就开始慌乱、后悔了。王女士目前最大的困惑就是不知道房价会不会下跌，现在要不要卖出？卖出后也不知道应该用什么样的方式理财？

（2）王女士对于风险是极度厌恶的，除了投资房产外，资金基本上存在银行，最多就是购买银行理财产品，没有涉足过基金、股票。可如果房价不继续上涨的话，王女士不知道应该把钱投在哪里，存活期又担心贬值，并且听同事说，购买银行代销的理财产品也可能会出现亏损。对此，心中难免有些焦虑。

（3）接下来王女士和先生就会面临退休的问题。退休后的养老王女士并不担忧，预计工资基本可以覆盖支出，但王女士不知道要维持现在的生活水平，尤其是每年旅游支出和必要的医疗支出，大概需要多少钱？

（4）虽然目前的工作已没有那么繁忙，但是感觉自己的身体状况大不如前。虽然有城镇医疗保险，可王女士不知道能否满足未来的保障需求。

针对王女士的以上诉求，结合当前资产管理行业现状。我们做了如下分析：

1. 关于投资性房产

房产作为过去20年中国升值最快的资产之一，确实带来财富效应，让很多人快速致富。但随着国内人口老龄化逐步加剧，青少年的人口比例相比过去20年更低且下降趋势明显，未来能给房子"接盘"的人会越来越少，房子的投资风险也就越来越大。

因此建议王女士卖掉两套投资性房产。2022年经济"稳"字当头，很多城市放松了限购限贷等相关政策。王女士所在二线城市的房产本身下跌幅度不大，在城市放松限购后，会迎来很好的卖出时机。

2. 关于理财

银行存款固然安全，但把钱长期存在银行必然会导致资金贬值。同时，在银行理财不再"保本保息"之后，未来浮动收益理财将成为主流。因此，王女士必须找到一款适合自己风险承受能力的理财产品，既要安全，又可以跑赢通货膨胀，而且还得有相关投顾人员指导。

3. 关于养老

对于临近退休的人来说，主要考虑的问题就是养老。但大多数情况下，养老真正需要的资金往往比预期少，可以通过科学的模型，来具体测算一下王女士需要的养老资金。这个问题本篇后面我们会提及。

4. 关于保障

我们日常所缴纳的医疗保险虽然能满足大部分的保障范围，但报销范围之外和意外保障方面仍需要商业保险补充。

三、家庭财富规划建议

下面进入规划环节，根据四账户体系来梳理王女士的资产，并给出合理的调整方向以及调整后的资产比例。

1. 资产盘点

结合王女士提供的资料，叠加用户分析中需要做出的调整，可以得出目前王女士家庭财产的基本状况如下：

王女士家庭年收入为 47 万元，年支出为 15.6 万元。王女士现有银行存款 170 万元，两套投资性房产价值 380 万元。

因此我们建议王女士可以这样调整金融资产，见表 21。

表 21　王女士家的三账户配置方案

◔ 三账户配置方案

账户	配置金额	说明	可投资资产应配置金额	配置产品
现金账户	170万元	现金账户是家庭的现金流，不能小于0，不能有亏损，否则直接影响生活。该账户金额一般是您未来3~6个月的生活费用。	3.90万元	魔方宝
理财账户	0万元	理财账户是家庭资金的主体，是您未来生活刚需的钱。该账户既要有收益跑赢CPI，还不能承担太大的风险。	153.03万元	全天候组合
投资账户	380万元	该账户中的资金是追求收益的钱，但同时要承担更大的风险，要有着全部亏损的觉悟。需要在满足理财账户配置后进行该账户配置。	393.07万元	FOF1号黑天鹅低估值组合

根据王女士的年龄及年支出，未来还需要 153.03 万元的刚性生活支出。目前王女士家庭的可投资资产为 550 万元，未来工资预计收入 470 万元，所以这部分缺口可以填补。此外，王女士退休后还需要 289.44 万元的养老资金，所以王女士也没有养老资金缺口。可以说王女士已经实现了财富自由。

当前的资产配置情况有没有缺陷呢？

王女士在银行的存款过多，自己也很清楚，存在银行的钱其实在贬值，而银行活期存款属于现金账户，现金账户无须保留过多的资金，满足 3~6 个月的日常支出即可。

另外，王女士将大部分的资金押注在房产上，这无疑放大了投资风险。首先未来房产的投资回报比较低，叠加人口因素，房价即便上涨，也很有限，性价比较低；其次房产的流动性较差，在急需用钱的时候，很难以合理的价格变现。

2. 重新"调配"四账户

按照家庭规划模型，建议王女士重新调配四账户方案，见表22。

表 22　王女士的家庭财富规划卡

🏠 **家庭财富规划卡**

	零花钱账户 家庭的短期必要开支 要保证这笔钱不能有亏损	理财账户 一年内可变现的钱 当出现重大支出时要能快速变现	投资账户 变现时间在一年以上的钱 家庭支出高峰期不会用到的钱
需要的财富分配	3.90万	153.03万	289.44万
现在的财富分配	170.00万	0.00万	380.00万
调整后的财富分配	3.90万 ⬇	153.03万 ⬆	393.07万 ⬆

四账户的分配逻辑是：优先满足现金流需求，其次满足生活刚需（理财账户），剩余的钱可考虑放入投资账户、保险账户起到保障作用。

🐑 **现金账户**

3.90
应配置金额(万元)

零花钱　还房贷　购物　旅游

现金账户是家庭现金流，不能小于0，不能有亏损，否则直接影响生活。该账户合理金额一般是您未来3~6个月的生活费用。

📇 **理财账户**

153.03
应配置金额(万元)

住房　子女教育　购车　养老

理财账户是家庭资金的主体，是您未来生活刚需的钱。该账户既要有收益跑赢CPI，还不能承担太大的风险。

📈 **投资账户**

393.07
应配置金额(万元)

炒股票　开公司　买基金

该账户中的资金是追求收益的钱，但同时要承担更大的风险，要有一段时间内存在较大亏损的心理准备。

☂ **保险账户**

0.78
应配置金额(万元)

大病　意外　医疗　身故

保险账户的资金不以收益为目的，但能支撑您的其他理财目标得以实现。

图 5　王女士的家庭财富规划图

按照年支出 15.6 万元来计算，3 个月就需要 3.9 万元。理财账户的钱是家庭资金的主体，也是在 60 岁之前家庭主要开支需要的钱，根据模型测算，153.03 万元（该金额已将通货膨胀的因素考虑在内）能够满足所有重大开支，剩余的钱可以考虑放入投资账户，并购买可满足日常保障的保险。

因此，王女士应该在现金账户中配置 3.9 万元，理财账户中配置 153.03 万元，投资账户中配置 393.07 万元，保险账户中配置 0.78 万元。

我们来看一下具体的调配方式，见表 23。

表 23 重新调配的账户分配方式

🏠 家庭财富规划卡

	零花钱账户 家庭的短期必要开支 要保证这笔钱不能有亏损		理财账户 一年内可变现的钱 当出现重大支出时要能快速变现		投资账户 变现时间在一年以上的钱 家庭支出高峰期不会用到的钱	
需要的财富分配	3.90万		153.03万		289.44万	
现在的财富分配	170.00万		0.00万		380.00万	
调整后的财富分配	3.90万 ⬇		153.03万 ⬆		393.07万 ⬆	
	投资品推荐	调整金额	投资品推荐	调整金额	投资品推荐	调整金额
市场上可配置的产品	·现金 ·活期存款 ·余额宝	减少166.1万	·偏债基金 ·银行理财 ·定期存款	增加153.03万	·股票 ·偏股公募基金 ·信托产品 ·证券私募基金 ·投资性房产 ·艺术品投资 ·企业股权/私募股权基金	增加13.07万

（1）现金账户

170 万元的现金存款仅保留 3.9 万元即可，这 3.9 万元可以放到货币基金之中，以便随时支取，无须追求收益率，最主要是方便。剩余的 166.1 万元中的 153.03 万元可以调整至理财账户之中，另外 13.07 万元可放入投资账户中，见表 24。

表 24　王女士的现金账户

现金账户 已投资170万元							应调整至3.90万元	
投资产品	投资金额（万元）	年化收益	最大回撤	9年后收益（万元）	10年后收益（万元）	20年后收益（万元）	调整金额	调整后金额
货币基金	0	3.00%	0.00%	0.28	0.31	0.67	0	0
余额宝	0	2.74%	0.00%	0.25	0.28	0.61	0	0
活期存款	170	0.35%	0.00%	0.03	0.03	0.07	-166.10	3.90
魔方宝	0	3.06%	0.00%	0.28	0.32	0.69	3.90	3.90

（2）理财账户

从现金账户调配 153.03 万元即可满足理财账户的资金需求。王女士没有理财经验，所以最好还是让理财机构帮忙打理与王女士风险承受能力匹配的理财产品。

通常来说，理财的主要产品包括：偏债基金、银行理财、定期存款以及全天候组合。在这些资产中应该优选哪个来投资呢？在表 25 中，我们将四类资产按照当前的实际年化收益率来估算持有 9 年后的收益分别是多少。可以很明显地看到，全天候组合的收益率更高，长期持有的情况下，与银行理财和定期存款的收益差距是越来越大。

理财账户的钱不能承受太大风险，但要跑赢通胀，所以最重要的两点是稳定和复利。只有稳定才能让投资者拿得住，不出现过大的波动才不会让投资者出现预期偏差，做出错误的决定。还有就是复利，

表 25　四类资产按照当前的实际年化收益率估算持有 9 年后的收益

理财账户 投入资金153.03万				
可投资产品	年化利率	最大回撤	9年后收益（万元）	产品特点
偏债基金	6.98%	-3.71%	27.14	特点：收益波动相对平稳，风险和收益均普遍小于权益类资产、收益与债券市场高度相关 劣势：当市场利率上升时有可能不利于债券型基金表现
银行理财	4.00%	-5.00%	14.77	优点：认可度高 劣势：收益较低、流动性较差
定期存款	2.50%	0.00%	8.99	优点：认可度高 劣势：收益较低、流动性较差
增额终身寿险	3.50%	0.00%	12.81	
年金险	3.50%	0.00%	12.81	
全天候组合	11.21%	-12.80%	46.91	风险分散，收益较高，优质基金提升业绩回报

风险越高的投资品种预期收益也就越高，长期收益高的基础是收益复利增长。因此，选择理财产品既要稳定还要获得长期复利收益。

全天候组合根据每个人的风险承受能力来匹配对应风险等级的组合，每个组合均采用多资产配置，可以降低风险，获得资产长期平均收益。虽然全天候组合比偏债基金和银行理财的波动要大，但全天候组合可以根据每个人的心理承受能力量身定做基金组合。所以王女士可以调整银行存款153.03万元到全天候组合中，在风险可控的基础上获取更高的收益，见表26所示。

表26　王女士的理财账户

| 理财账户 | 已投资0万元 | | | | | | | 应调整至153.03万元 |
投资产品	投资金额（万元）	年化收益	最大回撤	9年后收益（万元）	10年后收益（万元）	20年后收益（万元）	调整金额	调整后金额
偏债基金	0	6.98%	-3.71%	27.14	30.70	73.72	0	0
银行理财	0	4.00%	-5.00%	14.77	16.58	36.75	0	0
定期存款	0	2.50%	0.00%	8.99	10.05	21.43	153.03	153.03
增额终身寿险	0	3.50%	0.00%	12.81	14.36	31.42	0	0
年金险	0	3.50%	0.00%	12.81	14.36	31.42	0	0
全天候组合	0	11.21%	-12.80%	46.91	53.64	144.89	153.03	153.03

（3）投资账户

王女士的投资账户仅需要289.44万元即可满足养老需求。但王女士在房产变现后，投资账户可投资资金为393.07万元，是满足财富自由的关键。

投资是为了产生高回报，但高回报带来的是高波动。不过由于王女士的现金账户和理财账户的资金已没有空缺，因此王女士可以在投资账户投放较大比例的资金，以此获取长期更高收益的复利回报。

鉴于王女士属于风险厌恶型投资者，且之前的投资经历中没有接触过权益类投资。所以在产品选择上，仍然建议王女士将投资账户的大部分投资到稳健类的产品中，比如理财魔方的稳健组合和纯债型基金中，小部分资金投资到权益类产品中，在不影响生活质量的前提下，可以结合市场情况获取一个更高的预期收益。

投资涉及的产品通常包括信托、股票、偏股型基金、私募基金、投资性房地产等，以及低估值组合、FOF1号和黑天鹅组合。其中股票、偏股型基金的波动性均比较大。信托也应该尽量规避房地产信托和经济欠发达地区的城投类融资项目，如果不幸遇到信托发生违约，回款时间将难以估计。所以，不建议王女士选择以上产品。

私募基金和低估值组合的最大回撤虽然都超过了16%，但低估值组合的年化收益相对更高。对王女士而言，可以结合产品的历史业绩和业绩的稳定性来挑选风险承受能力范围内的产品。表27列举了多种投资产品的收益率及回撤情况。

表27　多种投资产品的收益率及回撤情况

信托	投资账户	7.00%	-100.00%	0万元	0万	0万元
股票	投资账户	4.80%	-30.77%	0万元	0万	0万元
偏股基金	投资账户	18.69%	-28.16%	0万元	0万	0万元
私募基金	投资账户	8.12%	-16.98%	0万元	0万	0万元
投资性房地产	投资账户	9.07%	0.00%	380万元	⬆ 13.07万	393.07万元
股权	投资账户	2.50%	-90.00%	0万元	0万	0万元
艺术投资品	投资账户	0.00%	0.00%	0万元	0万	0万元
投资连接性险	投资账户	2.40%	-100.00%	0万元	0万	0万元
公积金	投资账户	0.00%	0.00%	0万元	0万	0万元
企业年金	投资账户	0.00%	0.00%	0万元	0万	0万元
低估值组合	**投资账户**	**16.00%**	**-16.00%**	**0万元**	⬆ **393.07万**	**393.07万元**

四、调整前 VS 调整后

调整之后王女士的财富状况相比于调整之前有哪些优化的地方呢？

首先，理财账户金额提高了。此前银行存款资金太多，影响了资金的利用效率。将部分银行存款转入理财账户后，既保证了家庭的重要支出不受影响，也可以获得远远跑赢通胀的收益。

其次，调整了高风险的投资对象，如将房产投资改为低估值组合。

通过产品的适当替换，投资者就可以获取更高的收益回报，也可以解决房产流动性不足的问题。

最后，资金整体配置更合理，更有利于生活保障和流动性需求，不再只集中于银行存款和房产投资，而是通过全天候组合跨市场、多资产分散配置到了 A 股、港股、美股、债券、黄金、货币等多种资产中，使资金整体配置更合理，也能享受到资产长期上涨的平均收益。

风险提示

　　本书中提到的各类指数只作为市场常见指数，并不能完全代表 A 股或全球市场，请投资者谨慎、理性看待。书中对基金或基金组合的解读仅作为作者本人的观点分析，不构成对基金或基金组合的投资建议，亦不构成基金投顾服务的任何组成部分。

　　本书中所展示的基金业绩不构成基金业绩的保证或承诺，过往业绩不预示未来表现，未来可能存在收益波动甚至本金损失，请您知晓并理解产品特征和相关风险。书中及理财魔方平台上基金组合的投资策略构建、组合业绩展示、调仓建议等投顾服务由持牌的投顾机构提供。其中，全天候组合风险收益情况仅以标杆组合作为代表进行举例展示（标杆组合均配了基金池内的全部基金），不同投顾机构不同等级的底层基金配置情况均有所区别，最终收益情况请以实际展示为准。